Abaqus와 함께하는
구조해석의 개념과 분석방법

(주)브이이엔지 지음

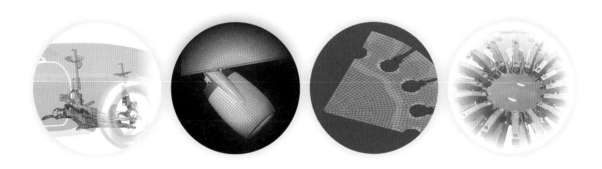

ENG media 이엔지미디어

머리말

저희는 주식회사 브이이엔지(VENG) 입니다.

이 책은 구조 엔지니어링 분야의 공학자가 컴퓨터 응용 해석(CAE)의 개념을 쉽게 이해하고, 산업 현장에서 해석을 더 잘 활용하기 위하여 작성되었습니다. 이 책을 읽어가면서 범용 해석 솔루션인 Abaqus를 쉽게 시작하고, 어렵고 복잡한 개념을 하나씩 실무에 적용하여 확신을 느낄 수 있다면, 저희에게 더 큰 보람은 없을 것입니다.

해석 소프트웨어를 다루는 작은 작업이, 하나의 엔지니어링 툴을 넘어서 무한한 가치를 가질 수 있도록, 저희의 경험을 가장 쉬운 언어로 표현하려고 했습니다. 그러나 부족한 지식과 세련되지 못한 문장으로 인해, 혹시라도 있을 수 있는 아쉬운 부분은 너그러운 이해와 양해를 구합니다.

㈜브이이엔지는 진정한 해석 기술에 대해 고민을 나누고 함께 성장하는 것에 더없는 기쁨을 느낍니다.

이 책에서 말하는 Abaqus, Abaqus/CAE, Abaqus/Viewer, Abaqus/Standard 및 Abaqus/Explicit은 Dassault Systèmes의 등록 상표이고, Dassault Systèmes 또는 그 자회사의 라이선스가 있는 경우에만 사용할 수 있습니다. 자세한 내용은 www.3ds.com을 참고하시기 바랍니다.

함께하기는, 실습 예제로 구성되어 있습니다. 각 장의 뒷 부분에 상세한 절차가 수록되어 있습니다. 함께하기는 처음부터 순서대로 진행하시기 바랍니다. 여기에 필요한 파일은, ㈜브이이엔지의 현장 교육에 참가하시거나 대표 홈페이지(www.veng.co.kr)를 통해 받으실 수 있습니다.

이 책의 내용과 예제는 구조해석의 교육을 위한 것으로써, 실제 업무에 적용하기에 앞서 독자 여러분들의 검증이 필요합니다.

추천사

4차 산업혁명 시대를 맞이하면서 우리는 인공지능, 빅데이터, 버추얼 트윈, 가상 물리 시스템과 같은 새로운 이슈에 대응하기 위한 공학 기술의 중요성을 더욱 실감하고 있습니다. 특히 컴퓨터 응용 해석(CAE : Computer Aided Engineering)은 단순한 설계 보조 도구를 넘어 새로운 기술과의 통합을 통해 산업 전반의 혁신을 주도하는 핵심 요소로 자리 잡았습니다.

㈜브이이엔지는 다쏘시스템의 SIMULIA 전문 파트너로서, 2007년부터 다쏘시스템의 다양한 CAE 솔루션을 공급하며 SIMULIA 전문 교육, 기술 지원 및 엔지니어링 컨설팅 서비스를 제공하고 있습니다. 지난 17년 동안 당사는 수많은 도전과제를 해결하고, 매년 30회 이상의 Abaqus 기본 교육과 고급 교육을 진행하면서 Abaqus 교재 개발에 대해 고민했습니다.

첫 시작으로 다쏘시스템 본사에서 발행한 정규 교육 교재를 한글로 번역하여 〈초급 및 중급 사용자를 위한 Abaqus 입문서(2013)〉와 〈Abaqus를 이용한 Contact 해석(2014)〉을 발간했습니다. 당시 대여섯 명에 불과했던 저희의 미흡한 영어 실력과 방대한 분량에도 불구하고, 언어의 장벽으로 Abaqus 학습에 어려움을 겪는 고객 여러분께 도움이 되고자 최초의 한글 교재를 출판하는 데 의의를 두었습니다. 감사하게도 초판과 개정판을 합쳐 총 4,000부가 완판되는 뜨거운 관심을 받았습니다.

이후 10여 년이 지난 지금, 우리는 Abaqus 사용법뿐만 아니라 관련 필수 이론을 단계별로 습득할 수 있는 새로운 교재의 필요성을 절감했습니다. 이번 교재는 처음부터 한글로 작성되어 개념적으로 이해하기 쉽고, 연습이 쉬운 워크숍 모델을 포함하고 있습니다. 특히, 실무 현장에서 쉽게 적용할 수 있는 실질적인 분석 방법과 사례를 제공하여 고객 여러분이 Abaqus를 효과적으로 활용할 수 있도록 돕는 데 중점을 두었습니다.

㈜브이이엔지의 비전은 고객 여러분이 더욱 혁신적이고 효율적인 컴퓨터 응용 해석(CAE)을 수행할 수 있도록 지원하는 것입니다. 이 책이 실질적인 도움이 되어 연구와 업무에 소중한 길잡이가 되기를 진심으로 바랍니다.

이 책의 주 저자인 이원재 박사님과 지난 30년 이상 한국 CAE 업계에 Abaqus를 성공적으로 자리 잡게 이끌어 주신 박준 박사님, 그리고 교재 개발에 도움을 주신 모든 임직원 여러분께 진심으로 감사의 마음을 전합니다. ㈜브이이엔지는 앞으로도 끊임없이 도전하며 여러분과 함께 성장하겠습니다. 감사합니다.

Value for Engineering, Vision for Engineers!

김 창 훈
주식회사 브이이엔지 대표이사

Contents

PART 01

해석(CAE)이란?

01

해석(CAE)이란?

이 책에서의 내용과 예제는 구조 해석(Structural Analysis) 분야에 한정하지만, 해석을 보다 넓은 의미로 생각하는 것이 필요합니다. 때때로 해석은 CAE(Computer Aided Engineering, 컴퓨터 응용 해석)라고 말하기도 합니다. 이 장에서는 해석의 목적과 효과에 대해 살펴보겠습니다.

❶ CAE(Computer Aided Engineering)

CAE는 컴퓨터 기술을 활용하여 제품의 설계 또는 생산을 지원하는 모든 행위를 일컫는 말입니다. 현재, 산업 현장에서 컴퓨터 없이는 어떤 일도 할 수 없는 것을 누구나 잘 알고 있습니다. 따라서 CAE는 산업 현장에서 일어나는 모든 문제를 해결하는 방법, 즉, 모든 엔지니어링이라고 생각할 수 있습니다.

다음 그림은 1890년에 만들어진 스코틀랜드 포스 만의 교각(Forth Bridge)과 이의 설계를 위한 원리 시험입니다. 이 시대에는 물리 현상을 모사(simulation)하기 위한 기술이 부족하여 그림과 같이 상사(correlation) 되는 실제 모델을 만들어 눈으로 확인해야만 했을 것입니다.

〈Forth Bridge(1890)〉

최근에 교각을 건설한다고 하면, 다음 그림과 같이 가상 환경의 해석 모델을 만들고, 예상되는 상황에 대하여 해석(simulation) 예측을 수행하여 이를 토대로 최적의 제품을 만들려고 할 것입니다.

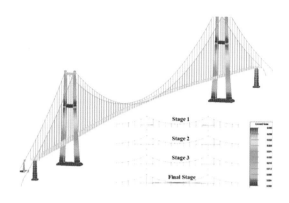

〈현수교의 구조 해석*〉

이 책에서의 해석은, 실제 제품의 제작에 앞서, 설계 도면을 갖고 컴퓨터 상에서 해석 모델을 구성하고 검증하는 모든 작업을 의미합니다. 하지만, 산업 현장의 엔지니어는 더 효과적인 엔지니어링을 위한 모든 방법을 추구할 것이며, 이를 위한 모든 행위를 해석의 범위로 생각해야 합니다. 한 가지 중요한 점은, 해석을 단지 컴퓨터를 운용(operation)하는 것으로 한정하면 안 된다는 것입니다.

❷ 해석의 목적

그렇다면 해석을 하는 이유와 해석을 통해 어떤 효과를 얻을 수 있을까요?

그 첫 번째 이유는 제품의 성능을 파악하기 위한 것입니다. 물론 실제 제품이 아닌 해석 모델을 갖고 계산하는 것이므로, 성능 예측이 더 정확한 말이 될 것입니다. 하지만 해석 방법은 단순한 애니메이션을 그리는 것이 아니라 현재까지 인류가 밝혀낸 물리 현상을 계산을 통해 구하는 것으로써, 해석 모델을 정밀하게 만들수록 사실적 모사가 가능해집니다. 이렇게 사실적 모사가 가능한 해석 모델을 만들었다면 빠르고 쉬우면서도 높은 수준의 신뢰도를 갖고 제품의 성능을 파악할 수 있을 것입니다.

해석 모델이 좋은 점은, 다양한 파라미터 스터디를 어렵지 않게 해 볼 수 있는 점입니다. 충분한 신뢰성이 확보된 해석 모델을 만들었으면, 설계 변수가 바뀜에 따라 응답이 어떻게 변화되는지 분석해 볼 수 있습니다.

* Ngoc-Son Dang, Gi-Tae Rho and Chang-Su Shim, 'A Master Digital Model for Suspension Bridges', Appl. Sci., 2020, 10, 7666

시제품 제작 전에 가상 공간에서 충분히 검증하고, 확신을 갖는 설계에 대해 시제품을 제작하여 시험 검증 후, 대량 생산에 들어간다면, 전체적인 제품 개발 프로세스에서의 시행착오를 최소화할 수 있습니다. 따라서, 일련의 제품 개발 과정에서의 설계 비용을 크게 줄일 수 있습니다.

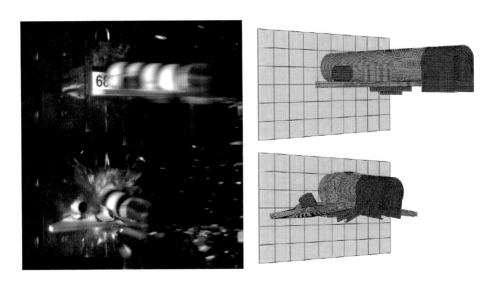

〈시험이 어려운 제품(미사일) – 가상시험으로 대체*〉

두 번째는 현상에 대한 공학적 원인 파악이 가능하다는 점을 꼽고 싶습니다. 이것은 '원리 해석'에 대한 것입니다. 예를 들어 차량 구조를 설계하는 엔지니어는 다음 그림과 같이 차량 충돌 시험을 통과해야 할 것입니다. 이때, 시험 결과만 갖고는 효과적으로 충돌 성능에 대한 구조를 개선하기 어려울 것입니다. 그러나 해석은 결과가 일어나는 원인 파악에 큰 도움을 줄 수 있습니다. 원리 해석이 가능하면, 설계 개선은 어렵지 않게 진행할 수 있을 것입니다. 따라서 원리 해석은 큰 의미에서 '설계 기술' 또는 '설계 노하우'로 생각할 수 있습니다.

---

* J. Kuuttia and A. Lastunena, 'Studies of Medium Scale Non-axisymmetric Missile Impacts', 20th International Conference on Structural Mechanics in Reactor Technology, 2009

〈차량 충돌 해석*〉

세 번째는 최적 설계가 가능하다는 것입니다. 설계 형상에 대한 최적 형상과 최적 재료의 선정, 그리고 생산 공정에 대한 최적 조건을 찾을 수 있습니다. 경제성에서의 최대 이득뿐만 아니라, 외란 인자에 대해 최대의 강건성을 갖도록 설계를 개선할 수 있습니다.

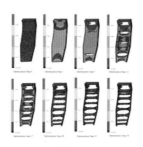

〈위상 최적 설계**〉

❸ 해석의 효과

산업 현장에서 해석을 통해 얻을 수 있는 효과를 다음과 같이 정리할 수 있습니다.

☑ 제품 품질 향상 – Quality

해석을 통해 실제 제품의 제작 전에도 가상 환경 내에서 가상 시험을 할 수 있습니다. 이를 통해 제품의 개선점을 찾고 설계 품질을 높일 수 있습니다. 실제 시험에서는 파악하기 힘든 설계 원리(제품에 적

---

* Bernard B. Munyazikwiye, Dmitry Vysochinskiy, Mikhail Khadyko and Kjell G. Robbersmyr, 'Prediction of Vehicle Crashworthiness Parameters Using Piecewise Lumped Parameters and Finite Element Models', Designs, 2018

** Waqas Saleem, Hu Lu and Fan Yuqing, 'Topology Optimization – Problem Formulation and Pragmatic Outcomes by integration of TOSCA and CAE tools', Proceedings of the World Congress on Engineering and Computer Science, 2008

용되는 물리 현상)를 단계별로 확인하여 확신을 갖고 신뢰성 높은 제품을 만들 수 있습니다. 이와 같은 작업을 반복하여 주어진 조건에서 최적의 설계를 도출할 수 있습니다. 또한 혁신적 상상도 해석을 통해 현실 제품으로 실현해 낼 수 있습니다.

☑ 개발 비용 절감 – Cost

해석으로 실 제품 제작 전에 사실적인 예측이 이루어지면, 충분히 확신이 있는 설계에 대해서만 실제로 필요한 시험을 해 볼 것입니다. 즉, 실제 시험의 회수를 획기적으로 감소시킬 수 있습니다. 또한, 공정이나 재료를 최적화하여, 소요되는 자원을 줄이기도 합니다.

☑ 제품 개발 기간 단축 – Delivery

제품 개발은 시행착오의 연속입니다. 해석을 통해 원리와 근거에 의해 문제를 해결할 수 있으면 시행착오를 상당히 줄일 수 있습니다. 최근 산업계는 설계, 생산, 운송 및 운영 등 제품의 전 생애(life)를 전산 모사하여, 설계 오류나 리콜 등을 미리 예방할 수 있는 강건한 설계를 추구하고 있습니다.

〈가상 시험에 의한 확인〉

❹ 구조 해석(Structural Analysis)

이 책에서의 해석은 구조 해석을 의미합니다. 구조 해석이란 구조물(또는 시스템)에 하중이나 에너지가 가해졌을 때의 거동(응답)을 계산으로 예측하는 엔지니어링 방법을 말합니다. 힘, 변형, 에너지 그리고 파손 등의 물리적 개념을 바탕으로 설계를 개선하고 최적화하는 모든 프로세스를 포함하고 있습니다.

구조 해석을 이해하기 위해서는, 재료 역학, 재질 물성, 그리고 수치 해석 알고리즘 등을 이해하는 것이 필요합니다.

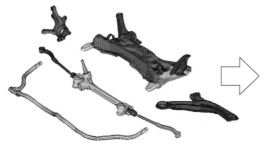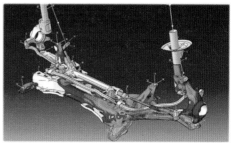

〈차량 서스펜션의 구조 해석〉

⑤ 유한 요소법(Finite Element Method)

유한 요소법은 연속체를 유한한 개수의 요소로 구성하여 미분 해(물리 방정식)를 구하는 방법입니다. 주요 물리 방정식은 힘에 대한 평형 방정식으로, 외력이 시스템에 가해져서 행해지는 에너지와, 시스템이 외력에 저항하여 생기는 내부의 변형 에너지가 평형이 되는 상태를 구합니다. 해석 모델에 대한 미분 방정식은 Abaqus에 의해 행렬식으로 변환되고, 결국 주어진 조건에서 물리 방정식을 만족하는 행렬식을 풀게 됨으로써, 물리 법칙을 만족하는 사실적인 모사가 가능해집니다.

연속체를 유한한 개수의 요소로 구성하는데, 각각의 요소는 요소의 변형을 기술할 수 있는 절점과 자유도(Degree Of Freedom)로 구성되어 있습니다. 요소의 변형을 수학적으로 표현하는 방법에 따라, 트러스(truss), 빔(beam), 셀(shell) 및 연속체(continuum) 요소 등으로 구분됩니다.

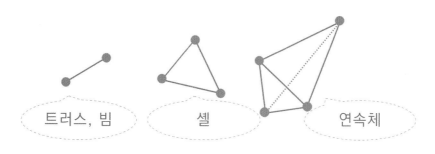

트러스, 빔   셀   연속체

〈여러 가지 유한 요소〉

이 분야의 연구는 1950년대부터 행렬식을 이용하여 간단한 모델에 대한 구조 해석이 시도되면서 시작되었고, 1960년대에 들어와 NASA에서 비로소 유한 요소 해석 프로그램이 만들어졌습니다. 1990년대 이후로 다양한 유한 요소가 개발되어 현재에는 구조 해석의 표준 방법이 되었습니다. Abaqus는 1978년 출시된 이래 비선형 해석 분야에서 독보적인 권위를 누려오고 있습니다.

연속체 요소 중 하나인 사면체 요소를 예로 들어, 요소로부터 해석 모델이 만들어지는 과정을 살펴보겠습니다. 아래 그림과 같이 하나의 사면체 요소는 요소 내에서 물리 방정식을 만족하도록 수학 모델로 수식화되어 있습니다. 요소 하나는 4개의 절점이 있고, 절점당 3개의 자유도(각각 x, y, z 방향 변위)를 이용하여 요소의 변형을 표현합니다.

이런 요소를 유한한 개수로 쌓아, 해석하려고 하는 연속체를 구성합니다. 연속체 내부의 절점은 서로 연결되어 있어야 하고, 전체 절점에서의 모든 자유도가 구해야 하는 미지수가 됩니다. 요소는 주어진 물리 방정식을 만족하도록 수식화되었기 때문에, 요소들의 집합체인 해석 모델도 물리 방정식을 만족합니다. 따라서 우리는 주어진 조건에서의 사실적인 응답을 예측할 수 있습니다.

| 요소와 절점 | 해석 모델 구성 | 해석 결과 |

〈유한 요소법〉

⑥ 해석 툴의 구성

현재의 거의 모든 엔지니어링 작업은 컴퓨터의 도움 없이는 사실상 불가능합니다. 특히, 시간이 중요한 산업 현장에서는 더욱 그러할 것입니다. 대부분의 해석 툴이 어떻게 이루어져 있는지 이해하면, 툴 사용 전후에서 마주치는 문제를 해결하기가 쉬운 경우가 있습니다.

해석 툴은 크게, 전처리(preprocessor), 솔버(solver) 그리고 후처리(post processor) 모듈로 나눌 수 있습니다.

전처리 모듈은 해석 대상 시스템에 대하여 해석 모델을 구성하는 모듈로, 유한 요소 격자(mesh)를 구성하고 조건을 쉽게 부여하도록 하는 역할을 합니다. 이 책에서 〈함께하기〉를 통해 Abaqus/CAE의 전처리 기능을 하나씩 익혀갈 것입니다.

솔버 모듈은 전처리 모듈에서 완성한 해석 모델을, 물리 방정식을 풀기 위한 수학 행렬식으로 바꾸고, 이에 대한 수치 해를 구하는 모듈입니다. 문제에 따라서는 한 번에 해를 구할 수 없고, 여러 번의 반복계산

(iteration)이 필요한 경우가 있습니다. 때로는 해를 찾지 못하는 경우도 있습니다. Abaqus에는 수많은 이론과 알고리즘이 구현되어 있습니다. 이 책에서 솔버 모듈인, Abaqus/Standard와 Abaqus/Explicit의 적절한 방법을 선택하기 위한 개념을 함께 생각해 갈 것입니다.

후처리 모듈은, 솔버 모듈에서 계산된 결과를 가시화하여 엔지니어링 판단에 도움을 주기 위한 모듈입니다. 이 책에서 〈함께하기〉를 통해 Abaqus/Viewer의 여러 유용한 기능과 의미를 살펴볼 것입니다.

전처리 작업, 솔버 작업, 그리고 후처리 작업의 원리에 대한 이해 없이 프로그램을 다루다 보면, 버튼을 누르는 절차에만 익숙해지는 함정에 빠질 수 있습니다. 중요한 것은 전체 해석 프로세스에 흐르고 있는 원리를 아는 것임을 강조하고 싶습니다.

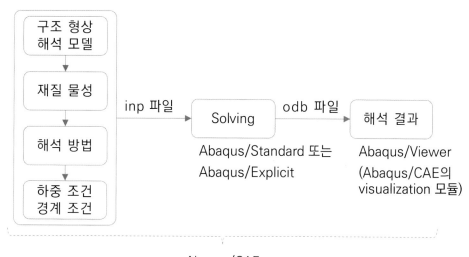

〈Abaqus 해석 흐름도〉

해석 작업을 해석 단계별로 생각해 보겠습니다.

해석을 하기 위해서 가장 먼저 해야 할 일은 문제를 파악하고 이상화(idealization)하는 작업입니다. 때로는 이런 것을 개념 모델(concept model*)로 표현하기도 합니다. 문제 정의가 완성되면, 전처

---

* William L. Oberkampf and Timothy G. Trucano, 'Verification and validation benchmarks', Nuclear Engineering and Design, vol. 238, 716-743, 2008

리 툴을 이용하여 유한 요소 격자 모델(Finite Element Model, FE 모델)을 구성합니다. 여기에 재질 물성을 부여하고 해석 방법(여기에는 해석 단계에 따른 시나리오가 포함되기도 합니다.)을 정합니다. 해석 시나리오에 맞는 하중 조건과 경계 조건을 적용하면, 솔버가 계산할 수 있는 inp 파일이 완성됩니다. 이렇게 만들어진 inp 파일을 행렬식으로 변환하고 해를 구하기 위해, Abaqus는 해석 방법에 따라 두 개의 솔버(Abaqus/Standard와 Abaqus/Explicit)를 제공하고 있습니다. 솔버에 의한 계산이 완료되면 결과 파일인 odb 파일이 생성되고, 이것을 후처리 툴인 Abaqus/Viewer(Abaqus/CAE의 visualization 모듈)로 읽어 들여 해석 결과를 검토할 수 있습니다.

Abaqus/CAE를 구동하여, 왼쪽에 있는 모델 트리를 살펴봅니다. 아래 그림의 왼쪽과 같이 Parts와 Assembly, Materials, Loads & BCs, Steps(Output Requests 포함) 그리고 Analysis-Jobs 아이콘을 확인해 봅니다. 각각 구조 형상 및 해석 모델, 재질 물성, 하중 및 경계 조건(boundary condition), 해석 방법, 계산 작업에 대한 기능입니다.

이제 그림의 오른쪽과 같이 Abaqus/CAE의 모듈 목록에서 Visualization 모듈을 선택합니다. 그리고 왼쪽에 있는 결과 트리를 살펴봅니다. 해석 결과를 검토하기 위한 모듈입니다.

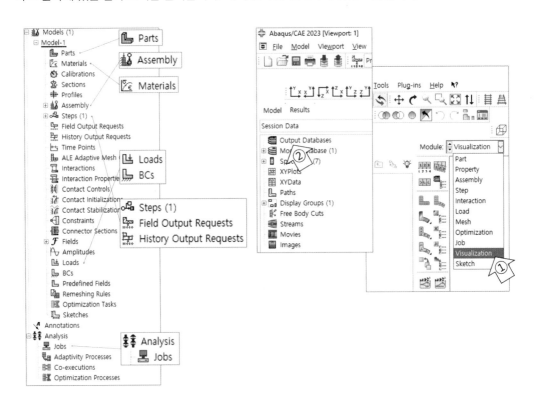

〈Abaqus/CAE〉

Abaqus/CAE는 아래 그림과 같은 프로세스를 따라 해석을 진행합니다. (순서는 다를 수 있습니다.)

먼저 Part 모듈에서 CAD 형상을 작도합니다. 때로는 CAD 없이 유한 요소 모델(mesh)로 시작하기도 합니다.

재질 물성을 정의합니다. 해석 모델을 구성하는 요소는 단면(section) 특성이 필요한데, 단면 특성에 재질 물성이 먼저 할당되고, 이 단편 특성을 각각의 파트에 연결합니다.

만들어진 여러 파트를 Assembly 모듈에서 조립합니다. 파트에 어떤 조건(constraint)이 필요한 경우는 적절한 조건을 추가합니다.

Step 모듈에서 해석 방법과 시나리오(흐름도)를 정의합니다. 접촉 현상(interaction)을 고려해야 하는 경우 시나리오에 따라 접촉 조건을 추가합니다. 하중과 경계 조건을 적용합니다.

각 파트의 유한 요소 격자 모델(mesh)를 완성합니다.

해석 Job을 정의하고 solving 작업에 의해 계산을 시작합니다.

Solving 작업이 정상적으로 종료되면 결과 파일을 검토합니다.

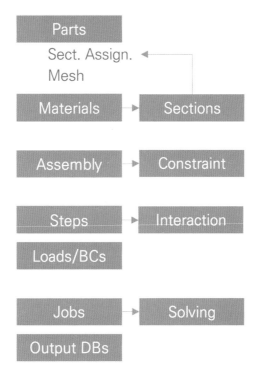

〈Abaqus/CAE를 이용하는 전체적인 해석 흐름도〉

⑦ 제품 개발에서의 해석

산업 현장에서 해석의 역할은 나날이 증가되어 왔습니다. 다음 그림은 제품 개발 단계에서의 전형적인, 개발 기간에 따른 소요 비용과 제품 완성도에 대한 그래프입니다.

제품 개발 단계가 진행될수록 설계 자유도는 작아지고(설계 변경이 어려움), 설계 변경에 소요되는 비용은 커집니다. 만약 현재의 상태가 설계 초기인, 개념 단계에서 제품 완성도가 20%라고 가정합니다. 해석을 통해 동일 시점에서 제품 완성도를 70%로 높일 수만 있다면 이후 단계에서 소요되는 비용을 획기적으로 줄일 수 있습니다. 이는 'Rule of Ten'으로 불리기도 하는데, 문제를 앞선 단계에서 해결할수록 비용은 1/10씩 감소한다는 뜻입니다. 문제를 초기에 해결할수록 비용만 감소하는 것뿐만 아니라 더 높은 품질도 얻어질 수 있는 것은 당연할 것입니다.

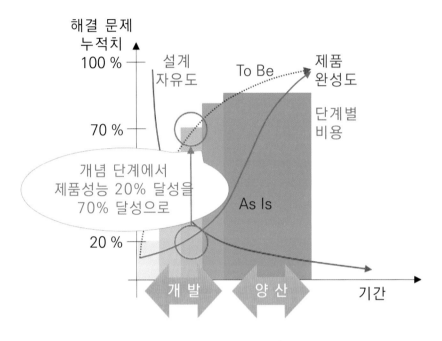

〈제품 개발에서의 해석의 역할〉

제품 개발에서의 해석이 그 역할을 충실히 하기 위해서는 해석 프로세스가 제품 개발 프로세스에 통합되어야 합니다. 그 경우 해석은 경험이 축적될수록 더욱 사실적인 모사가 가능하고 궁극적으로 시작품 없이 제품 개발을 완성하는 zero prototype(protoless)을 실현할 수 있습니다.

〈제품 개발에서의 해석 단계〉

01 성형 해석으로 Abaqus 친해지기

이 예제는 Abaqus의 solving job을 실행하고, Abaqus/Viewer로 해석 결과를 검토하는 과정으로 이루어졌습니다. 이 예제를 통하여 해석 프로세스를 이해하고 Abaqus/Viewer를 쉽게 다루어, 그림과 같은 성형 형상을 어렵지 않게 모사(simulation) 할 수 있을 것입니다.

해석은 그림의 순서대로 블랭크(blank, 판재)로부터 시작하여 컵 형상이 얻어지는 과정에 대한 것입니다. 이미 Abaqus가 만들어 놓은 해석 모델을 불러오고, solving job에 넘긴 후, Abaqus/Viewer로 해석 결과를 살펴보겠습니다.

〈컵 형상의 성형 해석〉

① 작업 폴더 생성

드라이브 C 밑에 CAE 폴더를 생성합니다.

혹시라도 파일 처리에 문제가 있을 수 있으니, 한글, 공란, 특수문자 등은 사용하지 않는 것이 좋습니다.

② 작업 폴더에서 명령 프롬프트 띄우기

주소 표시줄의 경로를 선택하고 'cmd'를 입력한 후 엔터키를 누릅니다.

선택한 폴더를 작업 폴더로 하는 명령 프롬프트가 나타납니다.

❸ 필요한 해석 파일 가져오기

명령 프롬프트에서 아래와 같이 입력하고 엔터키를 누릅니다.

C:\CAE\abaqus fetch job=deepdrawcup_cax4i.inp

작업 폴더에 'deepdrawcup_cax4i.inp' 파일이 생성되어 있는 것을 확인합니다.

☑ fetch 명령은 abaqus에 내장되어 있는 파일을 가져올 때 씁니다.

☑ 설치된 abaqus 버전에 따라, 'abaqus'는 'abq2024', 'abq2023' 등이 될 수 있습니다.

❹ Abaqus 해석 실행(solving)

명령 프롬프트에서 아래와 같이 입력하고 엔터키를 누릅니다.

C:\CAE\abaqus job=deepdrawcup_cax4i int

수 분 경과 후, 새로운 명령 프롬프트로 넘어갑니다.

☑ int는 interactive의 약자로, abaqus 해석 진행 상황이 프롬프트에 표시됩니다. abaqus 해석이 완전히 종료될 때까지 해당 명령 프롬프트에서 새로운 명령 프롬프트로 넘어가지 않습니다.

⑤ 해석 결과 검토를 위한 Abaqus/Viewer 실행

명령 프롬프트에서 아래와 같이 입력하고 엔터키를 누릅니다.

C:\CAE\abaqus viewer

현재 폴더를 작업 폴더로 하는 Abaqus/Viewer가 실행됩니다.

☑ Abaqus/Viewer는 Abaqus/CAE의 visualization 모듈(결과 검토 모듈)입니다.

⑥ 해석 결과 불러오기

Open 아이콘을 눌러 해석 결과(deepdrawcup_cax4i.odb)를 불러옵니다.

☑ odb는 'Abaqus Output DataBase'로, 해석 결과가 저장되어 있는 binary 파일입니다.

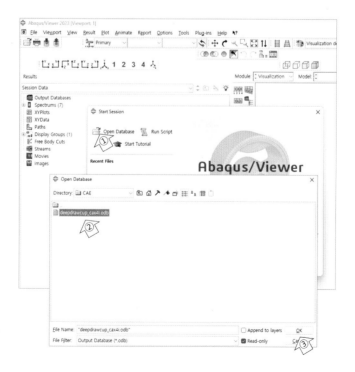

메인 메뉴, 모델 트리(visualization 모듈에서는 결과 트리), 상단 툴 바, 그리고 좌측 툴 박스를 둘러봅니다.

만약 툴 바, 툴 박스 또는 아이콘을 찾을 수 없다면, 메인 메뉴의 View-Toolbars 목록에서 필요한 것을 선택할 수 있습니다.

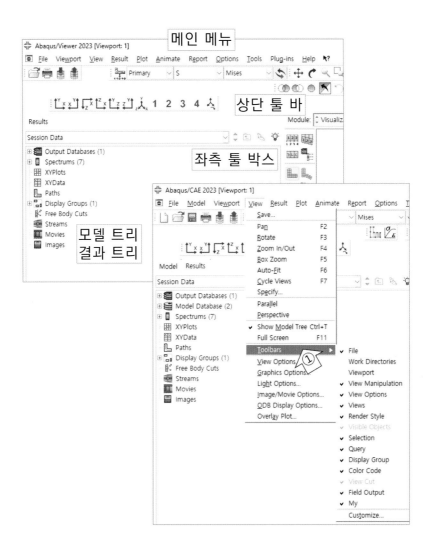

❼ Abaqus/Viewer 익숙해지기

[모델 회전시키기]

CTRL+ALT+마우스 왼쪽 버튼을 누른 후 모델을 회전시켜 봅니다.

☑ 메인 메뉴의 Tools-Options를 선택하여 나오는 Options 창에서, View Manipulation 탭을 선택하고 Application 항목을 Abaqus/CAE, CATIA v5 등, 익숙한 툴과 동일한 마우스 버튼 조합을 선택할 수 있습니다.

[회전 중심 설정하기]

원하는 회전 중심 위치로 마우스 포인터를 위치시킵니다.

마우스 오른쪽 버튼을 누르고 Set As Rotation Center를 선택합니다.

다시 한번 모델을 회전시켜 봅니다.

[Fit View로 보기]

F6을 눌러 모델 전체가 화면에 차는 것을 봅니다.

[Zoom 모드]

F5를 누른 후, 확대하고자 하는 사각형 영역의 한 모서리 위치에서 마우스 왼쪽 버튼을 누른 채로 드래그 하여 사각형 영역을 완성합니다.

Front View(XY View) 아이콘을 클릭합니다.

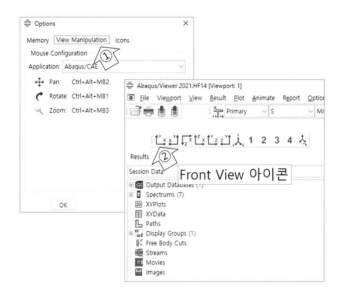

[색상 변경하기]

상단 툴 바 메뉴 중 Color Code Dialog 툴 바를 선택합니다.

Visualization 메뉴의 목록 중 Sections를 선택합니다.

해석 모델이 단면 특성(section)별로 다른 색상으로 구분됩니다. (현재 모델은 단면 특성이 하나로 이루어져 있습니다.)

☑ Section은 단면의 뜻을 갖지만, 해석 모델에서는 재질을 포함하여 동일한 특성이 부여된 단위 집합을 의미합니다. 즉, Section은 재료 물성이 반영된 단면 특성이고, 해석 모델을 구성하는 각각의 요소는 Section을 통해 필요한 정보를 얻습니다.

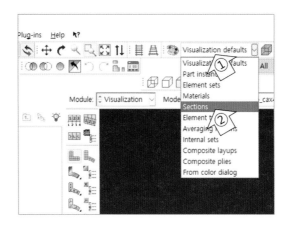

8 변형 과정 검토

Animate: Time History 아이콘을 클릭하여 변형 과정을 검토합니다.

Animation Options 아이콘을 클릭하여 애니메이션에 대한 세부 옵션을 확인합니다.

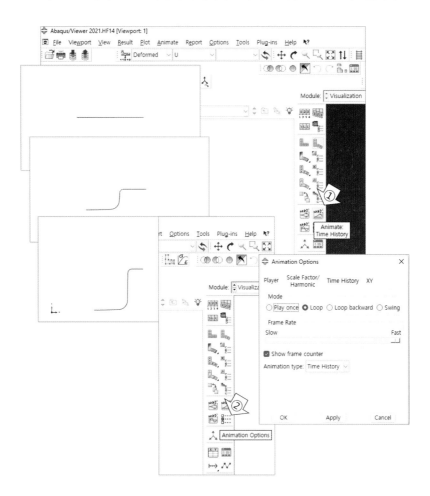

지금의 결과는 '축대칭 해석'의 결과입니다. 축대칭 해석은, 해석 대상체가 축대칭 특성을 보일 때, 3차원 모델을 만들지 않고 2차원의 단면 모델을 만들어서 해석하는 기법입니다. Y 축을 대칭축으로 하여 xy 평면상의 단면으로 만들어진 2차원 모델이 필요합니다.

2차원 해석 결과를 3차원으로 보기 위해, Odb Display Options 아이콘을 클릭하고 세부 옵션을 그림과 같이 입력합니다.

CTRL+ALT+마우스 왼쪽 버튼을 누른 후 모델을 회전시켜 봅니다.

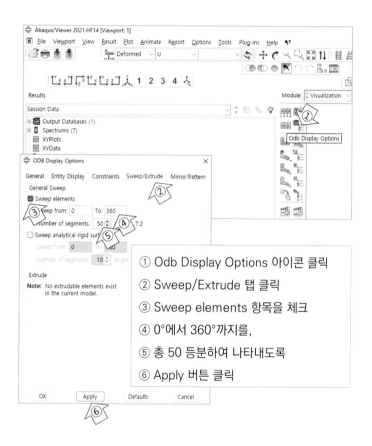

① Odb Display Options 아이콘 클릭
② Sweep/Extrude 탭 클릭
③ Sweep elements 항목을 체크
④ 0°에서 360°까지를,
⑤ 총 50 등분하여 나타내도록
⑥ Apply 버튼 클릭

✓ [회전] : CTRL+ALT+마우스 왼쪽 버튼
✓ [Fit View] : F6
✓ [Zoom] : F5

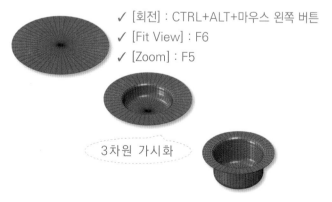

3차원 가시화

❾ 응력 contour(선도) 검토

Plot Contours on Deformed Shape 아이콘을 클릭합니다. Mises 응력이 그려집니다.

해석 시점을 확인하기 위하여, 메인 메뉴의 Result-Step/Frame을 선택합니다.

Step-5을 선택하고, Step-5의 마지막 단계(Increment)를 선택합니다.

OK 버튼을 누릅니다.

이렇게 contour로 그려질 수 있는 것을 Field Output이라고 합니다.

Animate: Time History 아이콘을 클릭하여 애니메이션으로 검토합니다.

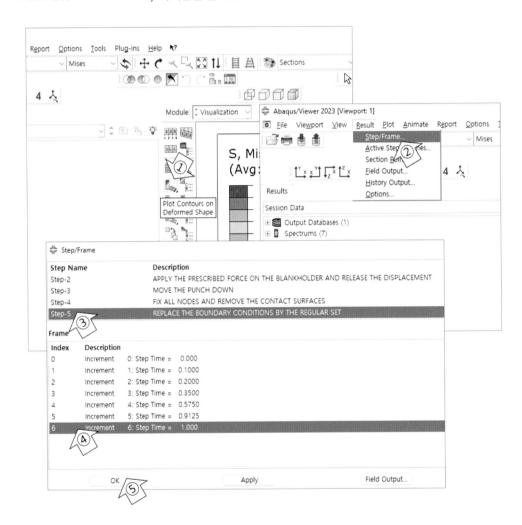

❿ 소성 변형률 contour 검토

상단 툴 바의 Contour Variable 메뉴에서 PEEQ(등가 소성 변형률)를 선택합니다.

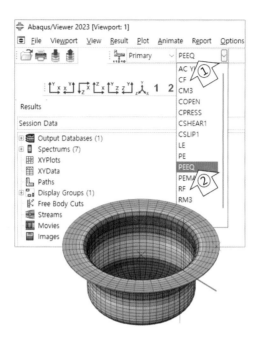

02

C-단면 빔의 횡방향 좌굴

이 예제는 다양한 해석을 통해, 해석이 실제를 모사하는 과정을 이해하는 것이 목적입니다. 연속체 요소를 사용하여 만든 모델에 대해 Abaqus/CAE를 이용하여 해석 모델을 완성하고, abaqus job을 실행한 후 결과를 검토해 봅니다.

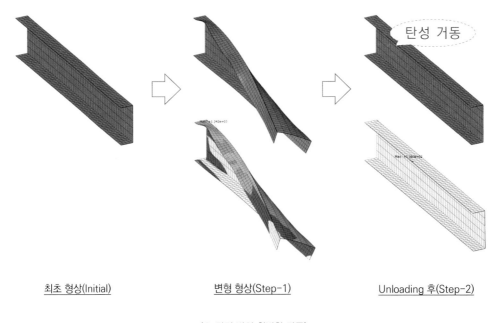

탄성 거동

최초 형상(Initial)   변형 형상(Step-1)   Unloading 후(Step-2)

〈C-단면 빔의 횡방향 좌굴〉

해석 모델의 형상과 물성은 다음 그림과 같습니다. 이 문제는 빔의 한쪽 끝단에 수직 방향 변위를 부여하여 좌굴 형상을 보는 것입니다. 빔의 횡방향 좌굴은 참고 문헌에 실제의 예가 있습니다.

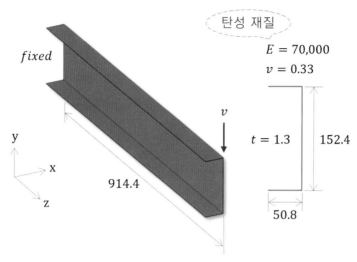

탄성 재질

$E = 70,000$

$v = 0.33$

fixed

v

$t = 1.3$

152.4

y

x

z

914.4

50.8

initial	초기 조건 없음
Step-1	v =- 90(반력 출력)
Step-2	v 해제(즉, unloading)

〈해석 모델〉

〈횡방향 좌굴(예시)*〉

아래 그림에 전체적인 변형 형상을 나타냈습니다. 이 문제의 경우 탄성 재질을 사용하여, Step-2에서

---

* Atsuta T. and Chen W. F., 'Theory of Beam-Columns – Volume 2', J. Ross Publishing, 2008

변위에 자유 조건을 부여하면 빔은 처음 상태로 되돌아옵니다.

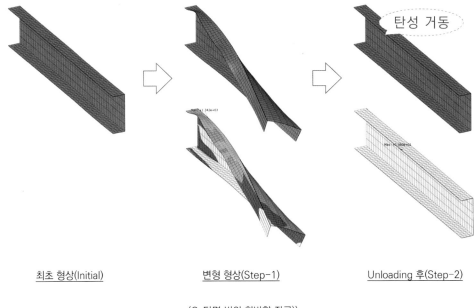

최초 형상(Initial)　　　　　변형 형상(Step-1)　　　　　Unloading 후(Step-2)

〈C-단면 빔의 횡방향 좌굴〉

변형이 가장 큰 지점에서, 끝단의 단면 뒤틀림도 확인해 보겠습니다. 이런 뒤틀림을 빔의 warping 이라고 합니다.

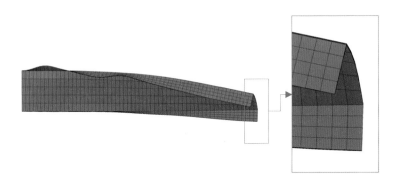

〈빔 단면의 Warping〉

❶ Abaqus/CAE 실행

명령 프롬프트에서 아래와 같이 입력하고 엔터키를 누릅니다.

C:\CAE\abaqus cae

현재 폴더를 작업 폴더로 하는 Abaqus/CAE가 실행됩니다.

Abaqus/CAE의 초기 화면에서, With Standard/Explicit Model을 클릭합니다.

❷ 해석 모델 불러오기

모델 트리의 Models를 선택 후, 마우스 오른쪽 버튼을 누르고 나타나는 메뉴에서 Import를 선택합니다.

Import Model 창이 뜨면, 파일 필터로 Abaqus Input File을 선택한 후, 'C_Solid_EL.inp'을 불러옵니다.

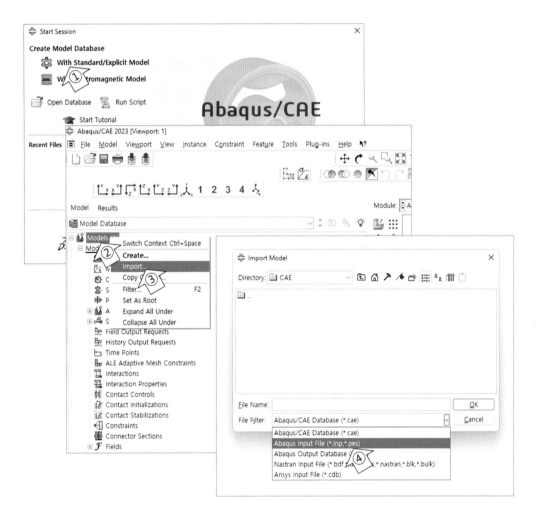

❸ Job 생성

모델 트리의 Jobs를 더블클릭 후, Create Job 창이 열리면 이름을 'Job_C_Solid_EL'로 변경합니다.

Continue 버튼을 클릭합니다.

Edit Job 창이 열리면, Parallelization 탭을 선택 후, 'Use multiple processors'를 체크합니다. '4'를 선택하고 OK 버튼을 클릭합니다. (컴퓨터에 4개 이상의 프로세서(processor)가 있어야 합니다.)

❹ Job Submit

모델 트리의 Jobs를 펼친 후, Job_C_Solid_EL을 클릭합니다. 마우스 오른쪽 버튼을 클릭하여 나오는 메뉴에서 Submit을 선택합니다.

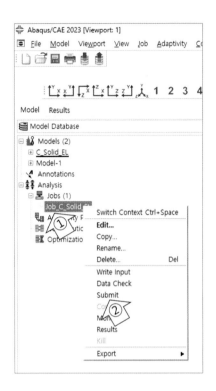

⑤ Steps 확인

모델 트리의 C_Solid_EL을 펼치고, 하위 항목에서 Steps를 펼쳐봅니다.

Step은 해석 시나리오로, 흐름 또는 단계를 의미하는데, 이 문제는 최초 형상(Initial)과 2개의 단계로 구성되어 있습니다.

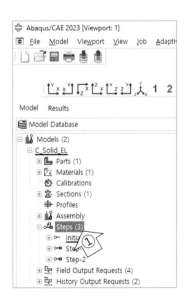

❻ 경계조건(Boundary Conditions, BCs) 확인

모델 트리의 BCs를 선택합니다.

마우스 오른쪽 버튼을 클릭하여 나오는 메뉴에서 Manager를 선택합니다.

Disp-BC-1과 Disp-BC-2는 Step-1에서 적용되고, Disp-BC-3은 Step-2에 적용됨을 알 수 있습니다.

Disp-BC-1을 선택 후, Edit를 클릭합니다.

한쪽 끝단의 모든 자유도가 구속된 것을 보여주고 있습니다.

Disp-BC-2을 선택 후, Edit를 클릭합니다.

반대쪽 끝단의 모서리에 수직 아래 방향으로 '90'의 변위가 적용된 것을 보여주고 있습니다.

Disp-BC-3을 선택 후, Edit를 클릭합니다.

한쪽 끝단의 모든 자유도가 구속된 것을 보여주고 있습니다.

☑ 한쪽 끝단의 모든 자유도는 Step-1과 Step-2에서 구속되어 있습니다. (Disp-BC-1, Disp-BC-3)

☑ 반대쪽 끝단 모서리의 수직 아래 방향으로 '90'의 변위는 Step-1에서 적용되고, Step-2에서는 적용되지 않은 것(free 상태)을 보여주고 있습니다. (Disp-BC-2)

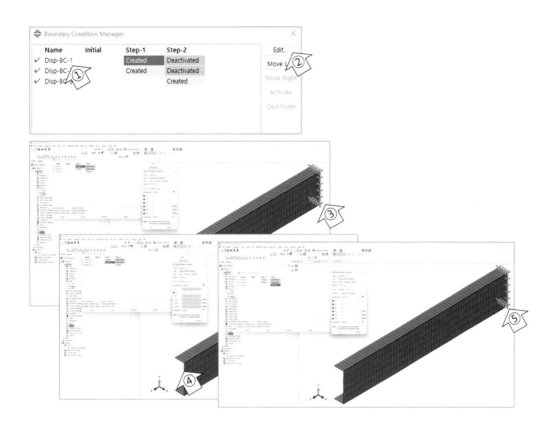

❼ History Output 확인

이 문제에서는 직접적인 하중을 가하지 않는 대신, 변위를 부여하고 그 점에서 반력을 출력하려고 합니다.

변위를 적용한 절점에서는 '반력'이라는 하중이 작용하는 것과 동일합니다.

반력을 시간에 대한 그래프 형식으로 나타내려고 합니다. 이렇게 시간에 대해 그래프 형식으로 나타내는 결과를 History Output이라고 합니다.

모델 트리의 History Output Requests를 선택하고, 마우스 오른쪽 버튼을 누른 후 Manager를 선택합니다.

두 개의 History Output을 요청하고 있습니다.

H-Output-1을 선택하고 Edit를 클릭합니다.

N_REF의 절점(Set)에서 U2(y축 변위)와 RF2(y축 반력)을 요청하고 있습니다.

동일한 출력을 H-Output-2 이름으로 Step-2에서 요청하고 있습니다.

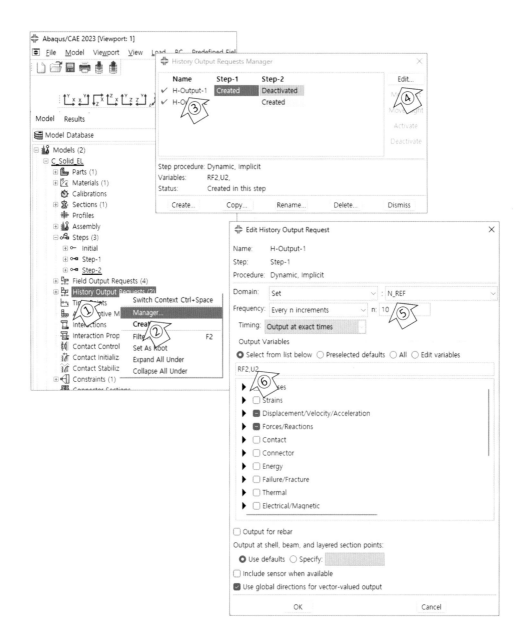

❽ Field Output 확인

Contour로 그려지는 결과를 보기 위하여 Field Output을 요청하려고 합니다.

Field Output Requests를 선택 후 마우스 오른쪽 버튼을 누른 후 Manager를 선택합니다.

4개의 Field Output을 요청하고 있는데, F-Output-1을 선택하고 Edit를 클릭합니다.

전체 모델에 U(병진 및 회전 변위)를 요청하고 있습니다. (이 결과가 있어야 변형된 형상을 그릴 수 있습니다.)

동일한 출력을 F-Output-3 이름으로 Step-2에서 요청하고 있습니다.

F-Output-2을 선택하고 Edit를 클릭합니다.

전체 모델에 S(응력 성분), NE(공칭 변형률 성분)와 PEEQ(등가 소성 변형률)를 요청하고 있습니다.
(각 변수의 의미는 이 책을 진행하면서 하나씩 알아보겠습니다.)

동일한 출력을 F-Output-4 이름으로 Step-2에서 요청하고 있습니다.

⑨ 결과 불러오기

Job(Job_C_Solid_EL) solving이 완료(Completed로 표시)되면, Job_C_Solid_EL을 선택
후, 마우스 오른쪽 버튼을 누르면 나오는 메뉴에서 Results를 선택합니다.

❿ View 옵션 조정

툴 바 메뉴 아이콘에서 Turn Perspective Off 아이콘을 클릭합니다.

툴 바 메뉴의 Visualization 목록을 연 후, Section을 선택합니다.

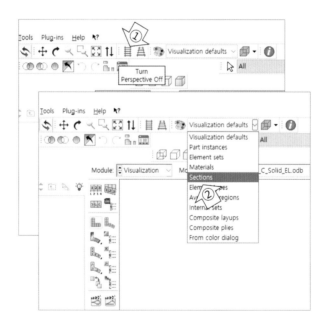

⓫ 변형 형상과 애니메이션 검토

Plot Deformed Shape 아이콘을 클릭합니다. (큰 변형은 보이지 않습니다.)

Animate: Time History 아이콘을 클릭합니다.

Step-1에서, 가해 준 변위가 빔의 좌굴을 일으키는 것이 보입니다.

Step-2에서, 가해 준 변위가 Free 상태로 해제되면, 빔은 처음 상태로 되돌아오고 있습니다. 현재의 해석은 탄성 해석이기 때문입니다.

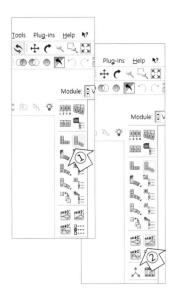

변형 스케일을 확인하기 위해 Common Options를 클릭합니다.

Deformation Scale Factor 항목을 확인합니다. (Abaqus가 보여주고 있는 변형이 실제 스케일(1.0)인지, 혹은 과장된 스케일(>1)이 적용된 것인지 확인합니다.)

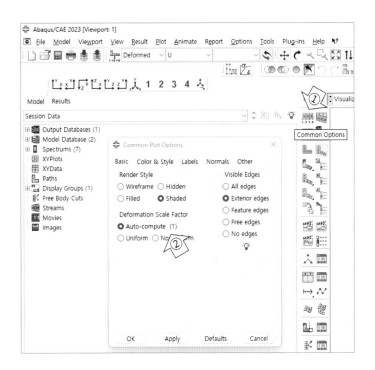

⑫ 응력 Contour 보기

Plot Contours on Deformed Shape 아이콘을 클릭합니다.

Mises 응력이 그려집니다.

해석 시점을 확인하기 위하여, 메인 메뉴의 Result-Step/Frame를 선택합니다.

Step-1을 선택하고, Step-1의 마지막 단계(Increment)를 선택합니다.

OK 버튼을 클릭합니다.

☑️ 외력이 물체 내부에서 어떻게 분배되는지를 나타나는 것이 응력입니다. 응력은 성분이 있는데, Mises 응력은 이 성분을 '등가'화 하여 하나의 값으로 나타낸 것입니다.

☑️ 문제를 다룰 때에 쓸 수 있는 수학 모델로, 선형과 비선형이 있습니다. 이 문제와 같이 변형 형상이 눈으로 인지될 정도로 크다면 비선형 수학 모델로 해석을 진행해야 합니다.

☑️ 비선형 해석은, 한 번에 풀 수 없고, 이 문제와 같이 여러 단계로 나누어 풀게 됩니다.

☑️ 이 문제는 기본적인 방법으로는 수렴(해를 찾는 것)이 어려워 특별한 테크닉을 쓴 것입니다. (〈함께하기 07〉에서 다룹니다.)

☑️ 이 테크닉에 의해 Step-2에서 완벽하게 초기 상태로 돌아가지는 않습니다.

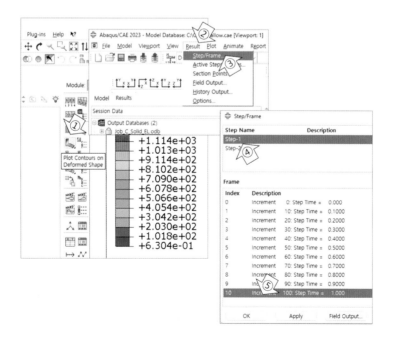

⑬ 단면 끝단 변형 보기

Plot Deformed Shape 아이콘을 클릭합니다.

YZ View 아이콘을 클릭하고, 끝단을 확대(F5)해 봅니다.

단면의 Warping 변형을 확인해 봅니다.

빔 중간 부분 플랜지의 두께 방향 mesh와 변형도 확인해 봅니다.

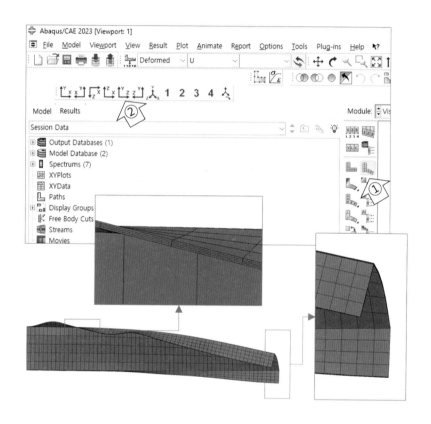

⑭ F-d 곡선 만들기

결과 트리의 History Output을 펼칩니다.

Reaction force: RF2 in N_REF를 선택 후, 마우스 오른쪽 버튼을 누릅니다.

Save As를 선택하고, 이름을 'RF2'로 입력합니다.

OK 버튼을 누릅니다.

Spatial displacement: U2 in N_REF를 선택 후, 마우스 오른쪽 버튼을 누릅니다.

Save As를 선택하고, 이름을 'U2'로 입력합니다.

OK 버튼을 누릅니다.

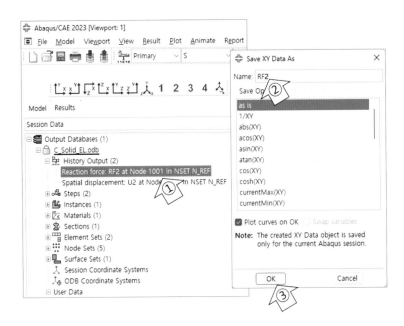

결과 트리의 XYData를 펼칩니다.

History Output에서 저장된 RF2, U2의 2개의 데이터가 있습니다. 각각은 '(시간, 값)'의 쌍으로 이루어져 있습니다. 새로운 XYData를 생성하려고 합니다.

결과 트리의 XYData를 선택 후, 마우스 오른쪽 버튼을 누릅니다.

Create을 선택합니다.

Create XY Data 창에서, 'Operate on XY data'를 선택합니다.

저장된 '(시간, 반력)'과 '(시간, 변위)' 데이터를 조합하여, '(−변위, −반력)'의 데이터를 만들려고 합니다.

Continue 버튼을 클릭합니다.

오른쪽 Operators 창에서, 'combine(X,X)'를 찾아 한 번 클릭합니다.

위쪽 Expression 창에서, 'combine(X,X)'의 앞쪽 변수를 입력하려고 합니다.

아래쪽 XY Data 중, 'U2'를 더블 클릭합니다. 위쪽 Expression 창을 봅니다.

비슷하게, 'RF2'를 더블 클릭합니다. 위쪽 Expression 창을 봅니다.

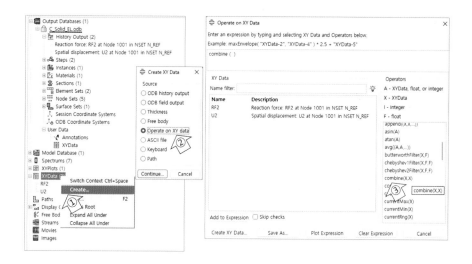

Operate on XY Data 창의 위쪽 Expression 창에서, 수식을 아래와 같이 수정합니다.

combine (–"U2", –"RF2")

Save As를 클릭합니다.

이름을 'F_d'로 입력하고, OK 버튼을 누릅니다.

Operate on XY Data 창을 닫습니다.

이제 결과 트리 XYData에 새로 생긴 'F_d'를 선택하고, 마우스 오른쪽 버튼을 누릅니다.

Plot을 선택합니다.

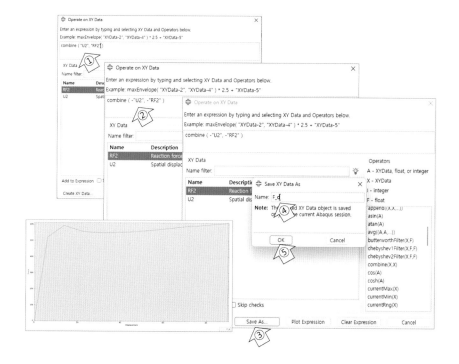

☑ 좌굴(Buckling) 현상

구조물이 하중 지지 능력을 상실하고 큰 변형이 수반되는 현상을 좌굴이라고 합니다.

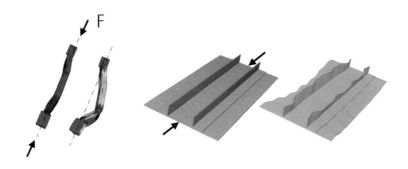

〈컨트롤 암의 좌굴(왼쪽)과 보강된 패널의 좌굴(오른쪽)〉

MEMO

MEMO

PART 02

응력과 변형률

02

응력과 변형률

구조 해석은 외력에 대한 구조물의 변형이나 운동을 계산으로 예측하는 방법입니다. 이 장은 구조 해석의 가장 기본이 되는 응력과 변형률의 개념을 이해하는 것이 목적입니다. 이를 위해 먼저, 힘과 변형에 대해 알아보겠습니다.

❶ 힘

힘이란 크기와 방향이 있으면서, 물체를 가속시키거나 변형시킬 수 있는 물리량을 말합니다. 크기와 방향이 있는 것을 벡터량이라고 합니다. 즉, 힘은 공간상에서 힘 벡터로 표현할 수 있습니다.

물체에 힘이 작용할 때, 힘이 어떻게 전달되는지 보기 위해, 아래 그림과 같이 3개의 요소로 이루어진 가장 단순한 시스템을 생각해 보겠습니다. 이것은 질량, 스프링 그리고 댐퍼(damper)로 이루어진 1 자유도 모델입니다.

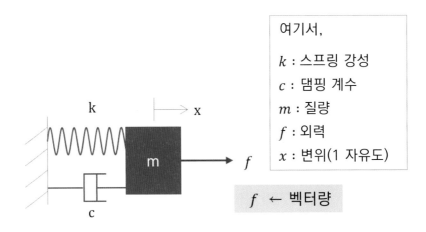

여기서,

k : 스프링 강성
c : 댐핑 계수
m : 질량
f : 외력
x : 변위(1 자유도)

$f \leftarrow$ 벡터량

〈가장 단순한 1 자유도 모델〉

스프링의 하중은 변위에 비례합니다.

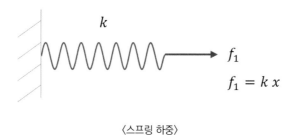

〈스프링 하중〉

댐퍼의 하중은 속도에 비례합니다.

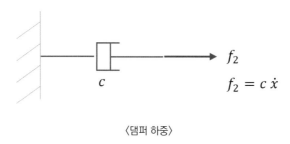

〈댐퍼 하중〉

이제 질점의 중심만을 생각해 봅니다. 이것은 외력과 내력의 차이가 관성력(inertia)을 유발하는 것을 나타내고 있습니다.

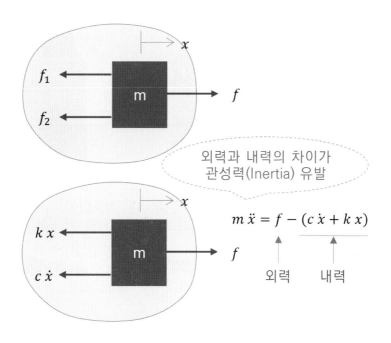

〈1 자유도의 힘 평형〉

질량과 스프링, 그리고 댐퍼로 이루어진 가장 간단한 1 자유도 시스템의 운동 방정식을 아래 그림에 나타냈습니다. 외력이 작용하면 탄성 변형에 의한 반력과, 속도에 저항하는 댐핑으로 인한 반력이 생깁니다. 이런 탄성과 댐핑의 합력을 변형으로 인한 내력으로 생각할 수 있습니다. 이렇게 외력과 내력이 평형을 이루지 못하면, 그만큼의 가속도가 발생합니다.

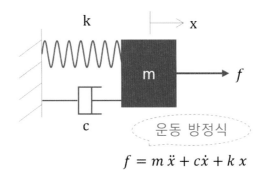

$$f = m\,\ddot{x} + c\dot{x} + k\,x$$

〈1 자유도의 운동 방정식〉

이제 우리가 그림과 같은 교각의 기둥을 만든다고 생각해 봅니다. 우리는 기둥이, 두꺼우면 두꺼울수록 더 큰 하중을 지지할 수 있다는 것은 자연스럽게 받아들이고 있습니다. 하지만 얇고 두꺼운 기둥이라는 두 가지 선택지가 아닌, 임의 형상에서는 어떻게 판단할 수 있을까요?

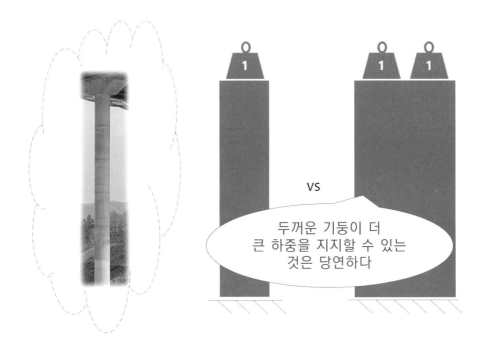

〈얇은 기둥과 두꺼운 기둥〉

구조가 지지할 수 있는 힘의 크기에 대한 근본적인 원리를 알기 위해서는, 전체 구조가 지지하는 힘을 생각하기 보다는 구조를 이루는 '단위' 요소에 얼마가 분배되는지를 생각해 보아야 합니다.

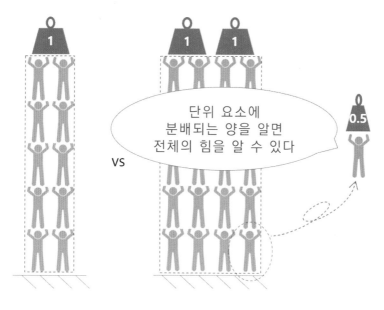

〈단위 요소에 분배되는 힘의 크기〉

❷ 응력

힘이 '단위' 요소에 얼마가 분배되는지를 나타내는 지표가 응력입니다. 응력이란, 주로 외력에 의해 발생하는 것으로, 물체의 내부에 발생하는 단위 면적 당 힘을 의미합니다. 힘만 갖고는 근본적인 특성을 유추하기 어렵지만, 응력을 통하면 구조물의 근본 특성을 알 수 있습니다.

아래 그림의 식과 같이 하중을 초기 단면적으로 나눈 것을 응력의 한 종류인, 공칭 응력(nominal stress)이라고 합니다.

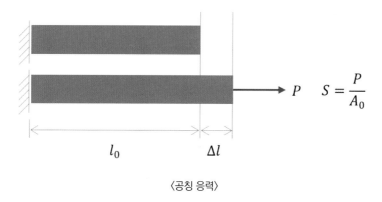

〈공칭 응력〉

〈힘과 응력의 차이〉

외부에 작용하는 힘은, 물체의 내부에서는 응력으로 분배되어 지탱합니다. 반대로, 내부의 응력을 면적분하면 힘과 같아집니다. 우리는 힘을 직접 다루기 보다는 응력을 다룸으로써 형상과 재질이 달라지더라도 문제없이 해석을 할 수 있습니다.

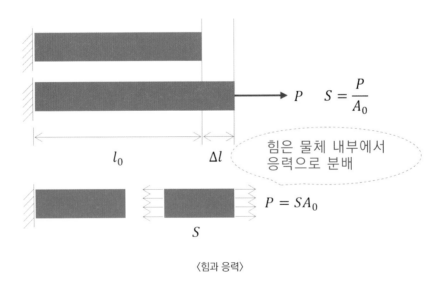

〈힘과 응력〉

③ 모멘트

힘이 거리를 두고 작용하면, 굽힘(bending)이나 비틀림(torsion)을 유발하는 모멘트(moment)가 발생합니다. 모멘트는 물체를 회전시키려는 물리량으로 '거리x힘'과 같습니다. 벡터인 거리와 벡터인 힘의 외적(cross product)으로 정의합니다.

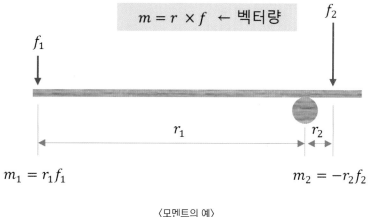

<모멘트의 예>

정비소에서 타이어를 교체할 때, 임팩트 렌치를 써서 차량 바퀴를 탈거하는 것을 볼 수 있습니다. 차량 휠의 체결 토크는 대략 150Nm 정도라고 생각할 수 있습니다. 이 정도의 크기가 어느 정도인지를 추산해 보겠습니다. 해외 여행 시, 무료 수하물의 중량이 20kgf 내외인 경우가 많은데, 20kgf라면 성인이 다소 힘들게 들 수 있는 무게입니다. 이 무게의 가방이 1m 거리에 떨어져서 작용할 때의 모멘트는, 약 196Nm(=1m x 20kg x 9.81m/s2)로 계산할 수 있습니다.

임팩트 렌치 : ~ 약 300Nm 내외
휠 체결 토크 : ~ 약 150Nm 내외

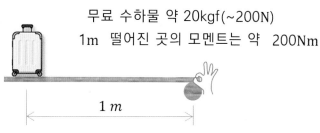

무료 수하물 약 20kgf(~200N)
1m 떨어진 곳의 모멘트는 약 200Nm

<모멘트의 대략적 크기>

❹ 변형과 변형률

아래와 같은 고무줄을 예로 들어 봅니다. 우리는 동일한 힘이 작용할 때, 긴 부재가 더 많이 변형하는 것을 자연스럽게 알 수 있습니다.

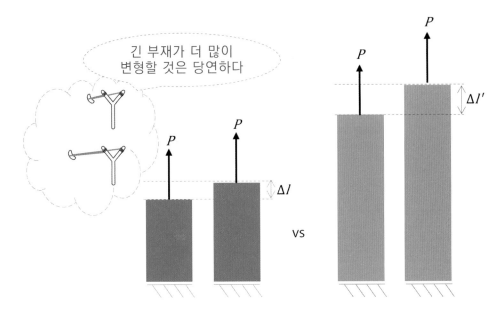

〈짧은 부재와 긴 부재의 변형〉

임의의 형상에서는 변형을 어떻게 예측할 수 있을까요? 구조물 전체로 생각하기 보다, 구조를 이루는 '단위' 요소의 변형 특성(물성)을 알면 임의의 형상에서의 변형을 쉽게 계산할 수 있습니다.

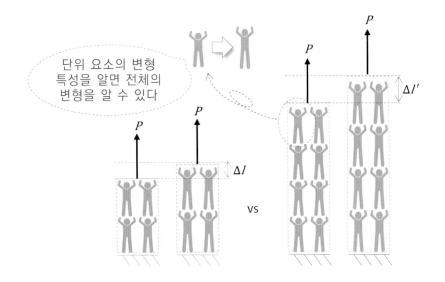

〈단위 요소의 변형과 전체의 변형〉

여기서 변형률의 개념을 도입해 봅니다. 변형률은 변형의 크기를 나타내는 것으로써, 단위 길이 당 변형된 길이를 의미합니다. 위와 같이 변형된 길이(차이에 해당하는 값)를 초기 길이로 나눈 값을 공칭 변형률(nominal strain)로 정의합니다.

'단위' 요소의 변형인 변형률을 통해, 우리는 임의의 형상에서의 변형을 예측할 수 있습니다.

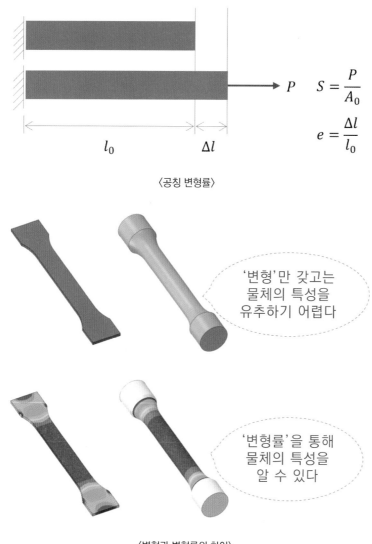

$$S = \frac{P}{A_0}$$

$$e = \frac{\Delta l}{l_0}$$

〈공칭 변형률〉

'변형'만 갖고는 물체의 특성을 유추하기 어렵다

'변형률'을 통해 물체의 특성을 알 수 있다

〈변형과 변형률의 차이〉

⑤ 응력 성분

물체를 이루는 '단위' 요소의 형상과 크기를 생각해 봅니다. 우리가 가장 쉽게 이해할 수 있는 형상은 정육면체 형상입니다. 이것의 크기가 무한히 작다고 해도 문제가 되지 않습니다. 물체를 이루는 아주 작은 정육면체를 상상하고, 그 정육면체 형상의 '단위' 요소를 떼어낸다고 상상해 봅니다.

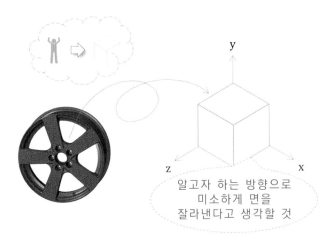

〈물체를 이루는 단위 요소〉

면에 수직한 수직 벡터를 이용하여 면에 이름을 지정할 수 있습니다. A_1을 1번 방향(x 축)에 수직한 면으로 정의해 봅니다. 비슷하게 A_2와 A_3는 각각 2번 방향(y 축)과 3번 방향(z 축)에 수직한 면으로 정의할 수 있습니다.

이제 우리는 아래 그림과 같이 '수직 응력'을 정의할 수 있습니다. ('–' 방향의 면에서는 '–' 방향의 힘이 작용하는 것을 '+' 부호의 응력으로 정의합니다.)

여기서 S_{11}은 면 A_1에 작용하는 힘 P_1을 의미하는 것으로, 힘 P_1이 면 A_1에 분배되어 지지되는 것을 나타내고 있습니다. 이와 같이 수직 응력은 면에 수직으로 작용하는 힘이, 면적에 의해 분배되는 것을 나타냅니다. P_1과 A_1이 방향이 중요한 것을 상기해 봅니다.

마찬가지로 S_{22}와 S_{33}도 같은 방법으로 정의할 수 있습니다.

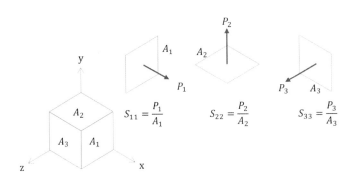

〈수직 응력〉

이번에는 면에 평행하게 작용하는 응력을 정의해 봅니다. 아래 그림과 같이 면에 평행하게 작용하는 응력을 전단 응력이라 하고 6개의 성분을 생각해 볼 수 있습니다.

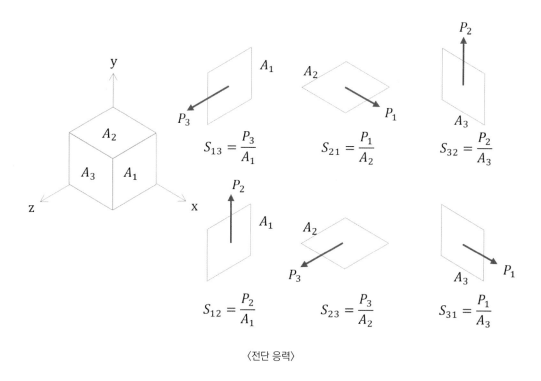

〈전단 응력〉

만약 아래 그림과 같이, A_1 면에서 2번 방향의 힘에 의해 생기는 전단 응력인 S_{12}가 있다고 생각해 봅니다. 그림과 같은 단위 요소에서, 힘의 평형이 이루어지지 않으므로, 단위 요소는 2번 방향으로 가속도를 갖고 운동할 것입니다.

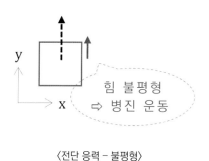

〈전단 응력 – 불평형〉

하지만, 지금 생각 중인 구조물은 하중을 받아 내부에 응력이 생기더라도 단위 요소가 운동을 하지는 않을 것입니다. 그 이유로 다음 그림과 같이 2번 방향의 반대 방향의 힘이 작용해야만 합니다.

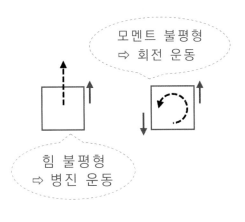

〈전단 응력 – 불평형〉

하지만 이 경우도 모멘트의 합이 평형을 이루지 못하므로 그림에서의 반시계 방향으로 회전할 수밖에 없습니다.

단위 요소가 회전하지 않기 위한 조건으로 아래 그림과 같이 2번 면에는 1번 방향 하중이 필요하고, 위와 동일한 이유로 1번 방향 음의 하중이 필요합니다. 전단 응력 S_{12}가 있으면, 동일한 크기의 S_{21}이 있어야 합니다. 즉, 힘 평형 및 모멘트 평형에 의하여, 짝이 되는 두 수직 면의 전단 응력은 같아야 합니다.

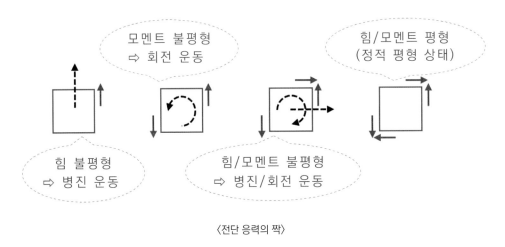

〈전단 응력의 짝〉

아래에 짝이 되는 전단 응력을 나타냈습니다. 전단 응력은 이와 같이 3개의 성분을 생각할 수 있습니다.

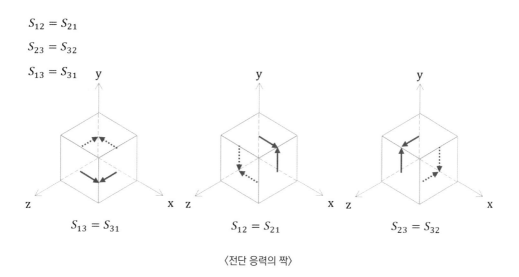

$$S_{12} = S_{21}$$
$$S_{23} = S_{32}$$
$$S_{13} = S_{31}$$

$$S_{13} = S_{31} \qquad S_{12} = S_{21} \qquad S_{23} = S_{32}$$

〈전단 응력의 짝〉

 실제 해석 업무를 할 때 중요하게 생각해야 하는 것은, 응력 성분은 고정된 것이 아니고 좌표계에 따라 달라진다는 점입니다.

 만약 관심 부위에서 응력 성분이 아래의 위쪽 그림과 같을 때, 좌표계를 바꾸게 되면 아래쪽 그림과 같이 응력 성분도 바뀌게 됩니다. 두 그림은 응력 성분은 다르지만, 두 상태는 동일한 상태를 나타내고 있습니다.

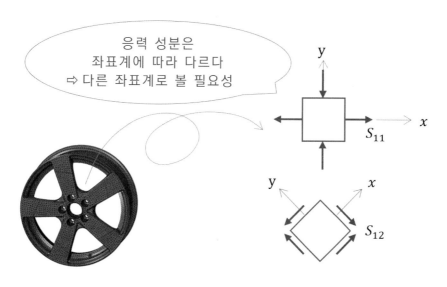

〈응력 성분과 좌표계〉

 실제 해석 결과에서 응력 성분을 살펴보겠습니다. 다음 그림은 내압을 받는 두꺼운 실린더 문제입니다. 여기서 '두꺼운'이란 말은 그림 면에 수직한 방향으로 매우 두껍기 때문에, 그 방향으로의 변형은 없는 것과 같다는 뜻입니다. 따라서 2차원으로 해석이 가능합니다.

아래 그림은 해석 모델에 대한 개요를 나타낸 것입니다. 대칭성을 이용하여 1/4 모델로 해석을 진행했습니다.

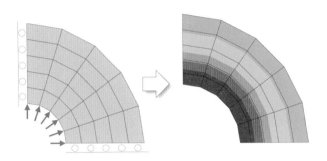

〈내압을 받는 두꺼운 실린더〉

그림에 Mises 응력(등가 응력)의 크기를 나타냈습니다. 관심 부위를 노란색 점으로 표시했습니다. 이 점이 무한히 작은 사각형이라고 생각해 봅니다. 이제 좌표계에 따라 이 부분의 응력이 어떻게 바뀌는지를 확인해 보겠습니다. 결론으로 나오는 응력 성분을 아래 그림에 표시했습니다. 좌표 축이 바뀜에 따라 응력 성분이 바뀌는 것을 확인하기 바랍니다. (화살표는 힘의 크기는 고려하지 않고, 방향만 나타낸 것입니다.)

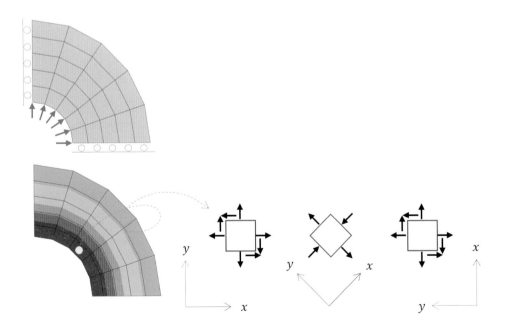

〈내압을 받는 두꺼운 실린더 - 좌표계에 따른 응력 성분〉

첫 번째 좌표계로, 전체 좌표계(global coordinate, 디폴트)에 대해 응력 성분을 출력해 보면 그림과 같습니다.

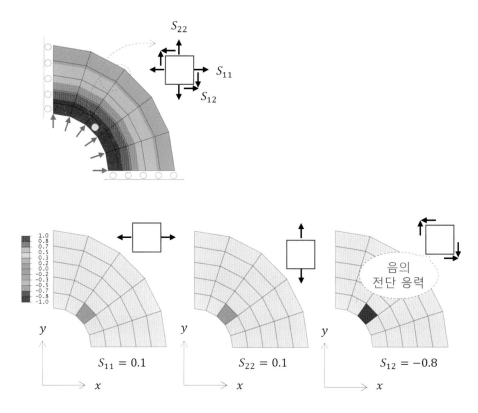

⟨내압을 받는 두꺼운 실린더 - 좌표계에 따른 응력 성분⟩

이제 전체 좌표계를 45° 반시계 방향으로 회전시킨 새로운 좌표계를 만들어, 새로 만든 좌표계로 응력 성분을 출력해 보겠습니다. 성분 응력인 S_{11}, S_{22}, S_{12}의 값이 바뀌고 있음을 확인할 수 있습니다. 응력 성분은 고정된 것이 아니고, 좌표계에 따라 달라지는 것을 확인하기 바랍니다.

특히, 이 좌표계에서의 전단 응력이 0이 됨을 확인하시기 바랍니다.

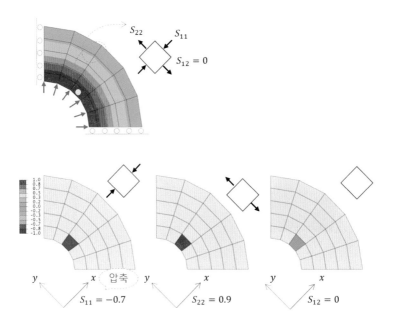

〈내압을 받는 두꺼운 실린더 – 좌표계에 따른 응력 성분〉

비슷하게 전체 좌표계를 90° 반시계 방향으로 회전시켜 새로운 좌표계를 만들고, 이 좌표계로 응력 성분을 출력한 결과를 아래 그림에 나타냈습니다. 이 좌표계에서의 전단 응력이, 다른 좌표계에 비하여 가장 큰 값이 됨을 확인하시기 바랍니다.

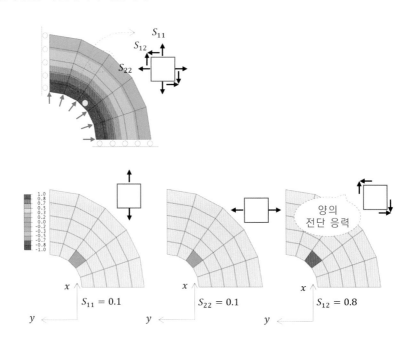

〈내압을 받는 두꺼운 실린더 – 좌표계에 따른 응력 성분〉

아래 그림에 다시 비교하여 나타냈습니다. 그림의 첫 번째 좌표계는 전단 응력이 0이 되는 좌표계이고, 이때 수직 응력이 최대가 됨을 확인할 수 있습니다. 이렇게 수직 응력이 최대가 되는 좌표계에서의 수직 응력을 최대 주응력(maximum principal stress)으로 정의합니다.

그림의 두 번째 좌표계와 같이 전단 응력이 최대인 좌표계가 있고, 이때의 전단 응력을 최대 전단 응력으로 정의합니다.

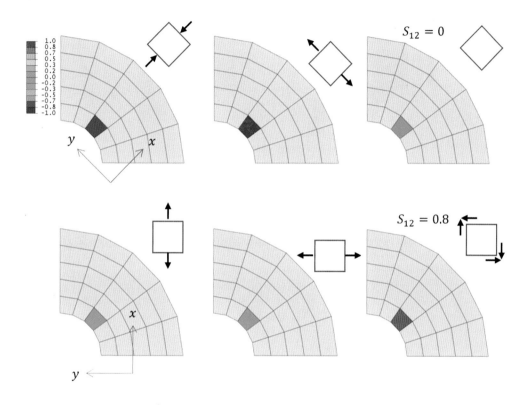

〈내압을 받는 두꺼운 실린더 – 좌표계에 따른 응력 성분〉

Abaqus/Viewer는 해석 결과(odb)를 갖고, 자동으로 최대 주응력이나 최소 주응력의 값과 방향을 그려줍니다. 다음 그림은 최대 주응력과 최소 주응력을 출력한 결과입니다.

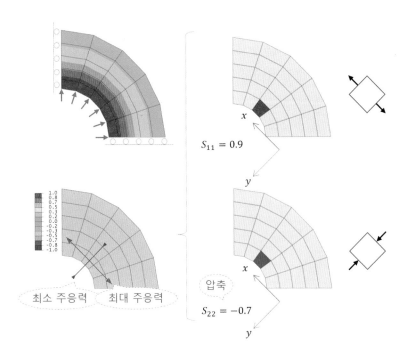

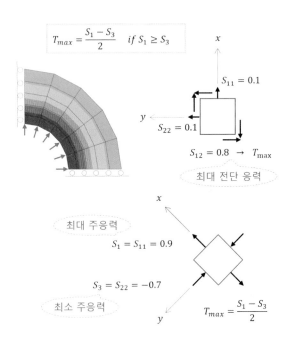

〈내압을 받는 두꺼운 실린더 – 최대 주응력과 최소 주응력〉

한 가지 흥미로운 것은, 최대 주응력과 최소 주응력의 차이와 최대 전단 응력은 아래와 같은 관계가 있다는 것입니다.

$$T_{max} = \frac{S_1 - S_3}{2} \quad if \ S_1 \geq S_3$$

$S_{11} = 0.1$

$S_{22} = 0.1$

$S_{12} = 0.8 \quad \rightarrow \quad T_{max}$

최대 전단 응력

최대 주응력

$S_1 = S_{11} = 0.9$

$S_3 = S_{22} = -0.7$

최소 주응력

$$T_{max} = \frac{S_1 - S_3}{2}$$

〈내압을 받는 두꺼운 실린더 – 최대 전단 응력〉

최대 주응력과 최소 주응력의 차이로, 전단 응력의 지표로 쓰이는 Tresca 응력을 그림과 같이 정의할 수 있습니다.

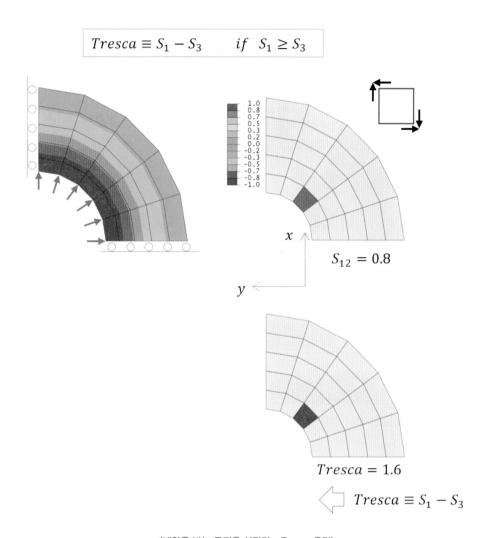

$$Tresca \equiv S_1 - S_3 \qquad if \ \ S_1 \geq S_3$$

$S_{12} = 0.8$

$Tresca = 1.6$

$Tresca \equiv S_1 - S_3$

〈내압을 받는 두꺼운 실린더 - Tresca 응력〉

Mises 응력은, 복잡한 3차원 응력 성분을 하나의 값으로 등가시킨 응력이고, 재질의 항복(yield) 거동을 다룰 때 주로 사용합니다. Mises 응력을 주 응력으로 표시하면 아래 식과 같이 정의할 수 있습니다. 앞에서의 Tresca 응력을 상기해 보면, Mises 응력은 전단 응력과 관계가 있다는 것을 알 수 있습니다.

$$Mises \equiv \sqrt{\frac{1}{2}\left((S_1 - S_2)^2 + (S_2 - S_3)^2 + (S_3 - S_1)^2\right)} \quad if \ \ S_1 \geq S_2 \geq S_3 \ (주응력)$$

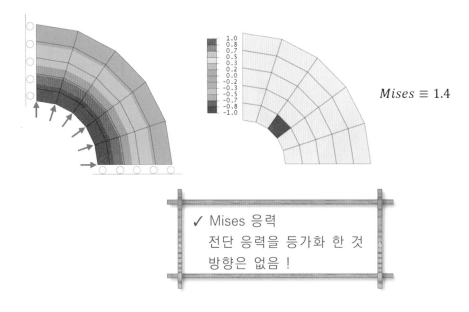

$Mises \equiv 1.4$

✓ Mises 응력
   전단 응력을 등가화 한 것
   방향은 없음 !

〈내압을 받는 두꺼운 실린더 – Mises 응력〉

Mises 응력은 응력 성분에서 정수압 성분을 제외한 것입니다. 정수압 상태는 부피 변화를 유발하는 압력이 작용하는 상태로써, 이 상태는 항복(소성)과 무관하다는 관찰로부터 유도되었습니다.

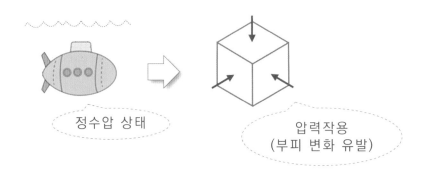

정수압 상태

압력작용
(부피 변화 유발)

〈정수압 상태에서의 압력〉

만약 모든 주 응력의 크기가 동일하다면, 값의 크기에 상관없이 Mises 응력은 0입니다.

$$Mises \equiv \sqrt{\frac{1}{2}\left((S_1 - S_2)^2 + (S_2 - S_3)^2 + (S_3 - S_1)^2\right)}$$

$$Mises = 0 \quad if \quad S_1 = S_2 = S_3 = S$$

❻ 변형률 성분

구조 해석은 외력(힘)에 대한 변형이 관심인 경우가 많습니다. 우리는 힘이 중요하지만, 힘만 갖고는 근본적인 분석이 어려워 '단위' 요소에서의 힘인 응력을 도입했습니다. 비슷하게 변형 자체를 생각하기에 앞서, 변형을 변형률로 변환하여 보겠습니다.

수직 응력이 작용하여 생기는 변형의 '단위' 요소인, 수직 변형률은 아래 그림과 같이 선분의 길이의 변화로 생각해 볼 수 있습니다.

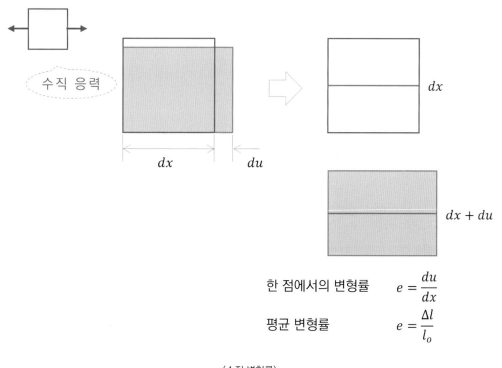

한 점에서의 변형률 $\qquad e = \dfrac{du}{dx}$

평균 변형률 $\qquad e = \dfrac{\Delta l}{l_o}$

〈수직 변형률〉

전단 응력이 작용하여 생기는 변형의 '단위' 요소인, 전단 변형률은 그림과 같이 두 선분 사이 각도의 변화로 표현합니다. 아래 그림과 같이 전단 응력으로 인한 두 각도의 변화를 생각해 볼 수 있습니다.

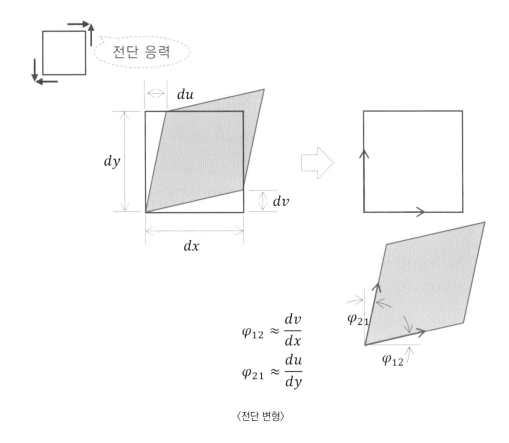

$$\varphi_{12} \approx \frac{dv}{dx}$$

$$\varphi_{21} \approx \frac{du}{dy}$$

〈전단 변형〉

관례적으로, 두 각도의 합을 전단 변형률(엔지니어링 전단 변형률)로 쓰고 있습니다. (수학적 표현 식인 e_{12}와는 2배 만큼의 차이가 있음을 주의해야 합니다.)

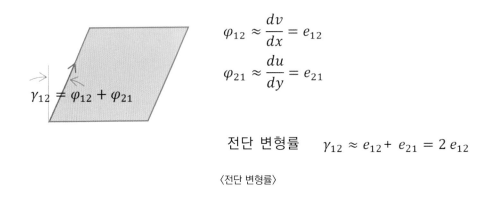

$$\varphi_{12} \approx \frac{dv}{dx} = e_{12}$$

$$\varphi_{21} \approx \frac{du}{dy} = e_{21}$$

$$\gamma_{12} = \varphi_{12} + \varphi_{21}$$

전단 변형률 $\gamma_{12} \approx e_{12} + e_{21} = 2\,e_{12}$

〈전단 변형률〉

변형률도 응력과 동일하게 좌표계에 따른 성분으로 표현됩니다. 좌표계가 바뀌면 변형률 성분의 값은 변하는데, 수직 변형률 성분이 가장 큰 좌표계를 계산할 수 있습니다. 이때의 수직 변형률을 주 변형률(principal strain)로 정의합니다.

피로 파손과 같이
방향성이 중요한 경우는
'주 변형률'이 중요한 지표

〈주 변형률〉

❼ 구성 방정식(Constitutive Law)

응력과 변형률의 관계를 알 수 있으면, 결국 힘과 변형의 관계도 알 수 있을 것입니다. 응력과 변형률의 관계를 구성 방정식이라고 합니다. 이를 실험적으로 알기 위하여 단순 인장 시험을 하고 있습니다. 아래 그림과 같이 관심 재질의 시편을 제작합니다. 시편의 한쪽은 구속하고, 반대쪽에서 하중을 가하여 변형을 일으킵니다. 시편의 형상과 관계없이 재질의 고유한 특성을 추출하기 위해, 힘을 응력으로 변환합니다. 변형도 변형률로 변환합니다. 이때 측정된 응력과 변형률을 그래프로 그려, 이 둘 사이의 관계를 확인합니다.

이 관계를 이용하여, 변형으로부터 힘을 구하거나, 힘으로부터 변형을 예측할 수 있습니다.

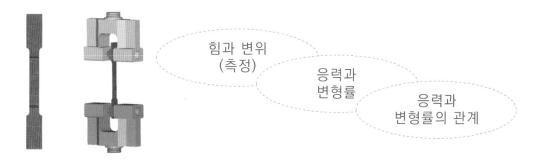

힘과 변위
(측정)

응력과
변형률

응력과
변형률의 관계

〈단순 인장 시험과 구성 방정식〉

대부분의 재질은 변형이 크지 않은 경우, 다음 그림과 같이 응력과 변형률이 선형 관계를 갖는 것을 실험적으로 알 수 있었습니다. 이때의 비례 계수 E 를 탄성 계수(elastic modulus) 또는 영의 계수(Young's modulus)라고 합니다.

이것을 성분으로 표시된 식으로 나타나면 아래와 같이 나타낼 수 있습니다.

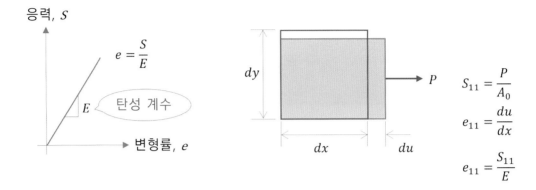

$$e_{11} = \frac{S_{11}}{E}$$

〈선형 범위에서의 탄성 계수〉

비슷한 방법으로 전단 성분도 전단 계수(shear modulus) G 를 도입하여 전단 응력과 전단 변형률의 선형 관계를 아래와 같이 나타낼 수 있습니다.

$$\gamma_{12} = \frac{S_{12}}{G}$$

편의를 위해, 엔지니어링 전단 변형률을 수학 변형률로 표현하겠습니다.

$$e_{12} = \frac{S_{12}}{2G} \quad \leftarrow \gamma_{12} = 2\,e_{12}$$

힘이 가해지는 방향으로의 변형분만 아니라 여기에 수직한 방향으로도 변형이 발생합니다. 이때의 변형률을 푸아송 비(Poisson ratio), v 를 도입하여 표현합니다. 우리가 고무줄을 늘일 때, 길이 방향으로 늘어나면 이와 수직한 방향으로의 단면이 줄어드는 것을 경험할 수 있었을 것입니다. 따라서 푸아송 비를 아래와 같이 길이 방향 변형률 대 횡방향 변형률의 비로 정의할 수 있고, 이것은 재질의 특성 중 하나입니다. 아래 식에서는 1번 방향이 주 변형 방향입니다. 음의 부호는 푸아송 비를 양의 값으로 만들어주기 위하여 필요한 것입니다.

$$v = -\frac{e_{22}}{e_{11}}$$

이제 미소 면적에서 일어나는 것을 살펴보겠습니다. 편의 상 S_{11} 성분만 있다고 생각해 봅니다. 힘에 의해 변형이 일어납니다. 응력과 변형률이 충분히 균일한 미소 면적이라고 할 때, 응력과 변형률의 관계는 그림과 같이 표현할 수 있습니다. 2번 방향의 변형률을 푸아송 비로 표현했습니다.

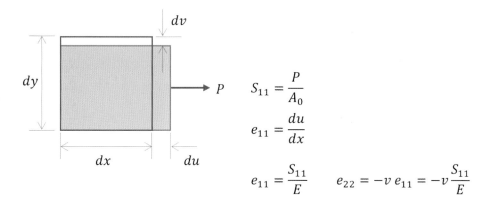

$$S_{11} = \frac{P}{A_0}$$

$$e_{11} = \frac{du}{dx}$$

$$e_{11} = \frac{S_{11}}{E} \qquad e_{22} = -v\, e_{11} = -v\frac{S_{11}}{E}$$

〈단순 인장 성분에서의 변형률〉

비슷하게 푸아송 비에 의한 다른 방향의 변형률도 그림과 같이 나타낼 수 있습니다.

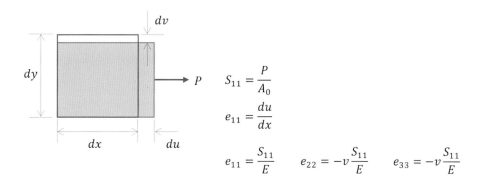

$$S_{11} = \frac{P}{A_0}$$

$$e_{11} = \frac{du}{dx}$$

$$e_{11} = \frac{S_{11}}{E} \qquad e_{22} = -v\frac{S_{11}}{E} \qquad e_{33} = -v\frac{S_{11}}{E}$$

〈단순 인장 성분에서의 변형률〉

이제 모든 응력 성분과 변형률 성분을 아래의 식과 같이 표시할 수 있습니다. 이 식은 Hooke's law 로 불리고 미소 변형(infinitesimal deformation) 내에서의 탄성 재료에 대한 응력-변형률 관계식 입니다.

$$\left. \begin{array}{l} e_{11} = \dfrac{S_{11}}{E} - v\dfrac{S_{22}}{E} - v\dfrac{S_{33}}{E} \\[2mm] e_{22} = \dfrac{S_{22}}{E} - v\dfrac{S_{33}}{E} - v\dfrac{S_{11}}{E} \\[2mm] e_{33} = \dfrac{S_{33}}{E} - v\dfrac{S_{11}}{E} - v\dfrac{S_{22}}{E} \end{array} \right\} \quad \begin{array}{l} e_{11} = \dfrac{1}{E}\left(S_{11} - v(S_{22} + S_{33}) \right) \\[2mm] e_{22} = \dfrac{1}{E}\left(S_{22} - v(S_{33} + S_{11}) \right) \\[2mm] e_{33} = \dfrac{1}{E}\left(S_{33} - v(S_{11} + S_{22}) \right) \end{array} \quad \begin{array}{l} e_{12} = \dfrac{S_{12}}{2G} \\[2mm] e_{23} = \dfrac{S_{23}}{2G} \\[2mm] e_{31} = \dfrac{S_{31}}{2G} \end{array}$$

〈Hooke's law〉

Hooke's law를 편의상 아래와 같이 나타내 보겠습니다.

$$e_{11} = \frac{1}{E}\big((1+v)S_{11} - v(S_{11} + S_{22} + S_{33})\big) \qquad e_{12} = \frac{S_{12}}{2G}$$

$$e_{22} = \frac{1}{E}\big((1+v)S_{22} - v(S_{11} + S_{22} + S_{33})\big) \qquad e_{23} = \frac{S_{23}}{2G}$$

$$e_{33} = \frac{1}{E}\big((1+v)S_{33} - v(S_{11} + S_{22} + S_{33})\big) \qquad e_{31} = \frac{S_{31}}{2G}$$

〈Hooke's law〉

☑ 단순 인장 시험

단순 인장 시험은, 재료의 물성을 알기 위한 기본적인 시험입니다. 하중에 대해 균일한 변형이 생기도록 만들어진 시편을 이용하여, 하중을 '응력'으로, 변형을 '변형률'로 변환하여 둘 사이의 관계를 보는 것입니다.

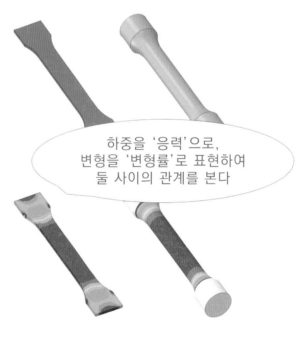

〈단순 인장 시편〉

시편의 거동을 파악함으로써, 구조물(또는 시스템)의 거동을 예측할 수 있습니다. 그것이 가능한 이유는, 구조물에서의 거동이 본질적으로 시편의 거동과 동일한 것으로 보기 때문입니다.

〈구조물과 시편의 상사 원리〉

⑧ 탄성 계수와 전단 계수의 관계

그림과 같이 선형 범위(변형이 매우 작은 범위인 미소 변형)에서 순수 전단 모드(전단 응력만 작용하는 모드)를 생각해 봅니다. 좌표축을 바꾸다 보면 수직 응력만 작용하는 좌표 축을 찾을 수 있습니다. 순수 전단의 경우 45° 회전시킨 좌표 축으로 보면 수직 응력 성분 만으로 나타낼 수 있습니다.

x-y 좌표 축에서의 전단 응력을 p-q 좌표 축에서의 수직 응력으로 변환해 보겠습니다.

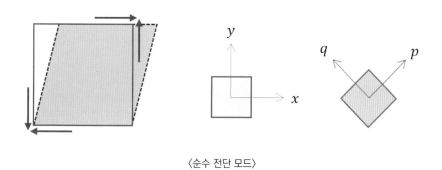

〈순수 전단 모드〉

수직 응력의 크기를 구하기 위해 45°로 잘라낸 삼각형을 생각해 봅니다. 빠른 계산과 이해를 위하여, 아래 그림과 같이 x-y 좌표 축에서의 미소 삼각형의 두 변의 길이가 1, 두께를 1로 가정합니다.

〈x-y 좌표 축에서의 미소 삼각형〉

다음 그림과 같이 x 방향의 힘 평형과 y 방향의 힘 평형을 생각해 봅니다.

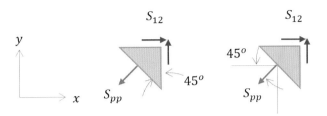

〈x-y 좌표 축과 p-q 좌표 축에서의 힘 평형 관계〉

$$\sum F_x = S_{12} \times (1 \times 1) - S_{pp} \cos(45°) \times (\sqrt{2} \times 1) = 0 \qquad \sqrt{2}\, S_{pp} cos(45°) = S_{12}$$

$$\sum F_y = S_{21} \times (1 \times 1) - S_{pp} sin(45°) \times (\sqrt{2} \times 1) = 0 \qquad \sqrt{2}\, S_{pp} sin(45°) = S_{12}$$

따라서 p 방향의 수직 응력 값을 아래와 같이 구할 수 있습니다.

$$S_{pp} = S_{12}$$

비슷하게, p-q 좌표계에서 q 방향 수직 응력 성분을 계산해 보겠습니다. 그림과 같은 삼각형에서 x 방향과 y 방향의 힘 평형을 생각해 봅니다.

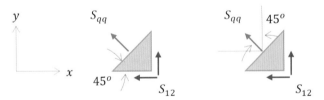

〈x-y 좌표 축과 p-q 좌표 축에서의 힘 평형 관계〉

$$\sum F_x = -S_{21} \times (1 \times 1) - S_{qq} sin(45°) \times (\sqrt{2} \times 1) = 0 \qquad \sqrt{2}\, S_{qq} sin(45°) = -S_{12}$$

$$\sum F_y = S_{12} \times (1 \times 1) + S_{qq} \cos(45°) \times (\sqrt{2} \times 1) = 0 \qquad \sqrt{2}\, S_{qq} cos(45°) = -S_{12}$$

결국 q 방향은 압축 수직 응력이 작용함을 알 수 있습니다.

$$S_{qq} = -S_{12}$$

위의 결과를 종합하면, 그림과 같이 순수 전단 응력이 작용할 때, 45°로 좌표 축을 돌려서 생각해 보면, 한 방향은 인장, 다른 방향은 동일한 크기의 압축 응력이 작용하는 것을 알 수 있습니다.

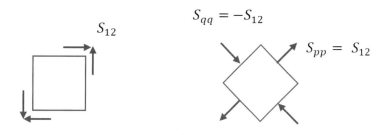

<순수 전단 모드에서의 주 응력>

앞에서의 최대 전단 응력에 대한 식을 확인하면 결과가 잘 부합하는 것을 알 수 있습니다.

$$T_{max} = \frac{S_{pp} - S_{qq}}{2} = S_{12} \quad \Leftarrow \quad T_{max} = \frac{S_1 - S_3}{2} \quad if \ S_1 \geq S_3$$

이제 p 축에서 구성 방정식을 연결해 보겠습니다. 미소 변형의 범위에서, 전단에 의한 변형 길이와 사각형 대각선의 늘어난 길이를 그림과 같이 계산할 수 있습니다.

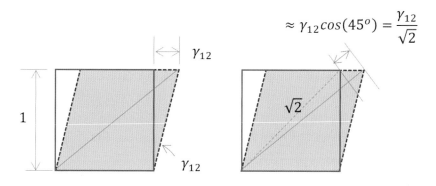

<전단 변형에 의한 대각선 길이의 변화>

따라서 p 방향의 수직 변형률을 아래와 같이 구할 수 있습니다.

$$e_{pp} = \frac{\gamma_{12}cos(45^o)}{\sqrt{2}} = \frac{\gamma_{12}}{2} \quad \leftarrow \quad \gamma_{12} = \frac{S_{12}}{G}$$
$$= \frac{S_{12}}{2G}$$

p-q 좌표계에서 Hooke's law를 적용하면 아래와 같습니다.

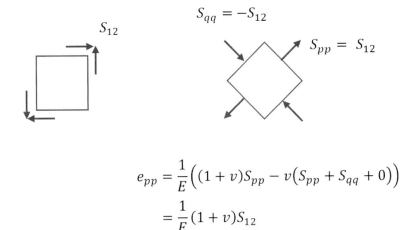

$$e_{pp} = \frac{1}{E}\Big((1+v)S_{pp} - v\big(S_{pp} + S_{qq} + 0\big)\Big)$$

$$= \frac{1}{E}(1+v)S_{12}$$

⟨순수 전단 모드에서의 주 응력과 Hooke's law⟩

앞에서 구한 p 방향의 수직 변형률을 위 식에 대입하면 아래의 관계를 유도할 수 있습니다.

$$\leftarrow \quad e_{pp} = \frac{S_{12}}{2G}$$

$$G = \frac{E}{2(1+v)}$$

위의 관계를 이용하여 Hooke's law를 아래와 같이 나타낼 수 있습니다.

$$e_{11} = \frac{1}{E}\Big((1+v)S_{11} - v(S_{11}+S_{22}+S_{33})\Big) \qquad e_{12} = \frac{1}{E}(1+v)S_{12}$$

$$e_{22} = \frac{1}{E}\Big((1+v)S_{22} - v(S_{11}+S_{22}+S_{33})\Big) \qquad e_{23} = \frac{1}{E}(1+v)S_{23}$$

$$e_{33} = \frac{1}{E}\Big((1+v)S_{33} - v(S_{11}+S_{22}+S_{33})\Big) \qquad e_{31} = \frac{1}{E}(1+v)S_{31}$$

⟨Hooke's law⟩

여기서 평균 체적 응력과 평균 수직 변형률을 아래와 같이 도입해 봅니다.

$$\bar{S} = \frac{1}{3}(S_{11} + S_{22} + S_{33})$$

$$\bar{e} = \frac{1}{3}(e_{11} + e_{22} + e_{33})$$

평균 수직 변형률에 Hooke's law를 적용하여, e_{11}, e_{22}, e_{33}을 소거하면 아래와 같이 평균 체적 응력과 평균 수직 변형률에 대한 구성 방정식을 얻을 수 있습니다.

$$\bar{e} = \frac{1}{E}(1 - 2v)\bar{S}$$

위에서의 평균 체적 응력과 평균 수직 변형률은 체적의 변화와 관련이 있습니다. 물질의 변형에 대한 메커니즘(mechanism)에서 체적의 변화를 빼고 다룰 때, 소성 현상이 잘 모사됨을 경험적으로 알아 왔습니다. 그런 이유로 응력과 변형률 성분에서 체적 성분이 제거되는, 편차(deviatoric) 성분을 아래와 같이 정의해 봅니다.

$$e'_{11} = e_{11} - \bar{e}$$

$$= \frac{1}{E}\big((1 + v)S_{11} - 3v\bar{S}\big) - \bar{e}$$
$$= \frac{1}{E}(1 + v)S_{11} - \frac{1}{E}(3v)\bar{S} - \frac{1}{E}(1 - 2v)\bar{S}$$
$$= \frac{1}{E}(1 + v)S_{11} - \frac{1}{E}(1 + v)\bar{S}$$

이때, 전단 성분은 체적 변형과는 무관합니다.

$$e'_{12} = \frac{1}{E}(1 + v)S_{12}$$

정리하면 아래와 같이, (i, j=1,2,3)를 갖고 나타낼 수 있습니다.

$$e'_{ij} = \frac{1}{E}(1+v)S_{ij} - \frac{1}{E}(1+v)\overline{S}\,\delta_{ij} \qquad \delta_{ij} = 1 \quad if \; i = j \; (i,j = 1,2,3)$$

$$\delta_{ij} = 0 \quad if \; i \neq j \; (i,j = 1,2,3)$$

$$= \frac{1+v}{E}\left(S_{ij} - \overline{S}\,\delta_{ij}\right)$$

$$= \frac{1+v}{E}S'_{ij} \quad \leftarrow \quad S'_{ij} \equiv S_{ij} - \overline{S}\,\delta_{ij} \qquad S_{ij} = \begin{bmatrix} S_{11} & S_{12} & S_{13} \\ S_{21} & S_{22} & S_{23} \\ S_{31} & S_{32} & S_{33} \end{bmatrix}$$

$$= \frac{1}{2G}S'_{ij}$$

$$\delta_{ij} = \begin{bmatrix} \delta_{11} & \delta_{12} & \delta_{13} \\ \delta_{21} & \delta_{22} & \delta_{23} \\ \delta_{31} & \delta_{32} & \delta_{33} \end{bmatrix} = \begin{bmatrix} 1 & 0 & 0 \\ 0 & 1 & 0 \\ 0 & 0 & 1 \end{bmatrix}$$

즉, Hooke's law는 다음과 같이 편차 응력과 변형률을 갖고 간단하게 나타낼 수 있습니다.

$$e'_{ij} = \frac{1}{2G}S'_{ij} \quad (i,j = 1,2,3)$$

❾ Mises 응력

위에서 정의한 편차 응력으로 등가화 한 것이 Mises 응력입니다. 제곱근 내부의 3/2은, 단순 인장 상태에서의 Mises 응력이 단순 인장의 x 축 성분 응력 값과 같도록 하기 위하여 추가된 것입니다.

$$Mises = \sqrt{\frac{3}{2}S'_{ij}S'_{ij}} \quad (i,j = 1,2,3)$$

$$= \sqrt{\frac{3}{2}(S'^2_{11} + S'^2_{22} + S'^2_{33} + 2S'^2_{12} + 2S'^2_{23} + 2S'^2_{31})}$$

단순 인장 상태에서는, $\quad S'_{11} = \frac{2}{3}S_{11}$

$$S'_{22} = -\frac{1}{3}S_{11}$$

$$S'_{33} = -\frac{1}{3}S_{11}$$

$P \qquad S_{11} = \frac{P}{A_0}$

$$Mises = \sqrt{\frac{3}{2}\left(\frac{4}{9}S^2_{11} + \frac{1}{9}S^2_{11} + \frac{1}{9}S^2_{11}\right)}$$

$$= S_{11}$$

〈단순 인장에서의 응력〉

만약 ij 성분에 대한 좌표축을 주 응력 축으로 생각하면, 주 응력으로 표현한 Mises 응력을 유도할 수 있습니다.

$$S'_{11} \rightarrow S'_1 = \frac{1}{2}(2S_1 - S_2 - S_3) \quad if \quad S_1 \geq S_2 \geq S_3 \text{ (주응력)}$$

$$S'_{22} \rightarrow S'_2 = \frac{1}{2}(2S_2 - S_3 - S_1)$$

$$S'_{33} \rightarrow S'_3 = \frac{1}{2}(2S_3 - S_1 - S_2)$$

$$S'_{12} = S'_{12} = S'_{12} = 0 \quad \therefore \text{주응력 축}$$

$$Mises = \sqrt{\frac{3}{2}S'_{ij}S'_{ij}} \quad (i,j = 1,2,3)$$

$$= \sqrt{\frac{1}{2}\left((S_1 - S_2)^2 + (S_2 - S_3)^2 + (S_3 - S_1)^2\right)} \quad if \quad S_1 \geq S_2 \geq S_3 \text{ (주응력)}$$

⑩ 체적 탄성 계수

단순 인장 시험을 통해 수직 응력과 변형률에 대한 관계를 알 수 있습니다. 이와 비슷하게, 압력에 대한 체적 변화를 측정하는, 체적 압축 시험으로부터 압력과 체적 변형률 사이의 관계를 알 수 있습니다.

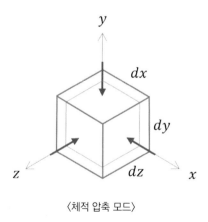

〈체적 압축 모드〉

체적이 압력을 받아 부피가 변한다고 할 때, 한 변의 길이는 아래와 같이 표현할 수 있습니다.

$$e_{11} = \frac{du}{dx} \qquad dx' = dx + du$$

$$= (1 + e_{11})dx$$

비슷하게, 나머지 방향의 변형 후 길이는 아래와 같이 나타낼 수 있습니다.

$$dy' = (1 + e_{22})dy$$

$$dz' = (1 + e_{33})dz$$

따라서 변화된 체적은 아래와 같이 유도할 수 있습니다.

$$V' = dx'dy'dz'$$

$$= (1 + e_{11})dx(1 + e_{22})dy(1 + e_{33})dz$$

$$\approx (1 + e_{11} + e_{22} + e_{33})dxdydz$$

체적 변형률은, 앞에서의 평균 수직 변형률로 표시할 수 있습니다.

$$e_v = \frac{\Delta V}{V_o} \approx \frac{(e_{11} + e_{22} + e_{33})dxdydz}{dxdydz}$$

$$= e_{11} + e_{22} + e_{33} = 3\,\bar{e}$$

비슷하게 압력도 평균 체적 응력으로 정의되는데, 편의상 부호를 반대로 합니다. (압력은 압축의 의미가 있기 때문입니다.)

$$p = -\bar{S} = -\frac{1}{3}(S_{11} + S_{22} + S_{33})$$

앞에서 편차 응력으로 정의된 Mises 응력을 다시 한번 살펴보면, Mises 응력은 응력 성분에서 압력 성분이 제거되어 계산되는 것임을 알 수 있습니다.

$$Mises = \sqrt{\frac{3}{2}S'_{ij}S'_{ij}} \quad (i, j = 1, 2, 3)$$

앞에서의 평균 체적 응력과 평균 수직 변형률에 대한 구성 방정식으로부터 압력과 체적 변형률에 대한 구성 방정식을 아래와 같이 나타낼 수 있습니다. 여기에서 K를 체적 탄성 계수(bulk modulus)로 정의합니다. 체적 탄성 계수의 관계는 선형 범위에서 유효합니다.

$$\bar{e} = \frac{1}{E}(1 - 2v)\,\overline{S}$$

$$\frac{1}{3}\,e_v = -\frac{1}{E}(1 - 2v)\,p$$

$$p = -\frac{E}{3(1 - 2v)}\,e_v$$

$$\equiv -K\,e_v \qquad\qquad K = \frac{E}{3(1 - 2v)}$$

몇 가지 대표적인 재질에 대해 탄성 계수, 푸아송 비 그리고 체적 탄성 계수가 어느 정도 범위의 값을 갖는지 알아보겠습니다.

철강류의 경우 대략적인 탄성 계수는 E=200GPa 정도이고, 푸아송 비는 약 0.3 내외, 그리고 체적 탄성 계수는 약 170GPa 정도 범위의 값을 갖고 있습니다.

고무 재질의 경우, 탄성 계수는 대략 0.1~10MPa, 체적 탄성 계수는 약 2000MPa 정도, 그리고 푸아송 비는 약 0.499 정도로 생각할 수 있습니다. (고무는 대변형을 하기 때문에 선형 탄성 가정에서 나온 푸아송 비를 직접 쓰지는 않습니다. (〈PART 08〉 참조) 여기서는 단지, 개념을 설명하기 위함입니다.) 고무는 길이 방향 강성에 비하여, 체적을 바꾸기 위한 강성이 매우 큰 것을 알 수 있습니다. 이러한 성질을 비압축성(incompressible)이라고 하고, 고무 재료의 씰링(sealing) 특성이 우수한 이유입니다.

철강류	고무류
$E \sim 200\,GPa$	$E \sim 0.1{\sim}10\,MPa$
$v \sim 0.3$	$K \sim 2{,}000\,MPa$
$K \sim 170\,GPa$	$v \sim 0.499$

〈대표적인 재질에 대한 대략적인 물성 크기〉

고무 재질의 체적 압축 시험

그림은 ㈜브이이엔지의 협력사인 Axel Products(미국, www.axelproducts.com)의 고무 재질에 대한 체적 압축 시험 모습입니다. 시험 재질의 고무 판으로부터, 펀치를 이용하여 동전 형태의 시편을 만듭니다. 여러 개의 시편을 실린더에 채운 후, 실린더에 힘을 가합니다. 이 시험을 통해 체적 변형률에 대한 압력 선도를 그릴 수 있고, 이때의 기울기가 체적 탄성 계수입니다.

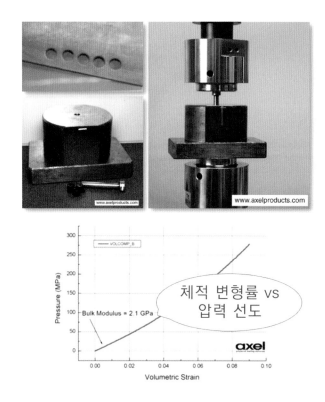

〈체적 압축 시험(고무재질)〉

03

내압을 받는 실린더 해석(2D)

2D 문제의 해석 결과에서 응력 성분과 Mises 응력 및 주 응력을 확인합니다. 각각의 의미를 이해합니다.

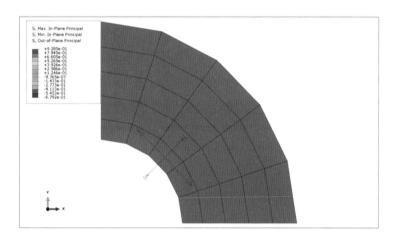

〈주 응력 성분〉

❶ Abaqus/CAE 실행하기

❷ 해석 모델 불러오기

모델 트리의 Models를 선택 후, 마우스 오른쪽 버튼을 누르고 나타나는 메뉴에서 Import를 선택합니다.

'Import Model' 창이 뜨면, 파일 필터로 'Abaqus Input File' 선택한 후, 'THICK_CYL.inp'을 불러옵니다.

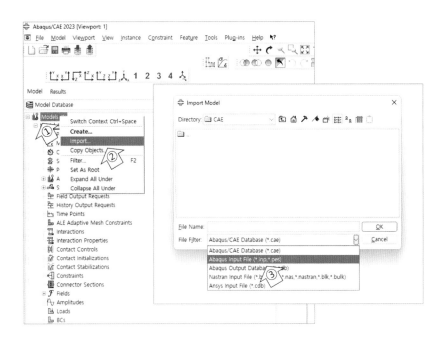

❸ Job 생성

모델 트리의 Jobs를 더블클릭 후, Create Job 창이 열리면 이름을 'Job_THICK_CYL'로 변경합니다.

Continue 버튼을 클릭합니다.

OK 버튼을 누릅니다.

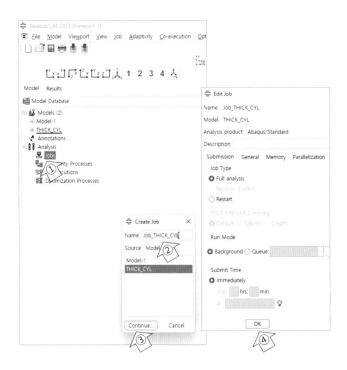

❹ 경계조건(Boundary Conditions, BCs) 확인

모델 트리의 THICK_CYL을 펼칩니다.

BCs를 선택합니다.

마우스 오른쪽 버튼을 클릭하여 나오는 메뉴에서 Manager를 선택합니다.

Disp-BC-1과 Disp-BC-2가 Step-1에 적용됨을 알 수 있습니다.

Disp-BC-1을 선택 후, Edit를 클릭합니다.

x 축 대칭 조건이 적용된 부분을 알 수 있습니다.

Disp-BC-2을 선택 후, Edit를 클릭합니다.

y 축 대칭 조건이 적용된 부분을 알 수 있습니다.

☑ x 축 대칭 조건

　'$U1=UR2=UR3=0$' 인 조건(U: 병진 변위, UR: 회전 변위)

☑ y 축 대칭 조건

　'$U2=UR1=UR3=0$' 인 조건

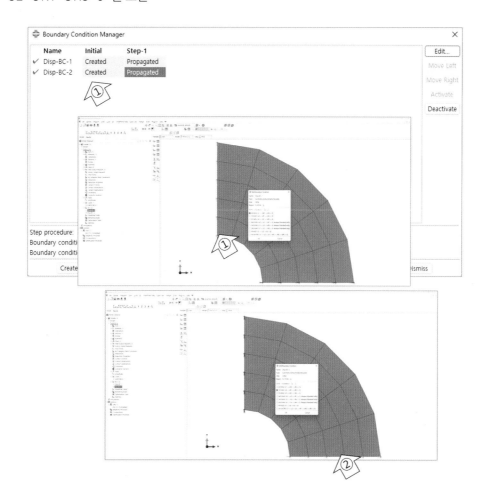

⑤ 하중조건(Loads) 확인

모델 트리의 Loads를 선택합니다.

마우스 오른쪽 버튼을 클릭한 후, Manager를 선택합니다.

SURFFORCE-1을 선택한 후, Edit를 클릭합니다.

실린더의 내측에 압력이 적용된 것이 보여집니다.

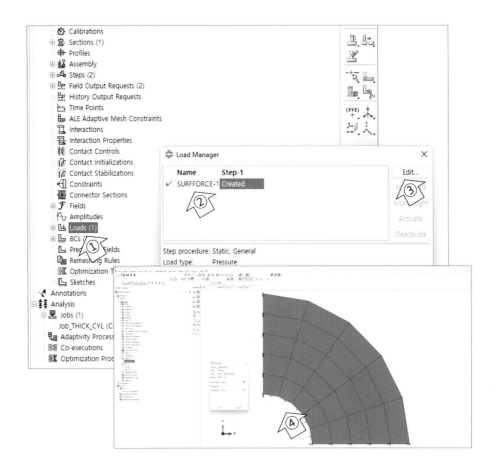

⑥ Field Output 확인

Field Output Requests를 선택 후 마우스 오른쪽 버튼을 누른 후 Manager를 선택합니다.

2개의 Field Output을 요청하고 있는데, F-Output-1을 선택하고 Edit를 클릭합니다.

전체 모델에 U(병진 및 회전 변위)를 요청하고 있습니다.

F-Output-2을 선택하고 Edit를 클릭합니다.

E_OUT이름의 Set에서 S(응력 성분)와 NE(공칭 변형률 성분)를 요청하고 있습니다.

'E_OUT' 이름의 Set을 확인하기 위해, 모델 트리의 Assembly를 펼치고, Sets 항목의 E_OUT
을 선택합니다.

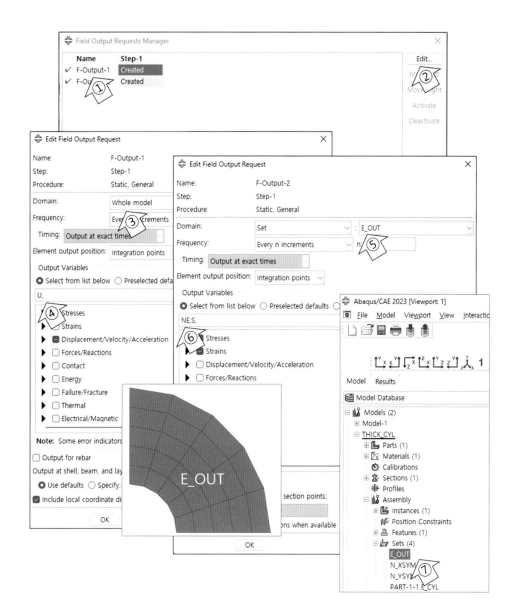

7 Job Submit

8 결과 불러오기

9 View 옵션 조정

툴 바 메뉴 아이콘에서 Turn Perspective Off를 클릭합니다.

툴 바 중 Color Code Dialog 툴 바를 클릭 후, Section을 선택합니다.

❿ 변형 형상과 최초 형상을 중첩하여 그리기

Plot Deformed Shape 아이콘을 클릭합니다.

그림을 중첩하기 위해, Allow Multiple Plot States 아이콘을 클릭합니다.

Plot Undeformed Shape 아이콘을 클릭합니다.

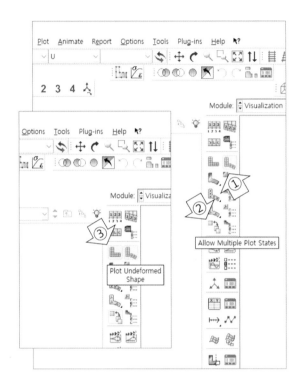

최초 형상은 모든 Mesh 선을 보이기보다, 윤곽선만 보이게 하려고 합니다.

Superimpose Options 아이콘을 클릭합니다.

Superimpose Options 창에서, Visual Edges 항목의 'Feature edges'를 선택합니다.

OK 버튼을 누릅니다.

이제 Allow Multiple Plot States 아이콘을 클릭하여, Allow Multiple Plot States를 해제합니다.

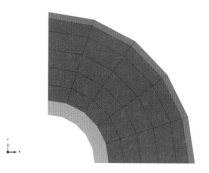

〈변형 형상과 최초 형상〉

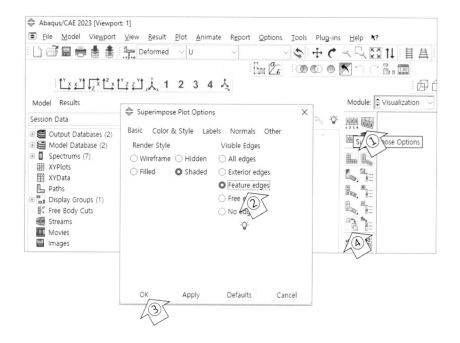

⑪ 응력 Contour 보기

Plot Contours on Deformed Shape 아이콘을 클릭합니다.

E_OUT 이름의 Set에서 Mises 응력이 그려집니다.

상단 Field Output 툴 바의 'S' 항목 중, S11, S22, S12를 선택하여 각각의 값을 확인해 봅니다.

상단 Field Output 툴 바의 'S' 항목 중, Max. In-Plane Principal과 Min. In-Plane Principal을 선택하여 각각의 값을 확인해 봅니다.

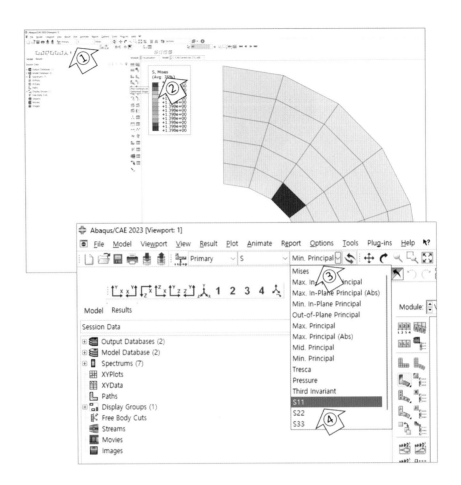

⑫ 응력 방향 보기

Plot Symbols on Deformed Shape 아이콘을 클릭합니다.

상단 Field Output 툴 바의 'S' 항목 중, ALL_DIRECT_COMPONENT를 선택하여 좌표계 성분에 따른 값을 확인해 봅니다.

상단 Field Output 툴 바의 'S' 항목 중, ALL_PRINCIPAL_COMPONENT를 선택하여 주 응력 방향과 각각의 값을 확인해 봅니다.

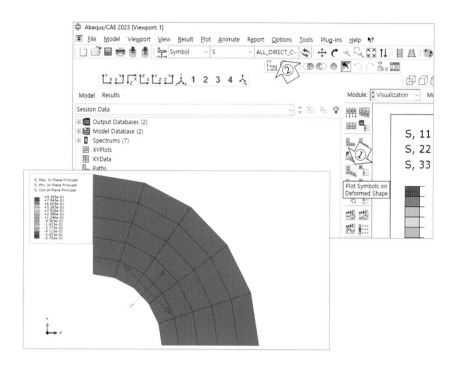

⑬ Local 좌표계에 대한 응력 보기

Local 좌표계를 정의하고, 이 좌표계에 맞게 응력을 보려고 합니다.

메인 메뉴 중, Tools-Coordinate Systems-Create을 선택합니다.

좌표계 이름으로 'Local'을 입력합니다.

Continue 버튼을 누릅니다.

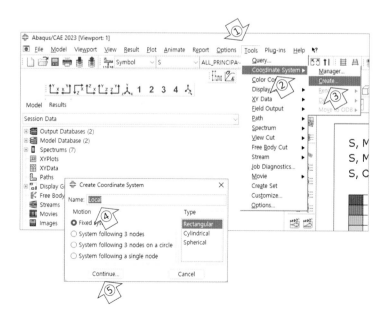

화면 하단의 입력창에, 좌표계의 원점으로 '0, 0, 0'을 입력하고, 엔터키를 누릅니다.

좌표계 X-축의 한 점으로 '1, 1, 0'을 입력하고, 엔터키를 누릅니다.

좌표계 Y-축의 한 점으로 '-1, 1, 0'을 입력하고, 엔터키를 누릅니다. 화면상에 좌표계가 생성된 것을 볼 수 있습니다.

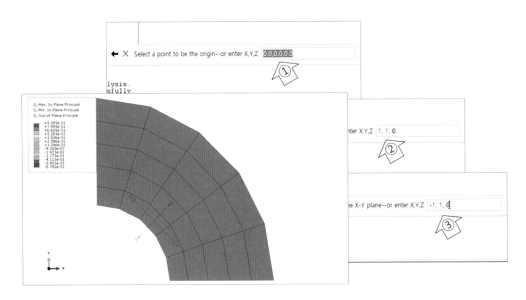

메인 메뉴 중, Result-Options를 선택합니다.

Result Options 창에서, Transformation 탭을 선택한 후, Transform Type으로 User-specified에 체크합니다.

OK 버튼을 누릅니다.

[응력 성분 확인하기]

S11, S22, S12의 값을 확인해 봅니다.

Max. In-Plane Principal과 Min. In-Plane Principal의 값을 확인해 봅니다.

Mises 값을 확인해 봅니다.

☑ 최대, 최소의 두 주 응력의 차이가 클수록 Mises 응력은 커지고 두 주 응력의 차이가 작을수록 Mises 응력은 작아지는 경향이 있습니다.

04 1-요소 모델과 푸아송 비 비교

재질 모델을 분석하기 위해 1-요소 모델을 만들어 응답을 봅니다. 탄성 계수와 푸아송 비의 의미를 확인합니다.

전체적인 해석 프로세스를 따라가 봅니다.

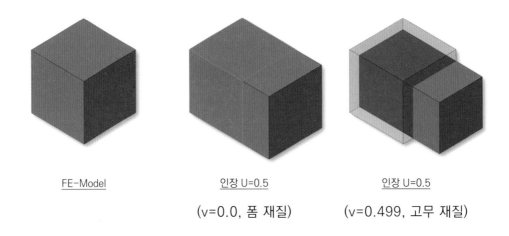

FE-Model   인장 U=0.5   인장 U=0.5

(v=0.0, 폼 재질)   (v=0.499, 고무 재질)

〈재질 응답을 알기 위한 1-요소 모델〉

전체적인 해석 프로세스는 다음 그림과 같습니다. 먼저 Part 모듈에서 필요한 파트를 작도합니다. 그후 모델 트리의 Materials에서 재료 물성을 정의합니다. 재료 물성을 반영하여 파트의 단면 특성 (Sections)을 정의합니다. 다시 모델 트리의 Parts로 가서 파트별로 단면 특성을 부여(Section Assignment)합니다.

Assembly 모듈에서, 만들어진 파트들을 조립합니다.

Steps 모듈에서 해석 시나리오를 구성합니다. 시나리오 단계별 하중 조건 및 경계 조건을 지정합니다. 출력 변수를 지정합니다.

다시 모델 트리의 Parts로 돌아가 유한 요소 격자(mesh)를 생성합니다.

Job을 생성한 후 solving을 시작합니다. solving이 정상적으로 종료되면 결과를 검토합니다.

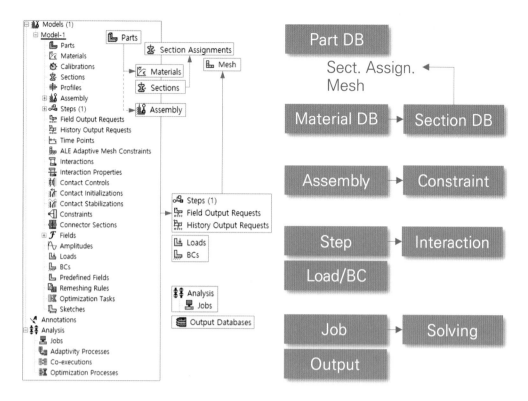

〈전체적인 해석 프로세스〉

1 Abaqus/CAE 실행

2 파트 작도(Sketch)

Create Part 아이콘을 클릭합니다.

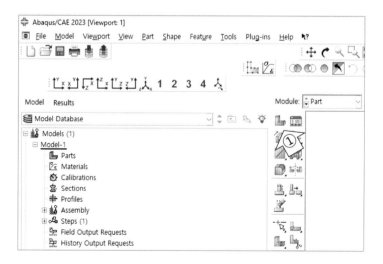

Create Part 창이 열리면, Name에 'Material_Response'로 이름을 입력합니다.

Approximate size 항목에 10을 입력하고 Continue 버튼을 클릭합니다.

이제 눈금으로 이루어진 화면이 보일 것입니다. Create Lines : Rectangle 아이콘을 클릭합니다.

두 점을 찍어 사각형을 만들려고 합니다.

그림과 같이 눈금의 원점에 마우스를 일치시킨 후 화면을 클릭합니다.

그 후 사각형이 그려지는 적당한 위치에 마우스를 위치시킨 후 화면을 클릭합니다.

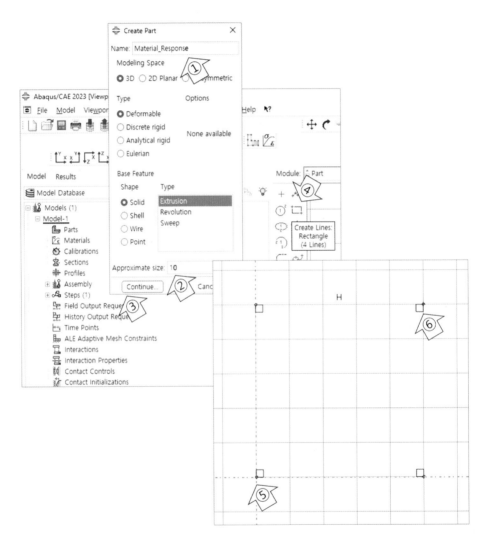

③ 치수 지정

좌측 툴 박스 아이콘 중 Add dimension 아이콘을 클릭합니다.

화면 사각형의 한 변을 선택하고, 치수선을 적당한 곳에 위치시킨 후 마우스를 클릭합니다.

화면 하단 치수 입력창에 1.0 입력 후 엔터키를 누릅니다.

비슷하게 사각형의 나머지 변의 길이를 1.0으로 입력합니다.

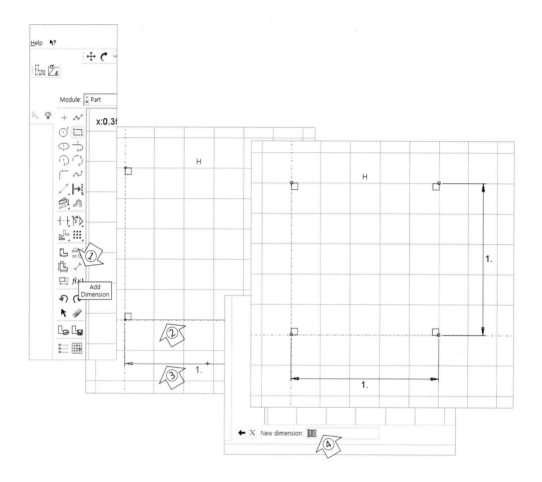

ESC키를 눌러 치수 입력 모드를 나갑니다. (또는, 화면 하단에 기능 종료를 의미하는 X 버튼을 클릭하여 치수 입력 모드를 나갈 수 있습니다.)

Sketch the section for the solid extrusion 항목에 Done 버튼을 클릭합니다.

Edit Base Extrusion 창에서 Depth 항목에 1.0을 입력하고 OK 버튼을 누릅니다.

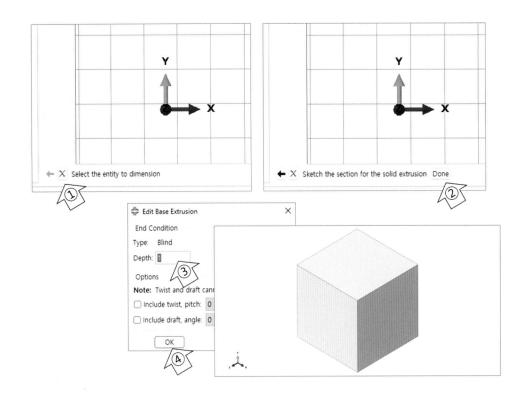

❹ 재료 물성 입력

모델 트리의 Materials를 더블 클릭합니다.

Edit Materials 창에서, Mechanical-Elasticity-Elastic을 선택합니다.

Young's Modulus 항목에 10, Poisson's Ratio 항목에 0.0을 입력합니다.

OK 버튼을 누릅니다.

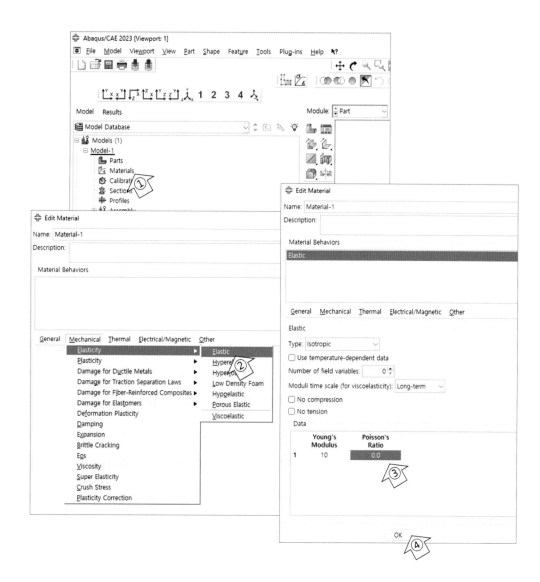

5️⃣ 단면 특성 정의

모델 트리의 Sections를 더블 클릭합니다.

Create Section 창이 열리면, Solid Section이 지정된 것을 확인하고 Continue 버튼을 클릭합니다.

Edit Section 창이 열리면, 재질이 부여된 것을 확인하고 OK 버튼을 누릅니다.

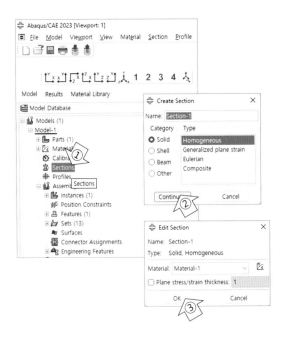

⑥ 파트에 단면 특성 부여

모델 트리의 Parts를 펼치고 Section Assignments를 더블 클릭합니다.

Viewport 창에서 파트를 선택합니다.

화면 하단의 Select the regions to be assigned a section 항목의 Done 버튼을 클릭합니다.

Edit Section Assignment 창에서, Section 항목에 원하는 Section이 부여되었는지 확인 후 OK 버튼을 클릭합니다.

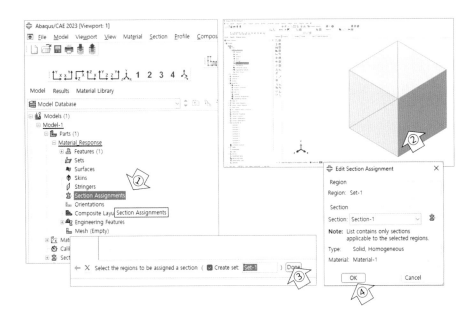

❼ 어셈블리 모델 구성

모델 트리의 Assembly 항목을 펼치고, Instance를 더블 클릭합니다.
Create instance 창이 열리면 OK 버튼을 누릅니다.

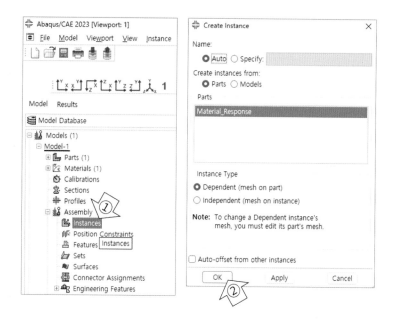

❽ Set 정의

이제 6개의 포인트에 Set을 설정하여 이름을 부여하려고 합니다. 그 이유는 그림의 빨간색 절점에 경계 조건을 부여하면, 파란색 절점들은 그대로 따라오도록 제한 조건을 부여하려고 하는데, 이 때 입력을 쉽게 하기 위해서 하는 것입니다.

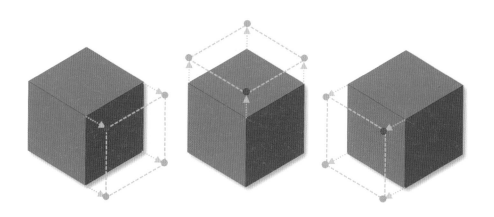

다음 그림을 참조하여, 절점에 이름을 부여하겠습니다.

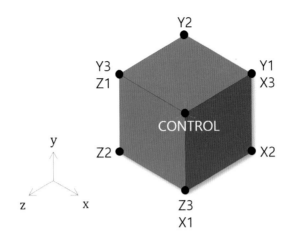

모델 트리의 Assembly를 펼치고, Sets를 더블 클릭합니다.

Create Set 창의 Name 항목에, 이름으로 'CONTROL'을 입력합니다.

Continue 버튼을 클릭하고, 앞의 그림을 참고하여 CONTROL 위치의 포인트를 선택하고, 화면 아래쪽의 Done 버튼을 누릅니다.

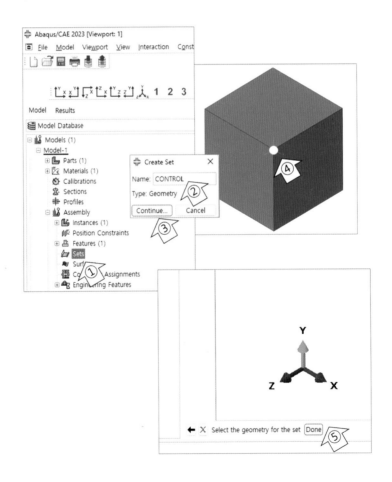

비슷한 방법으로, X1, X2, X3, Y1, Y2, Y3, Z1, Z2, Z3의 이름으로 각각의 포인트에 이름을 부여합니다.
모델 트리의 Sets에 지정된 Set의 정보가 나옵니다.

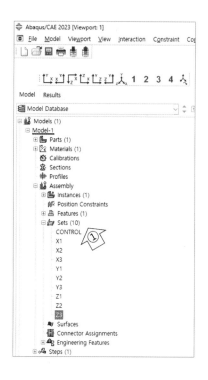

❾ 제한 조건 부여

모델 트리의 Constraints를 더블 클릭합니다.

Create Constraint 창이 열리면 Type 항목의 Equation을 선택하고 Continue 버튼을 누릅니
다. (Equation으로 나타낼 수 있는 조건을 강제로 부여하는 것입니다.)

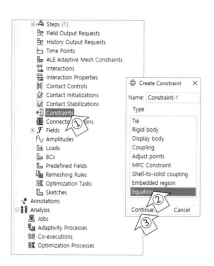

X1 포인트의 x 방향 변위(u)가 CONTROL 절점의 x 방향 변위(u)와 같게 만들려고 합니다. 이를 식으로 나타내면 아래와 같습니다.

$$(u)_{N\_X1} = (u)_{N\_CONTROL}$$

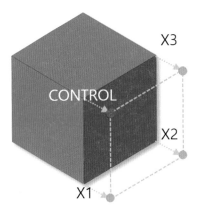

위 식을 한 변으로 모으면 아래와 같습니다.

$$-(u)_{N\_X1} + (u)_{N\_CONTROL} = 0$$

x 방향 변위에 대한 equation 조건을 그림을 참고하여 입력합니다.

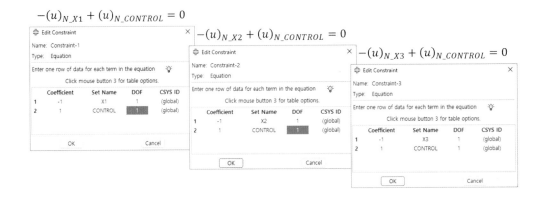

y 방향 equation 조건도 아래와 같이 입력합니다.

$$-(v)_{N\_Y1} + (v)_{N\_CONTROL} = 0$$

$$-(v)_{N\_Y2} + (v)_{N\_CONTROL} = 0$$

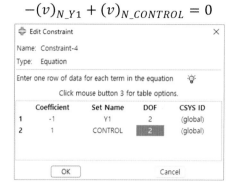

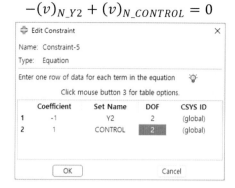

y 방향 equation 조건 중 하나는 앞에서 만들어진 제한 조건을 복사한 후, 그것을 수정하여 만들어 보겠습니다.

모델 트리의 Constraints를 펼친 후, Constraint-5를 선택 후 마우스 오른쪽 버튼을 클릭합니다.

Copy를 선택하고, 이름을 Constraint-6으로 변경하고 OK 버튼을 누릅니다.

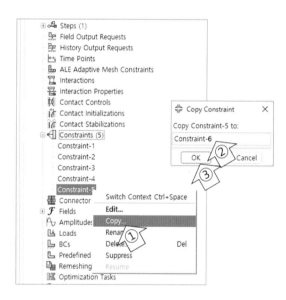

모델 트리의 Constraint-6를 선택 후 마우스 오른쪽 버튼을 클릭합니다.

Edit를 선택하고, 적절한 Set Name 항목을 변경합니다.

다음 그림을 참고로 equation 조건을 입력합니다.

$$-(v)_{N\_Y3} + (v)_{N\_CONTROL} = 0$$

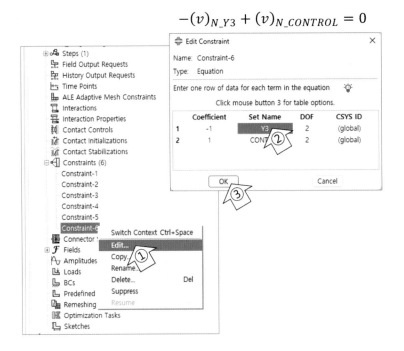

z 방향에 대한 제한 조건도 아래와 같이 완성합니다.

$$-(w)_{N\_Z1} + (w)_{N\_CONTROL} = 0$$

$$-(w)_{N\_Z2} + (w)_{N\_CONTROL} = 0$$

$$-(w)_{N\_Z3} + (w)_{N\_CONTROL} = 0$$

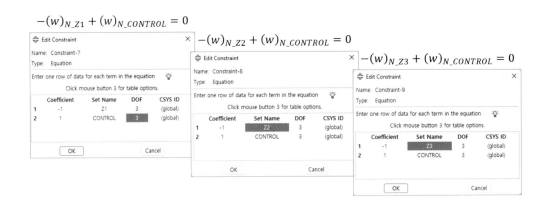

❿ Steps 설정

이제 해석 시나리오를 설정하려고 합니다.

모델 트리의 Steps(1)를 더블 클릭합니다.

Create Step 창이 열리면 Static, General이 선택되어 있는지 확인 후, Continue 버튼을 누릅니다.

비선형 해석을 하기 위해 Nlgeom 항목은 On을 선택합니다. (Nlgeom은 기하학적 비선형(geometric nonlinear)을 의미합니다. 이 책의 〈PART 05〉에서 다룹니다.)

OK 버튼을 누릅니다.

⓫ 경계 조건 부여

이제 경계 조건을 부여하려고 합니다. CONTROL 절점에서 x 방향으로 0.5의 변위를 줄 것입니다.

다음 그림과 같이 x 축 면의 가장 안쪽 면을 x 방향으로 구속할 것입니다. y 축 면의 가장 안쪽 면은 y 방향으로 구속하고 z 축 면의 가장 안쪽 면은 z 방향으로 구속할 것입니다.

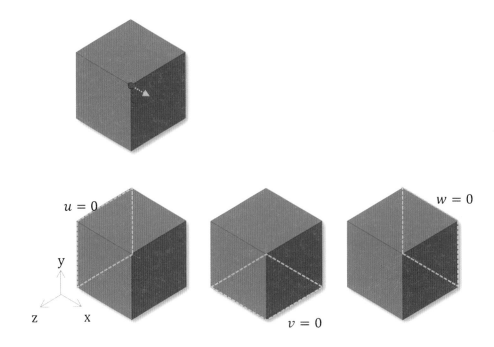

모델 트리의 BCs를 더블 클릭합니다.

Create Boundary Condition 창에서, Types for Selected Step 항목 중 Displacement/ Rotation 항목을 선택하고 Continue 버튼을 누릅니다.

이미 지정한 Set에 조건을 부여하기 위해, 화면 우측 하단의 Sets 버튼을 누릅니다. (때로는 Region Selection 창이 열려 Set을 바로 선택할 수 있습니다.)

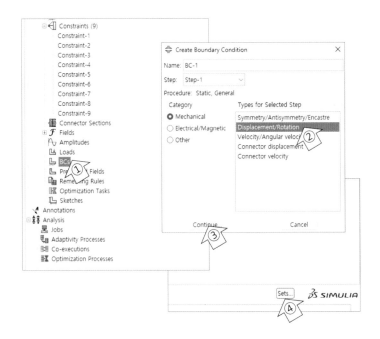

이미 지정한 Set의 목록 중에서 CONTROL을 선택하고 Continue 버튼을 누릅니다.

Edit Boundary Condition 창에서 U1을 선택하고 값으로 0.5를 입력합니다.

OK 버튼을 누릅니다.

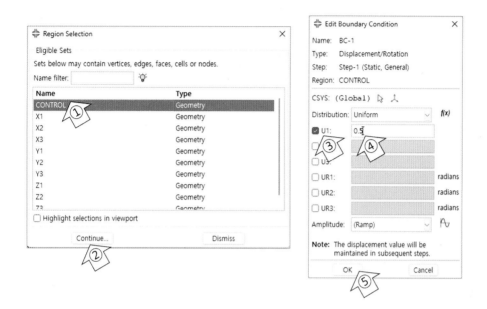

모델 트리의 BCs를 더블 클릭합니다.

Create Boundary Condition 창에서, Types for Selected Step 항목 중 Displacement/
Rotation 항목을 선택하고 Continue 버튼을 누릅니다.

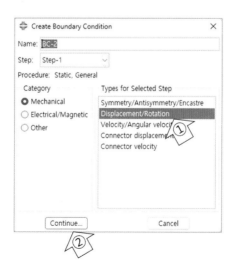

만약 Region Selection 창이 열려 있는 경우, Dismiss를 선택합니다.

화면상의 모델을 회전시켜 x 면의 가장 안쪽면에 마우스를 위치시킨 후 한 번 클릭합니다. (선택된 면의 색상이 바뀔 것입니다.)

화면 하단, Select regions for the boundary condition 옆의 Done 버튼을 누릅니다.

Edit Boundary Condition 창이 열리면 U1 항목을 체크한 후, OK 버튼을 누릅니다.

화면상에 경계 조건이 부여된 부분이 표시될 것입니다.

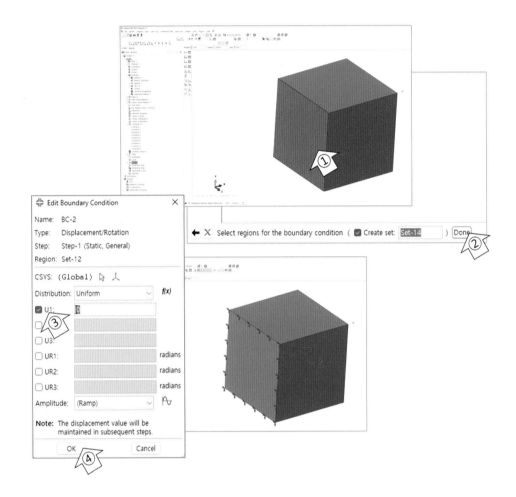

비슷하게 y 면의 가장 안쪽 면을 선택 후, 'U2=0'의 경계 조건을 부여합니다.

비슷하게 z 면의 가장 안쪽 면을 선택 후, 'U3=0'의 경계 조건을 부여합니다.

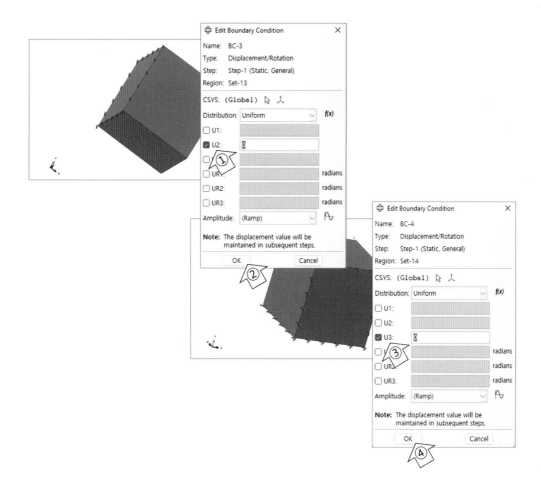

⑫ History output 설정

모델 트리의 History Output Requests를 더블 클릭합니다.

Create History 창에서 Continue 버튼을 누릅니다.

Edit History Output Request 창에서, Domain을 Set으로 선택하고, Set으로 CONTROL
을 선택합니다.

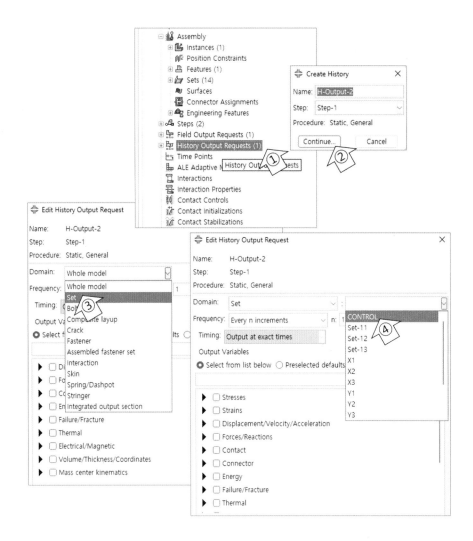

출력 빈도를 지정하기 위하여, Frequency 항목에 Every x units of time 항목을 선택하고, 값을 0.1을 입력합니다. (0.1 시간 간격으로 출력)

출력 변수로 변위 항목 중 U1을 선택합니다.

출력 변수로 하중/반력 항목 중 RF1을 선택하고 OK 버튼을 누릅니다.

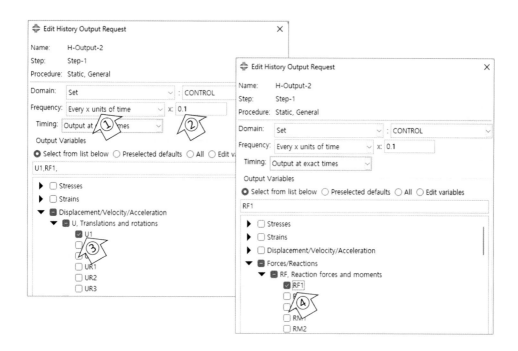

⓭ Field Output 요청

모델 트리의 Field Output Requests를 더블 클릭합니다.

Create Field 창에서 Continue 버튼을 누릅니다.

Edit Field Output Request 창에서, Output Variables 목록에서 아래 변수들을 선택하고 OK 버튼을 누릅니다.

U(병진 변위와 회전 변위), RF(반력), NE(공칭 변형률 성분), LE(진 변형률 성분), S(응력 성분)

☑ 각 변수의 의미는 이 책을 진행하면서 다룰 것입니다.

⑭ Mesh Control

모델 트리의 Parts 아래를 펼치고, Mesh (Empty)를 더블 클릭합니다.

먼저 Mesh Size를 지정하기 위해, Seed Part 아이콘을 클릭합니다.

Global Seeds 창에서, Approximate global size 항목에 1.0을 입력 후 OK 버튼을 누릅니다.

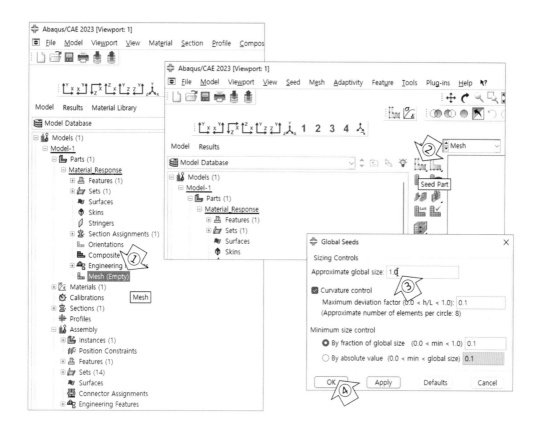

⑮ Element Type 지정

Assign Element Type 아이콘을 클릭합니다.

조건을 부여하기 위한 영역을 선택해야 하는데, 화면상의 파트를 선택합니다.

화면 하단의 Select the regions to be assigned element types 항목에 Done 버튼을 클릭합니다.

Element Type 창에서, Hybrid formulation과 Reduced integration을 선택합니다.

OK 버튼을 누릅니다.

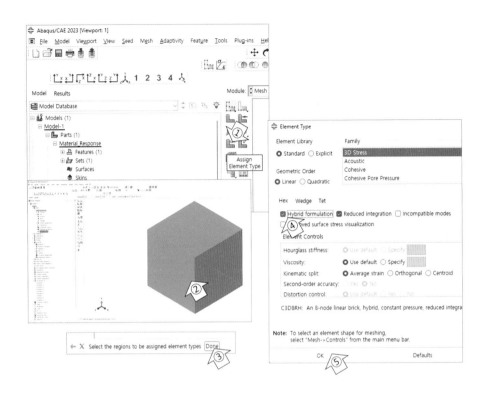

⑯ Meshing

Mesh Part 아이콘을 클릭합니다.

화면 하단의 확인 버튼, Yes를 클릭합니다.

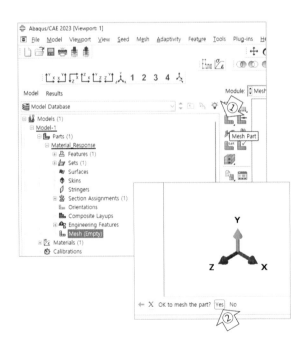

⑰ Job 생성과 Submit

이제 'v_0' 이름으로 Job을 만들고, Submit 합니다.

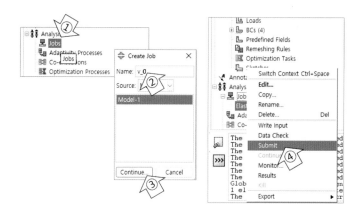

⑱ 재질 특성 변경

모델 트리의 Materials를 펼친 후, 앞에서 만든 material(material-1)을 선택하고 마우스 오른쪽 버튼을 클릭합니다.

Edit를 선택합니다.

현재 해석한 재질의 푸아송 비는 '0' 이었습니다.

이 값을 '0.499'로 변경합니다.

OK 버튼을 누릅니다.

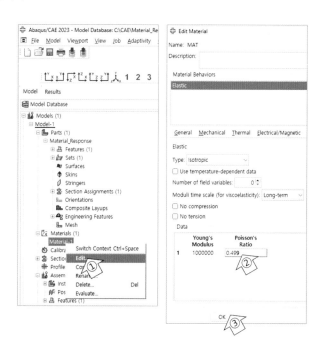

⑲ Job 생성

모델 트리의 Jobs를 더블클릭 후, Create Job 창이 열리면 이름을 'v_0499'로 변경합니다.

Continue 버튼을 클릭합니다.

OK 버튼을 누릅니다.

⑳ Job Submit

㉑ 결과 불러오기

'v_0' Job을 선택합니다.

마우스 오른쪽 버튼을 누른 후 Results를 선택합니다.

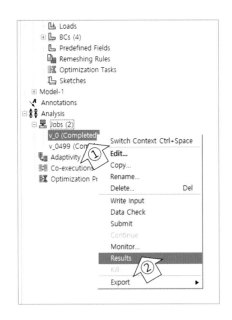

㉒ Viewport 추가하기

메인 메뉴의 Viewport-Create을 선택합니다.

메인 메뉴의 Viewport-Tile_Vertically를 선택합니다.

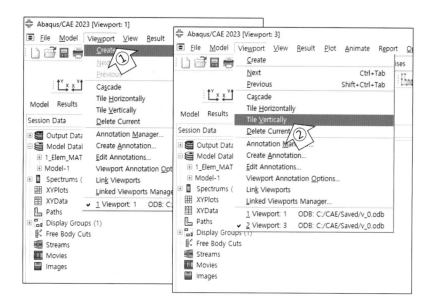

㉓ 두 번째 결과 불러오기

오른쪽 Viewport의 제목 표시줄을 클릭합니다.

모델 트리의 두 번째 Job을 선택하고, 마우스 오른쪽 버튼을 누른 후 Results를 선택합니다.

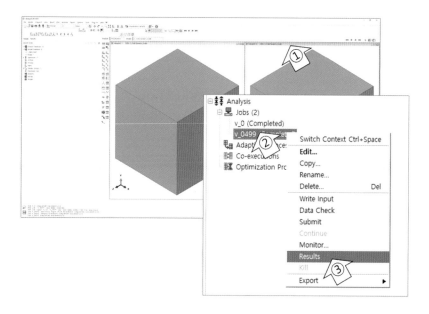

㉔ Viewport 연동하기

메인 메뉴의 Viewport-Link Viewports를 선택합니다.

㉕ 변형 형상 검토하기

X-Y View 아이콘을 클릭합니다.

두 Viewports를 동일하게 축소합니다. (마우스 휠을 이용하거나 Magnify View 아이콘을 클릭한 후, 마우스 오른쪽 버튼을 누른 채로 왼쪽으로 이동합니다.)

Animate: Time History 아이콘을 클릭합니다.

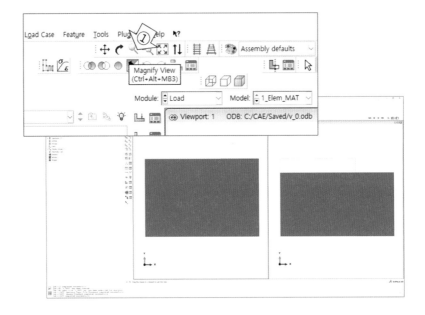

㉖ 결과 검토

아래의 표를 완성해 봅니다.

	Static 해석(Nlgeom ON)	
	v=0	v=0.499
U_1		
RF_1		
NE_{11}		
E_{11} (LE_{11})		
S_{11}		

㉗ Step-1 수정(Nlgeom OFF)

모델 트리의 Step-1을 클릭하고, 마우스 오른쪽 버튼을 눌러 나오는 메뉴에서 Edit를 선택합니다.

Edit Step 창에서 Nlgeom 항목의 Edit 아이콘(연필 모양)을 클릭합니다.

Edit Nlgeom 창의 Nlgeom 항목을 체크 해제합니다.

OK 버튼을 누릅니다.

Edit Step 창의 OK 버튼을 누릅니다.

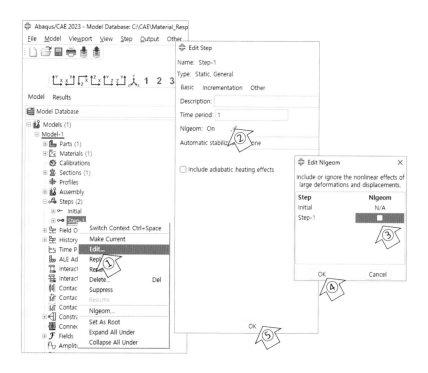

㉘ 결과 검토

아래의 표를 완성해 봅니다.

	Static 해석(NIgeom ON)		Static 해석(NIgeom OFF)	
	v=0	v=0.499	v=0	v=0.499
u_1				
RF_1				
NE_{11}				
E_{11} (LE_{11})				
S_{11}				

㉙ 파일 저장

Abaqus/CAE로 작업한 것을 저장합니다. (Material_Response.cae)

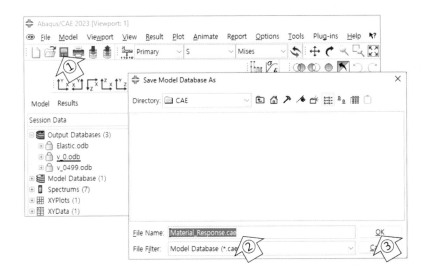

〈함께하기 04〉를 통해 아래와 같은 표를 완성했습니다. 이 책 〈PART 02〉의 내용은 미소 변형의 가정으로부터 유도된 것입니다. 기하학적 비선형 조건(NIgeom)은 〈PART 05〉에서 살펴볼 비선형 조건 중 하나입니다. 〈PART 02〉의 내용을 정리하기 위하여 아래의 표 중, 오른쪽의 선형 해석(NIgeom OFF) 결과만 보겠습니다.

	Static 해석(Nlgeom ON)		Static 해석(Nlgeom OFF)	
	v=0	v=0.499	v=0	v=0.499
u_1	0.5	0.5	0.5	0.5
RF_1	4.05	2.71	5.0	5.0
NE_{11}	0.5	0.5		
E_{11} (LE_{11})	0.41	0.41	0.5	0.5
S_{11}	4.05	4.05	5.0	5.0

$$e_{11} = \frac{du}{dx} = \frac{0.5}{1} = 0.5$$

$$\leftarrow \quad e_{11} = \frac{1}{E}\left(S_{11} - v(S_{22} + S_{33})\right)$$

$$S_{11} = E e_{11} \quad (\because S_{22} = S_{33} = 0)$$

$$= 10 \times 0.5 = 5.0$$

$$RF_1 = S_{11} A \quad (A = 1) \quad \leftarrow \quad S_{11} = \frac{P_1}{A_1}$$

$$= 5.0$$

〈함께하기 04의 결과〉

1-요소 모델은 한 변의 길이가 1이고, 면적이 1이므로, 변위와 반력이 그대로 공칭 변형률과 공칭 응력이 됩니다.

$$e_{11} = \frac{u}{1} = u$$

$$S_{11} = \frac{RF_1}{1} = RF_1$$

05 변형 모드별 주 응력 방향 확인

이 예제에서는 단순 인장 시험에서 쓰이는 시편을 작도하고, 구조 해석에서 중요한 하중 모드인, 인장 하중, 굽힘 하중 그리고 비틀림 하중 상태에서의 주 응력 방향을 확인해 보겠습니다.

전체적인 해석 프로세스를 따라가 봅니다.

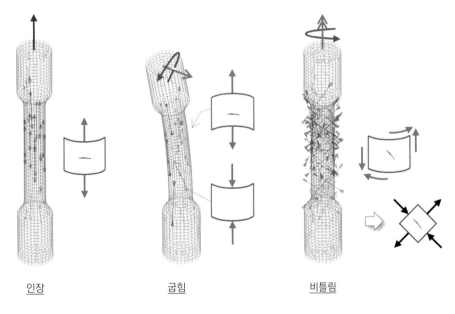

인장   굽힘   비틀림

〈변형 모드별 주 응력 방향〉

시편은 원통형 형상으로 다음 그림과 같습니다.

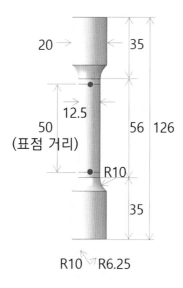

20 → 35

12.5

50
(표점 거리)

56 126

R10

35

R10 R6.25

〈원통형 시편〉

① Abaqus/CAE 실행하기

② Parts 작도

Create Part 아이콘을 클릭합니다.

Create Part 창에서 Type은 Revolution을 선택하고 Continue 버튼을 클릭합니다.

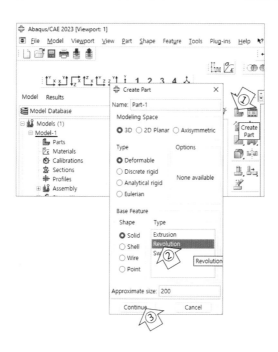

❸ 다각형 그리기

Create Lines: Connected 아이콘을 클릭합니다.

화면 하단의 좌표 입력 창에, 좌표를 입력하고 엔터키를 누르는 작업을 아래 좌표에 대해 반복합니다.

0, 0

0, 126

10, 126

10, 0

0, 0

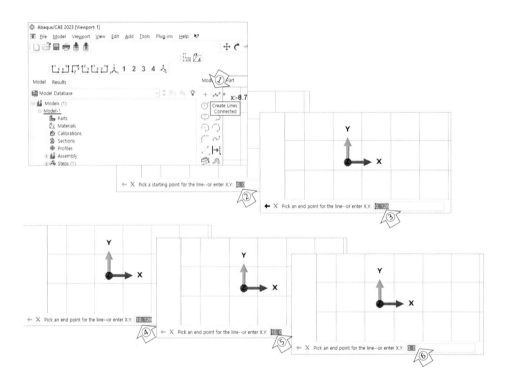

계속해서, '6.25, 35'을 입력하고 엔터키를 누르고, '6.25, 91'을 입력하고 엔터키를 누릅니다.

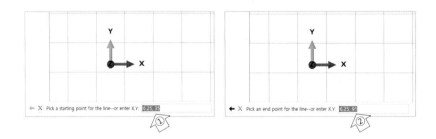

④ 원 그리기

Create Circle: Center and Perimeter 아이콘을 클릭합니다.

화면 하단의 좌표 입력 창에, 좌표를 입력하고 엔터키를 누르는 작업을 아래 좌표에 대해 반복합니다.
(원의 중심의 좌표와 원호상의 한 점의 좌표입니다.)

16.25, 35
6.25, 35
16.25, 91
6.25, 91

ESC키를 눌러 원호 입력 모드를 나갑니다.

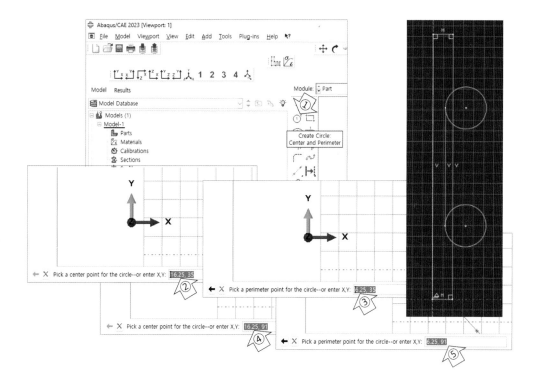

⑤ 선 나누기

서로 교차하는 선을 이용하여 하나의 선을 두개로 나누려고 합니다.

Split 아이콘을 클릭합니다. (아이콘이 바로 보이지 않으면, 메인 메뉴의 Edit-Split을 선택합니다.)

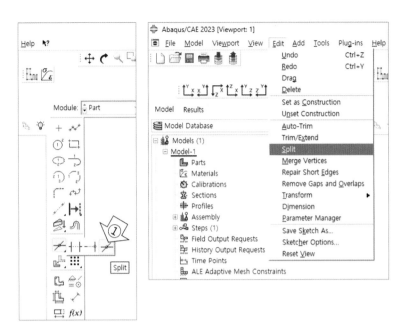

직선을 먼저 선택하고 원을 선택합니다.

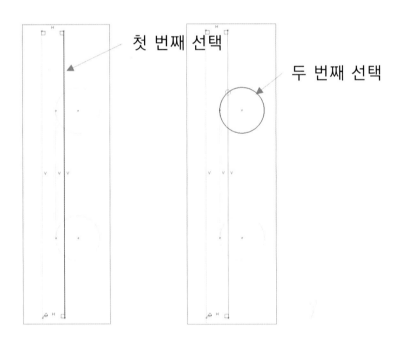

첫 번째 선택

두 번째 선택

다음 그림과 같이 선을 선택하여 나눕니다.

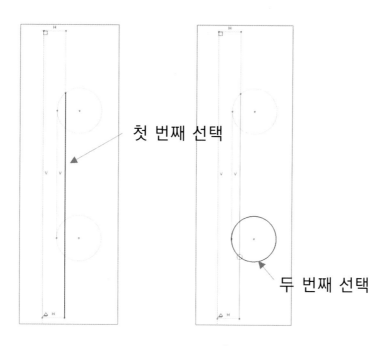

첫 번째 선택

두 번째 선택

아래 그림과 같이 선을 선택하여 나눕니다.

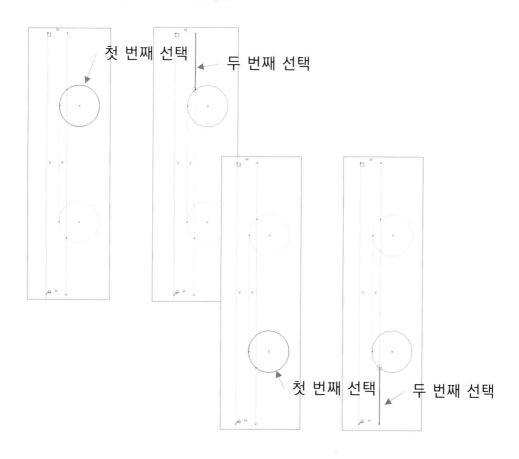

첫 번째 선택

두 번째 선택

첫 번째 선택

두 번째 선택

⑥ 불필요한 선 삭제

Delete 아이콘을 클릭합니다.

아래 그림과 같이 불필요한 선들을 선택하고 화면 하단의 Done 버튼을 눌러 선택된 선들을 삭제합니다.

모든 삭제가 완료되면 ESC키를 눌러 삭제 모드를 나옵니다.

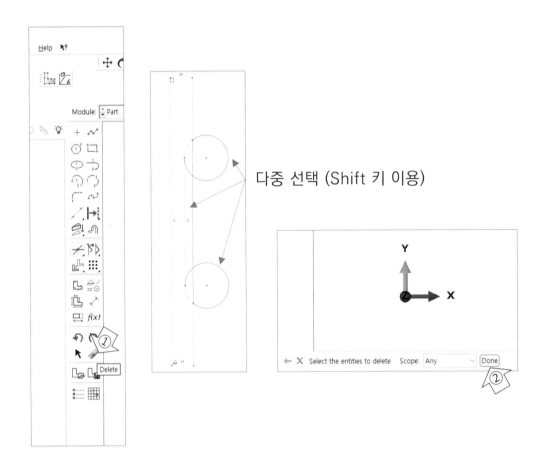

다중 선택 (Shift 키 이용)

⑦ Part 완료

화면 하단의 Done 버튼을 눌러 Sketch 모드를 나갑니다.

Angle 항목에 360을 입력하고 OK 버튼을 누릅니다.

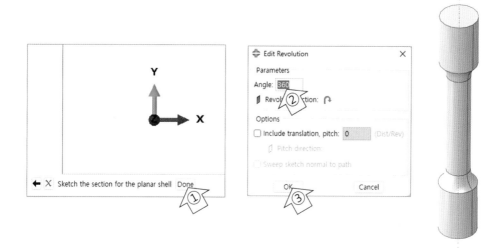

❽ 격자 생성을 위한 Partitioning

이렇게 만들어진 solid 모델에 유한 요소 격자를 쉽게 나누기 위해, solid 모델을 7부분으로 나누려고 합니다.

Partition Cell: Define Cutting Plane 아이콘을 클릭합니다.

화면 하단의 How do you want to specify the plane 질문에 Normal To Edge를 선택합니다.

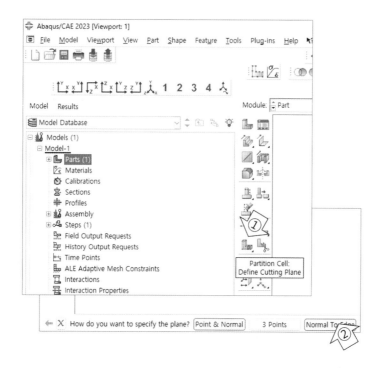

화면상의 선(edge)을 선택하고, 이어 끝 점을 선택합니다. 표시된 벡터의 수직 평면으로 파티션이 나누어집니다.

Create Partition 버튼을 누릅니다.

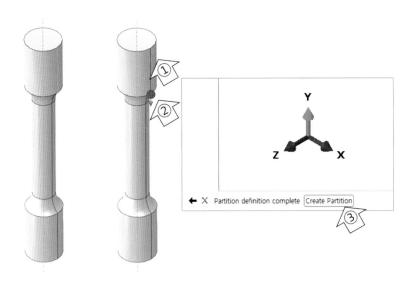

두 번째 영역의 파티션을 위해, 아래 그림과 같은 파티션 대상을 선택합니다.

화면 하단의 Done 버튼을 누릅니다.

화면 하단의 How do you want to specify the plane 질문에 Normal To Edge를 선택합니다.

화면상의 선(edge)을 선택하고, 이어 끝 점을 선택합니다. 표시된 벡터의 수직 평면으로 파티션이 나누어집니다.

Create Partition 버튼을 누릅니다.

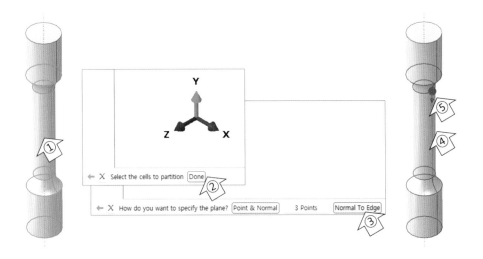

세 번째 영역의 파티션도 아래 그림을 참고하여 진행합니다.

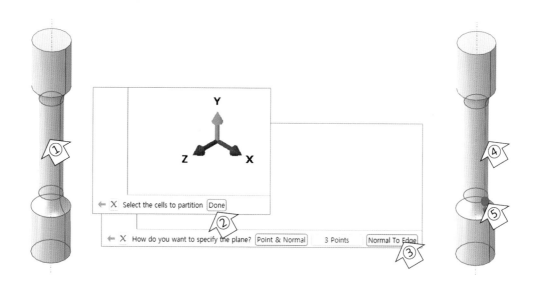

네 번째 영역의 파티션도 아래 그림을 참고하여 진행합니다.

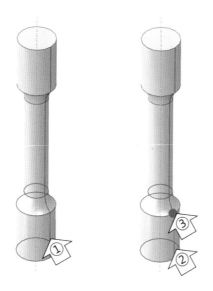

표점 거리 위치에서도 파티션을 나누어야 하는데, Datum Plane으로 나누기 위해, 먼저 Datum Plane을 생성하려고 합니다.

메인 메뉴의 Tools-Datum을 선택합니다.

Create Datum 창에서, Type을 Plane으로 선택하고, Method는 Offset from principal plane을 선택합니다.

화면 하단의 XZ Plane 버튼을 누릅니다.

Offset 길이로 38을 입력하고 엔터키를 누릅니다.

다시 XZ Plane 버튼을 누릅니다.

Offset 길이로 88을 입력하고 엔터키를 누릅니다.

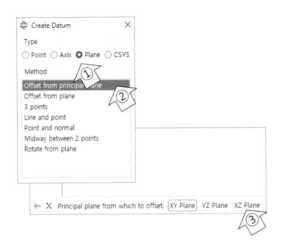

Partition Cell: Use Datum Plane 아이콘을 클릭합니다.

Viewport 창에서 시편의 중간 부분을 선택합니다.

화면 하단의 Done 버튼을 누릅니다.

Viewport 창에서 Plane을 선택하고, 화면 하단의 Create Partition 버튼을 누릅니다.

나머지 Plane을 이용하여 동일한 방법으로 파티션을 완성합니다.

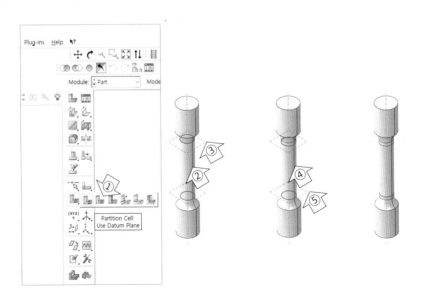

⑨ 재질 물성 정의하기

모델 트리에서 Materials를 더블 클릭합니다.

알루미늄의 재질 물성으로, Name 항목에 이름으로 'M_AL'을 입력합니다.

Material Behaviors 항목으로 Mechanical-Elasticity-Elastic을 선택 후, 그림과 같은 물성을 입력합니다. (Young's Modulus: 70000, Poisson's Ratio: 0.33)

OK 버튼을 누릅니다.

⑩ Section 생성하기

모델 트리에서 Sections를 더블 클릭합니다.

Create Section 창을 확인하고 Continue 버튼을 누릅니다.

Edit Section 창에서 재질을 선택한후 OK 버튼을 누릅니다.

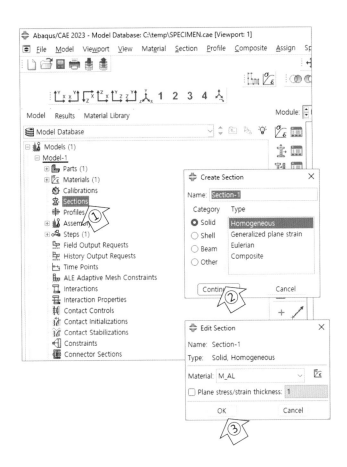

⑪ Section 부여하기

모델 트리의 Parts를 펼친 후, Section Assignments를 더블 클릭합니다.

화면상에서 전체 시편 모델을 선택합니다. (마우스 왼쪽 버튼+마우스 드래그)

화면 하단의 Done 버튼을 클릭합니다.

Edit Section Assignment 창에서 Section을 선택한 후 OK 버튼을 누릅니다.

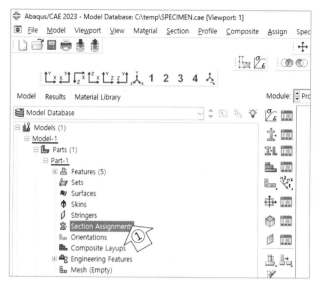

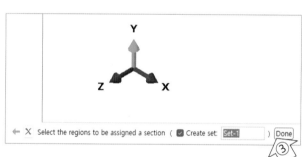

⓬ Assembly 모델 만들기

모델 트리의 Assembly를 펼친 후, Instance를 더블 클릭합니다.

Create Instance 창에서 파트가 선택된 것을 확인한 후 OK 버튼을 누릅니다.

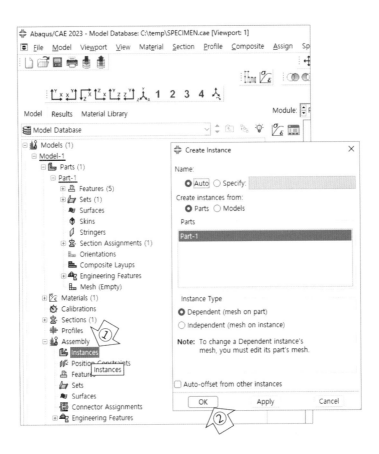

⑬ Reference Point 생성

시편의 상단은 한 점으로 대표하여 변위를 부여하려고 합니다. 이를 위해 Reference point를 생성합니다.

메인 메뉴의 Tools-Reference Point를 선택합니다.

화면 하단의 좌표 입력 창에서(0, 126, 0)을 입력하고 엔터키를 누릅니다.

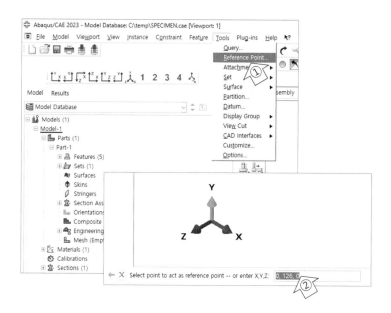

⑭ Set 설정

몇 개의 중요 Point에 이름을 부여하려고 합니다.

모델 트리의 Assembly를 펼치고, Sets를 더블 클릭합니다.

Create Set 창이 열리면, Name 항목에 'CONTROL'을 입력하고 Continue 버튼을 클릭합니다.

화면상에서, RP-1을 선택한 후, 화면 하단의 Done 버튼을 누릅니다.

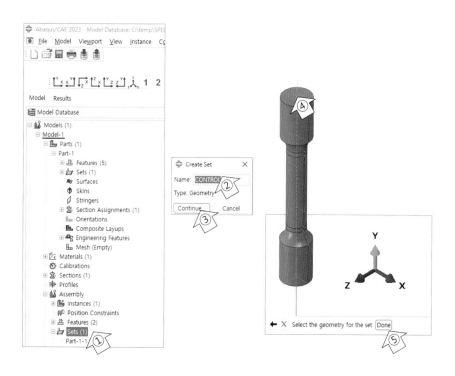

표점 거리에서의 변위를 출력하기 위한 2개의 점에서도 이름을 부여합니다. 시편의 위쪽 점의 이름은 'ELONG_UPR'로, 아래쪽 점의 이름은 'ENLOG_LWR'로 입력합니다.

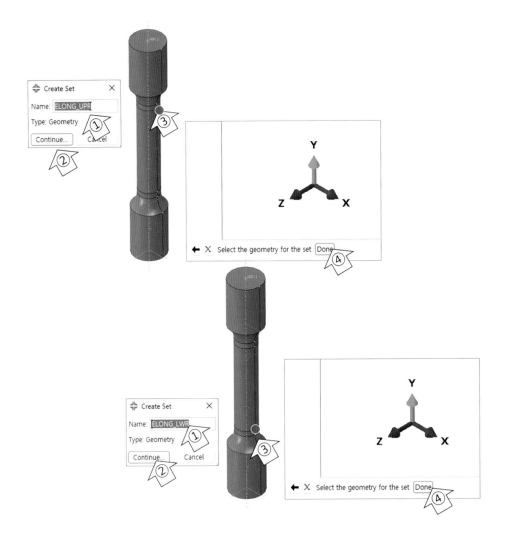

⑮ Kinematic Coupling 부여

시편의 상단을 하나의 마스터 포인트로 나타내기 위하여 Kinematic Coupling 조건을 부여하려고 합니다.

모델 트리의 Constraints를 더블 클릭합니다.

Create Constraints 창에서 Coupling을 선택하고 Continue 버튼을 누릅니다.

Reference 포인트(마스터 포인트)를 지정하기 위하여, 화면 하단의 Sets 버튼을 클릭합니다.

Region Selection 창의 목록에서 CONTROL을 선택하고 Continue 버튼을 누릅니다.

이제 종속(slave) 면을 선택하기 위하여, 화면 하단의 Region type 항목에 Surface를 선택합니다. Viewport 창에서 시편의 y 축 상단 면을 선택하고, 화면 하단의 Done 버튼을 누릅니다.

Edit Constraint 창에서 Coupling 조건을 입력하는데, 모든 자유도에 체크된 것을 확인한 후 OK 버튼을 누릅니다.

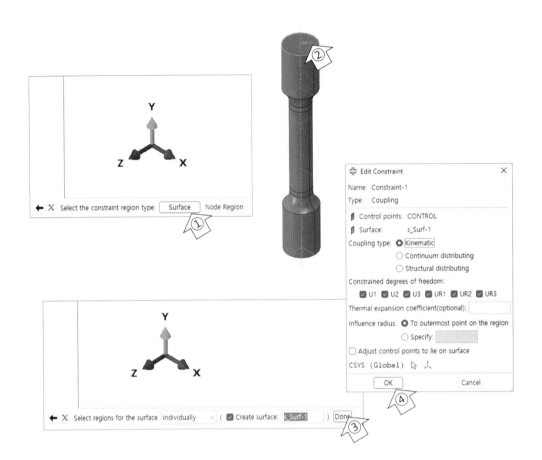

⑯ Steps 설정

모델 트리의 Steps를 더블 클릭합니다.

Create Step 창에서 Static, General을 선택하고 Continue 버튼을 누릅니다.

Edit Step 창에서 NIgeom 항목으로 On을 선택합니다.

Incrementation 탭을 누른 후, Maximum number of increments 항목에 1000을 입력하고, Initial Increment size 항목에 0.1을 입력합니다.

OK 버튼을 누릅니다.

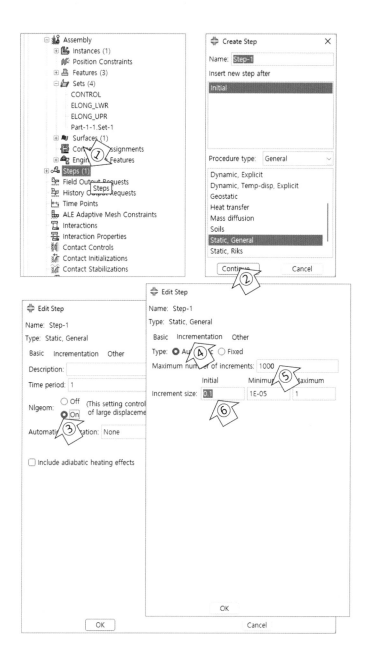

⑰ 경계 조건 설정

모델 트리의 BCs를 더블 클릭합니다.

Create Boundary Conditions 창에서 Types for Selected Step 목록 중 Displacement/Rotation을 선택합니다.

Region Selection 창이 열리면 CONTROL을 선택하고 Continue 버튼을 누릅니다. (Region Selection 창이 열리지 않으면, 화면 하단의 Sets 버튼을 누릅니다.)

Edit Boundary Condition 창에서, U2에 체크하고, 10을 입력합니다.
OK 버튼을 누릅니다.

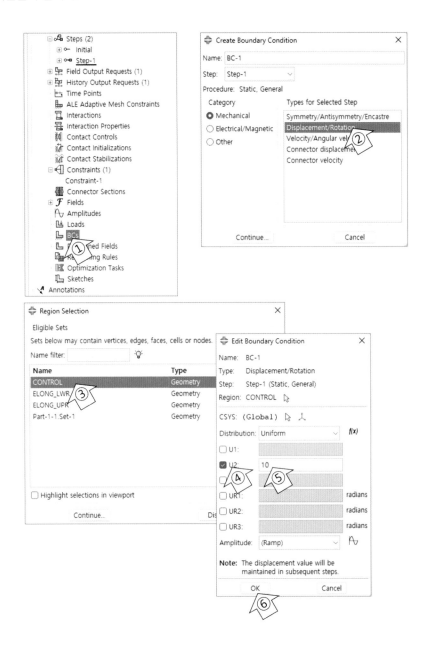

하단 면의 구속을 위해 다시 한번 모델 트리의 BCs를 더블 클릭합니다.

Create Boundary Condition 창이 열리면, Types for Selected Step 목록 중 Displacement/ Rotation을 선택합니다.

Region Selection 창이 열리면 Dismiss를 누릅니다.

Viewport 창에서 시편 모델의 y 축 하단 면을 선택합니다.

화면 하단의 Done 버튼을 누릅니다.

Edit Boundary Condition 창이 열리면, 모든 자유도를 선택하고 OK 버튼을 누릅니다.

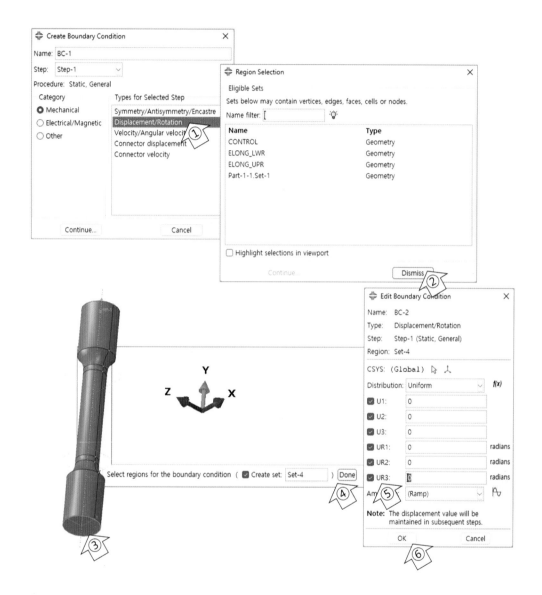

⑱ History Output 요청

CONTROL 포인트에서 RF2(y 방향 반력)를 요청합니다.

출력 빈도를 지정하기 위하여, Frequency 항목에 Every x units of time 항목을 선택하고, 값을 0.1을 입력합니다. (0.1 시간 간격으로 출력)

OK 버튼을 누릅니다.

비슷하게, ELONG_UPR 포인트에서 U2(y 방향 변위)를 요청합니다.

ELONG_LWR 포인트에서 U2(y 방향 변위)를 요청합니다.

⑲ Field Output 요청

전체 모델에 대하여 U(변위), NE(공칭 변형률), E(변형률), PEEQ(등가 소성 변형률) 그리고 S(응력)을 요청합니다.

☑ Edit Field Output Request 창의 Output variables 항목에서, 위의 변수를 직접 입력할 수 있습니다.

⑳ Mesh

모델 트리의 Parts를 펼치고, Mesh (Empty)를 더블 클릭합니다.

Seed Part 아이콘을 클릭합니다.

Global Seeds 창의 Approximate global size에 2를 입력하고 OK 버튼을 누릅니다.

Mesh Part 아이콘을 클릭합니다.

화면 하단 확인 창의 Yes를 누릅니다.

Mesh된 파트를 확인해 봅니다.

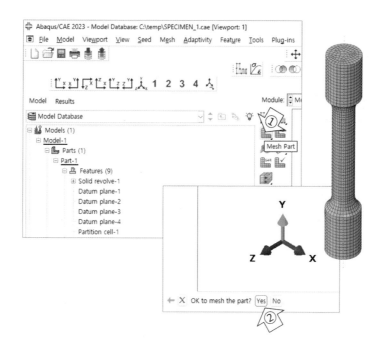

㉑ Job 생성

'Tensile' 이름으로 Job을 생성합니다.

Multi processor 옵션을 적절히 선택합니다.

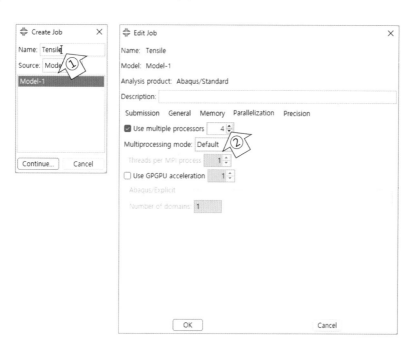

㉒ Job Submit과 결과 불러오기

㉓ 응력 방향 보기

Plot Symbols on Deformed Shape 아이콘을 클릭합니다.

상단 Field Output 툴 바의 'S' 항목 중, ALL_PRINCIPAL_COMPONENT를 선택하여 주 응력 방향과 각각의 값을 확인해 봅니다.

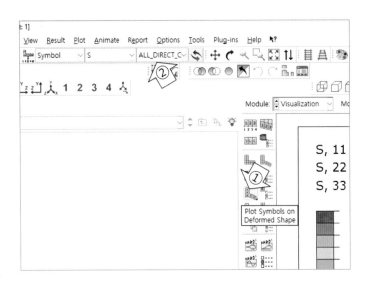

Tip. [Symbol 밀도를 줄이는 방법]

Plot Symbols on Deformed Shape 아이콘을 클릭합니다.

Symbol Options 아이콘을 클릭합니다.

Display Symbol density를 적당히 낮춥니다.

Apply를 누릅니다.

Tip. [Wireframe Render Style]

상단 툴 바의 Wireframe 아이콘을 클릭합니다.

.

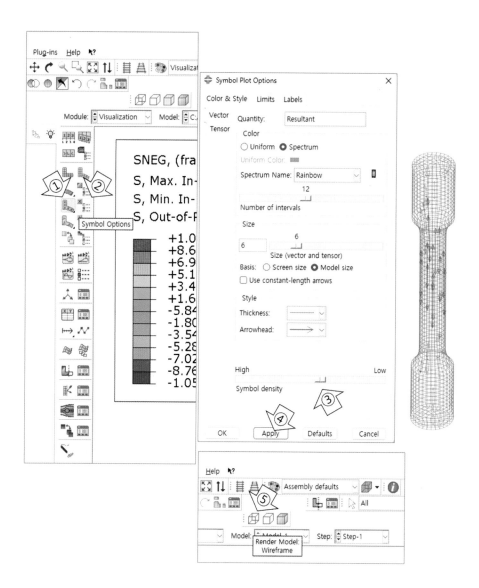

㉔ Bending 모델 생성

모델 트리의 모델 이름을 'Tensile'로 변경합니다.

지금 작성한 모델을 복사하고, 이름을 'Bending'으로 설정합니다.

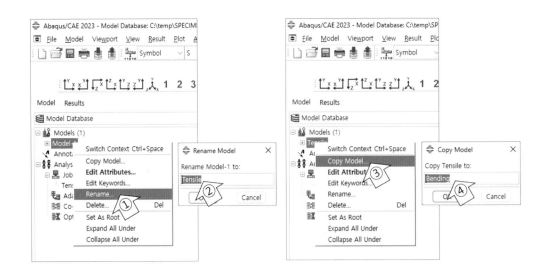

㉕ 경계 조건 변경

모델 트리의 Bending을 펼치고, BCs 아래의 BC-1을 더블 클릭합니다.

경계 조건을 변경합니다. (BC-1의 경계 조건을 U2은 체크 해제 하고, UR1을 체크한 후 0.2 입력)

새로운 Job을 생성하고 submit 합니다.

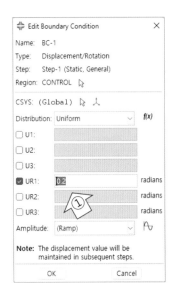

㉖ 결과 검토

Activate/Deactivate View Cut 아이콘을 클릭합니다.

단면을 잘라서 볼 수 있습니다.

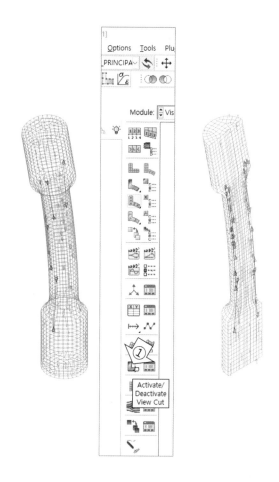

Plot Contours on Deformed Shape 아이콘을 클릭하여 Mises 응력을 검토합니다.

상단 Field Output 툴 바의 'S' 항목 중, Max Principal (abs)를 선택합니다.

☑ Max Principal (abs)는 인장과 압축이 구분되지만, Mises 응력은 인장과 압축이 구분되지 않습니다. 산업 현장에서의 많은 경우, 압축을 받는 부분보다는 인장을 받는 부분이 관심인 경우가 많습니다.

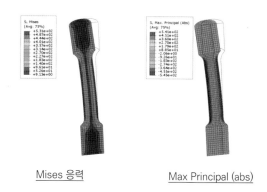

Mises 응력   Max Principal (abs)

㉗ Torsion 모델 생성

지금 작성한 모델을 복사하고, 이름을 'Torsion'으로 설정합니다.

모델 트리의 Torsion을 펼치고, BCs 아래의 BC-1을 더블 클릭합니다.

경계 조건을 변경합니다. (UR1을 해제하고, UR2에 0.2 입력)

새로운 Job을 생성하고 submit 합니다.

결과를 검토합니다.

cae 파일을 저장합니다. (SPECIMEN.cae)

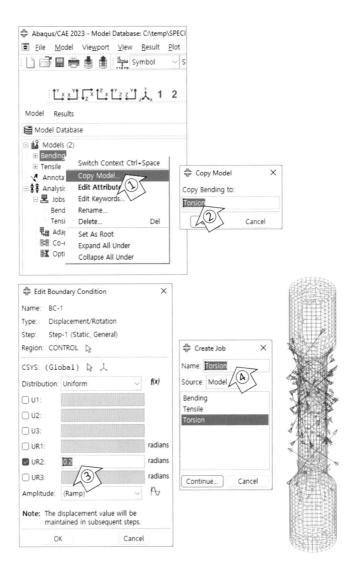

06 고무 가스켓(gasket) 씰링 해석

Abaqus에 내장된 문제를 solving하고 결과를 검토합니다.

Mooney Rivlin 재질의 D값에 대한 파라미터 스터디를 해 봅니다.

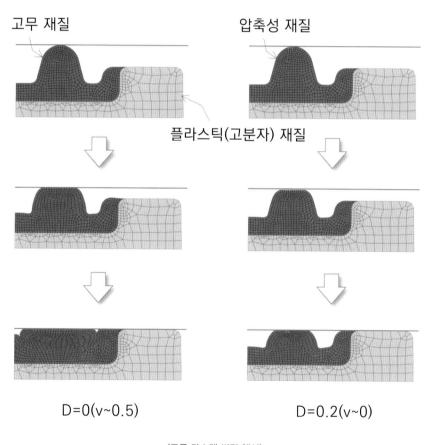

고무 재질

압축성 재질

플라스틱(고분자) 재질

D=0(v~0.5)

D=0.2(v~0)

〈고무 가스켓 씰링 해석〉

결과를 검토하여 아래 사항을 확인합니다.

☑ Pressure 응력의 절대값이 큰 영역의 Mises 응력의 값은 작은 경향이 있습니다.

☑ Tresca 응력과 Mises 응력은 유사한 경향이 있습니다.

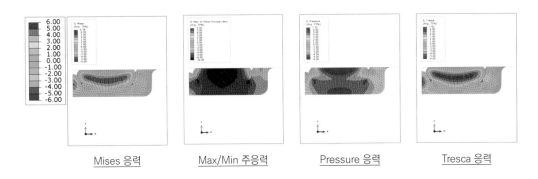

| Mises 응력 | Max/Min 주응력 | Pressure 응력 | Tresca 응력 |

〈여러가지 응력 출력〉

체적 탄성 계수는 아래와 같습니다.

$$\text{Bulk Modulus} \qquad K = \frac{E}{3(1 - 2v)}$$

고무 재료와 같이 대변형을 하는 재질은 체적 탄성 계수나 푸아송 비를 그대로 쓰기보다, 특별한 재료 모델을 사용하는 경우가 많습니다. 이 예제에서 사용한 Moony Rivlin 모델의 경우, 체적 탄성 계수를 대신하여 D로 표시되는 상수를 사용합니다. (자세한 내용은 〈PART 08〉에서 다룹니다.) 이 때, D 값과 체적 탄성 계수와의 관계는 선형 범위에서 아래와 같습니다.

$$\text{고무 재질의 비압축성 계수} \qquad D = \frac{2}{K}$$
$$\text{(선형 범위에서)}$$

비압축성 재질의 경우 푸아송 비는 0.5에 가깝고(체적 변형을 하기 어려움), 이를 D로 환산하면 D는 0에 가까운 값을 갖습니다.

$$\text{비압축성 재질의 경우(고무 등)} \qquad D = 0 \qquad \therefore v \sim 0.5$$

반면, 완전 압축성에 가까운 재질(예를 들어, 폼(foam), 스폰지 등)은 푸아송 비가 0에 가깝고, D는 0보다 큰 값을 갖게 됩니다.

비압축성 재질과 압축성 재질을 비교해 보기 위해, Edit Material 창에서 D 값을 바꾸어 응답이 달라지는 것을 봅니다.

완전 압축성 재질의 경우 (스폰지 등) $v = 0$ $Ex)\ D \sim 0.2$

비압축성과 완전 압축성을
비교하기 위한 목적으로,
고무 재질 모델에서는
완전 압축성을 쓰지는 않습니다.

〈Material 항목 수정〉

① Abaqus/CAE 실행하기

② 필요한 해석 파일 가져오기

명령 프롬프트에서 아래와 같이 입력하고 엔터키를 누릅니다.

C:\CAE\abaqus fetch job=selfcontact_gask*

작업 폴더에 selfcontact_gask로 시작하는 여러 파일이 생성되어 있는 것을 확인합니다.

❸ 해석 모델 불러오기

모델 트리의 Models를 선택 후, 마우스 오른쪽 버튼을 이용하여 나타나는 메뉴에서 Import를 선택합니다

'Import Model' 창이 뜨면, 파일 필터로 'Abaqus Input File' 선택한 후, 'selfcontact_gask.inp'을 불러옵니다.

❹ 가스켓 파트의 요소 종류 변경

모델 트리의 PART-1을 펼치고 Mesh를 더블 클릭합니다.

Assign Element Type 아이콘을 클릭합니다.

화면상의 전체 요소를 선택합니다. (마우스 왼쪽 버튼+마우스 드래그)

화면 하단의 Done 버튼을 누릅니다.

Element Type 창에서, Hybrid formulation과 Reduced Integration을 체크하고, Incompatible modes는 체크 해제합니다.

Element Type 창의 하단에, 요소 종류로 'CPE4RH' 가 표시된 것을 확인한 후, OK 버튼을 누릅니다.

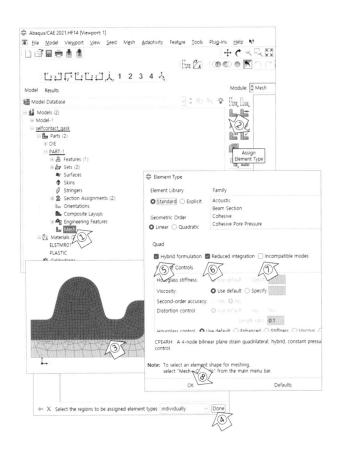

⑤ Job 생성

모델 트리의 Jobs를 더블클릭 후, Create Job 창이 열리면 이름을 'Job_rubber'로 변경합니다.
Continue 버튼을 클릭합니다.
OK 버튼을 누릅니다.

⑥ Job Submit

⑦ 재질 특성 변경

모델 트리의 Materials를 펼친 후, ELSTMR01을 더블 클릭합니다.

해석한 재질모델은 고무물성 모델로, 푸아송 비를 직접 입력 받지 않습니다. 대신 Bulk Modulus와
관계 있는 D1 값이 필요한데, 현재는 0으로 입력되어 있습니다.

이 값을 '0.2'로 변경합니다.

OK 버튼을 누릅니다.

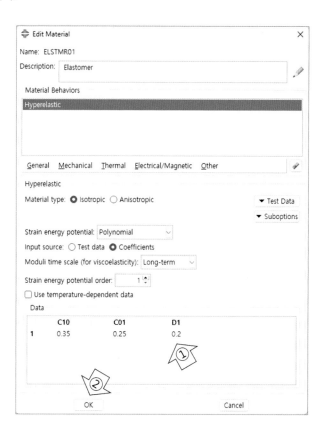

⑧ Job 생성

모델 트리의 Jobs를 더블클릭 후, Create Job 창이 열리면 이름을 'Job_foam'으로 변경합니다.

Continue 버튼을 클릭합니다.

OK 버튼을 누릅니다.

⑨ Job Submit

⑩ 결과 불러오기

'Job_rubber' Job을 선택합니다.

마우스 오른쪽 버튼을 누른 후 Results를 선택합니다.

⑪ Viewport 추가하기

메인 메뉴의 Viewport-Create을 선택합니다.

이어, Viewport-Tile_Vertically를 선택합니다.

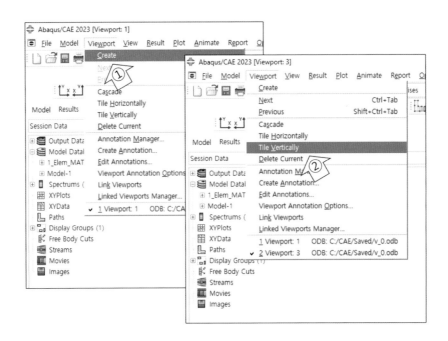

⑫ 두 번째 결과 불러오기

오른쪽 Viewport의 제목 표시줄을 클릭합니다.

모델 트리의 두 번째 Job(Job_foam)을 선택하고, 마우스 오른쪽 버튼을 누른 후 Results를 선택합니다.

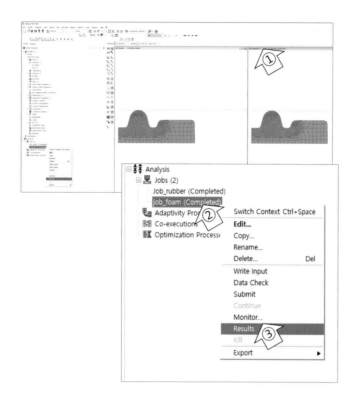

⑬ Viewport 연동하기

메인 메뉴의 Viewport-Link Viewports를 선택합니다.

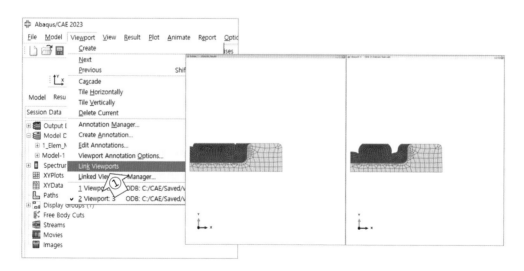

⑭ 변형 형상 검토하기

한쪽 Viewport의 제목 표시줄을 클릭합니다.

툴 바 메뉴의 Visualization 메뉴를 클릭 후, Section을 선택합니다.

Plot Deformed Shape 아이콘을 클릭합니다.

다른 쪽 Viewport의 제목 표시줄을 클릭합니다.

툴 바 메뉴의 Visualization 메뉴를 클릭 후, Section을 선택합니다.

Plot Deformed Shape 아이콘을 클릭합니다.

☑ 탄성 가스켓(gasket)이 위쪽의 파트와 접촉되어 변형하는 것을 볼 수 있습니다. 이렇게 파트의 경계면이 접촉으로 바뀌는 현상은 접촉 해석을 통해 구현할 수 있습니다.

☑ 왼쪽 고무 재질의 경우, 변형 시 가스켓 파트 자체의 접촉 현상도 발생합니다. (self contact)

☑ 왼쪽 고무 재질의 경우, 가스켓이 압축 변형에 따라 x 방향으로의 팽창되는 변형이 보이고, 오른쪽 폼 재질의 경우 압축되는 변형만 보입니다. 고무 재질의 씰링 특성이 우수한 이유입니다.

⑮ 응력 Contour 보기

Viewport(Job_foam)의 오른쪽 상단의 X를 클릭하여, Viewport를 닫습니다.

Viewport(Job_rubber)의 오른쪽 상단의 □를 클릭하여 창을 최대화합니다.

Plot Contours on Deformed Shape 아이콘을 클릭합니다.

상단 Field 툴 바 메뉴의 'S' 항목 중, Max In-plane Principal(ABS)를 선택합니다.

Mises 응력이 큰 부분과 Max Principal(Abs) 응력이 큰 부분을 비교합니다.

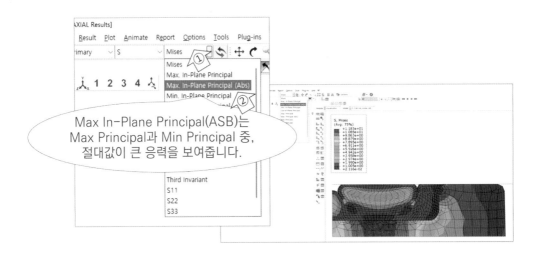

[일부 파트만 보이게 하는 방법]

Create Display Group 아이콘을 클릭합니다.

Item 항목의 Elements를 선택하고, Method 항목에서 Element sets를 선택합니다.

오른쪽 항목에서 PART-1-1.GASKET을 선택하고, 하단의 Replace 아이콘을 클릭합니다.

Create Display Group 창의 Dismiss 버튼을 누릅니다.

[접촉 조건 둘러보기]

전체 모델을 보이기 위해, 상단 툴바의 Replace All 버튼을 클릭합니다.

모델 트리의 Interactions를 펼치고 INT2-1을 더블 클릭합니다.

두 파트의 접촉 조건을 볼 수 있습니다.

INT3-1을 더블 클릭합니다.

가스켓 파트의 자가 접촉(self contact)에 대한 조건을 볼 수 있습니다.

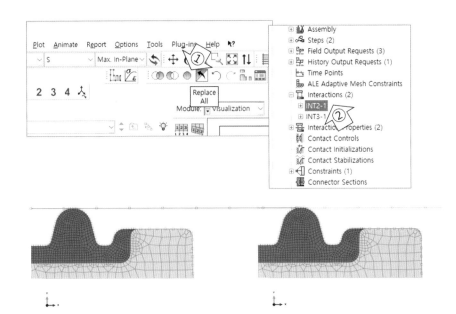

유한 요소법

유한 요소법

이 장에서는 유한 요소법의 기본이 되는 요소에 대해 알아보고, 다양한 요소들의 개념과 적용 범위 등에 대해 살펴보겠습니다.

❶ 요소, 절점 및 자유도(DOF, Degree Of Freedom)

현재의 구조 해석 방법은 유한 요소법이 표준이 되어 왔습니다. 이 방법의 이론적 배경은 여러 교과 서*에서 찾아볼 수 있습니다. 이 책에서는 수학적인 이론보다는 산업 현장에서 필요한 개념을 설명하는 것에 초점을 두고 있습니다.

유한 요소법은 그림과 같은 요소를 갖고 해석 대상 연속체를 채우게 됩니다. 하나의 요소는 내부에서 물리 방정식을 만족하도록 수식화되어 있습니다. 각각의 요소는 이웃하는 요소와 절점을 통해 연결되어 있고, 절점에는 요소의 변형을 기술할 수 있는 자유도가 있습니다.

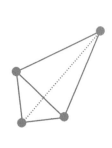 

〈요소와 절점(왼쪽) vs 해석 모델(오른쪽)〉

---

* 1) K. J. Bathe, Finite Element Procedures

　2) T. J. R. Hughes, 'The Finite Element Method: Linear Static and Dynamic Finite Element Analysis'

유한한 개수의 요소를 갖고 위의 그림처럼 해석 대상 구조물을 구성합니다. 전체 절점에 속해 있는 모든 자유도가 미지수가 되고, 이 자유도를 풀게 됨으로써 전체 구조물의 변형을 계산할 수 있습니다. 하나의 요소가 물리 방정식을 만족하므로, 이 요소들의 집합체인 해석 모델은 물리 방정식을 만족합니다.

〈해석 결과〉

아래 그림과 같은 3차원 사면체 요소는 4개의 절점과 절점당 3개의 자유도(절점당 x, y, z 방향의 병진 변위)가 있습니다. 이 자유도를 갖고, 요소의 변형률을 표현하는데, 변형률은 유한 요소의 종류에 맞게 수식화되어 있습니다.

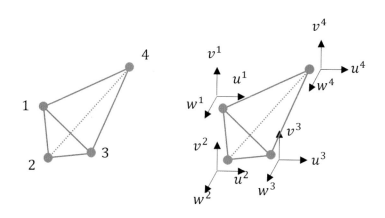

〈절점 번호와 각각의 자유도〉

여기에 요소가 하나 더 연결되어 있으면, 이제 2개의 요소가 표현하는 영역의 변형을, 5개의 절점에 속해 있는 자유도로 나타냅니다. 하나의 요소가 표현할 수 있는 변형의 범위는 크지 않더라도, 이렇게 여러 요소가 모이면 모일수록 표현할 수 있는 변형의 범위가 넓어집니다.

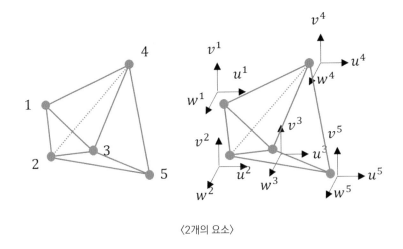

〈2개의 요소〉

때로는 그림과 같이 절점당 6개의 자유도로 수식화된 경우도 있습니다.

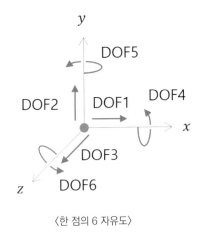

〈한 점의 6 자유도〉

② 주요 요소

Abaqus는 해석 목적에 따라 많은 요소가 있고, 때로는 User Subroutine 기능을 통해 사용자가 직접 프로그램 하여 요소를 추가하는 것도 가능합니다. 그 중, 산업 현장에서 주로 쓰이고 있는 요소에 대해 알아보겠습니다.

가장 기본이 되는 요소는 3차원상에서의 연속체 요소입니다. 이미 〈함께하기 01〉을 통하여, 요소당 8절점으로 이루어진 육면체 형상의 연속체 요소를 경험해 보았습니다. 이런 형식의 대표적인 요소로 사면체 요소와 육면체 요소가 있습니다.

만약 문제를 2차원으로 근사가 가능하다면 2차원상에서의 연속체 요소를 사용할 수 있습니다. 대표적으로 평면 응력 요소, 평면 변형률 요소 그리고 축대칭 요소를 예로 들 수 있습니다. 각각의 요소는, 형상에 따라 삼각형 요소와 사각형 요소가 있습니다.

때로는 공간상에서 미리 원하는 특별한 거동이 나타나도록 수식화된 요소가 있습니다. 대표적으로 트러스(truss) 요소, 빔(beam) 요소, 그리고 셀(shell) 요소를 예로 들 수 있고, 이런 종류의 요소를 구조 요소라고 합니다.

〈여러 가지 요소〉

구멍이 있는 블록을 예로 들어 한가지 해석을 진행해 보겠습니다. 먼저 3차원 연속체 요소(육면체 형상과 삼각기둥 형상)를 사용하여 해석 모델을 구성하였습니다. 블록은 그림과 같이 양 단 균일한 압력을 받고 있습니다. 오른쪽에 해석 결과인 Mises 응력을 그려 보았습니다.

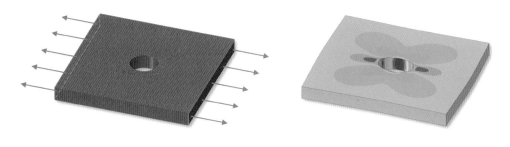

〈구멍이 있는 블록〉

다음 그림과 같이 전체 형상의 대칭성을 고려하여, 전체 모델의 1/8 모델을 작성하고 적절한 대칭 경계 조건을 부여합니다. (대칭 조건은 회전 자유도가 포함되지만 현재 해석 모델은 회전 자유도가 없으므로 회전 자유도에 대한 조건은 적용되지 않습니다.) 전체 모델과 대칭 모델의 해석 결과를 비교해 봅니다.

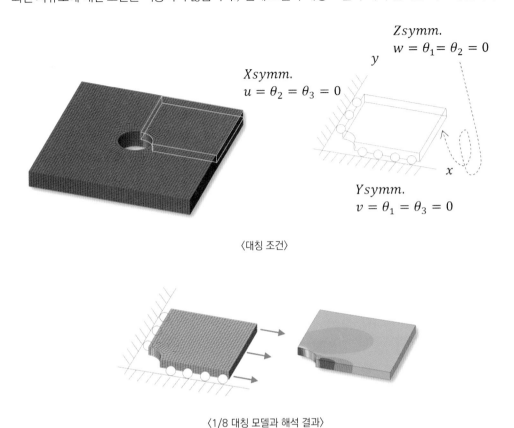

〈대칭 조건〉

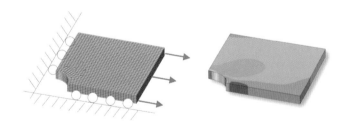

〈1/8 대칭 모델과 해석 결과〉

위의 1/8 대칭 모델에서 윗면에도 z 방향 변위를 구속하게 되면 아래와 같은 결과를 얻을 수 있습니다. 원래 모델과는 차이를 보여주고 있습니다.

〈1/8 모델의 z 방향 변위 구속〉

기준이 되는 1/8 대칭 모델에서 두께를 1/100로 줄여서 두께가 매우 작아지는 경우는 다음 그림과 같은 결과를 보여줍니다.

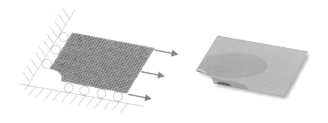

〈1/8 모델의 두께 축소〉

기준이 되는 문제는 평면 상에서 변형하는 문제이기 때문에, 구조 요소인 셀 요소를 이용하여 해석이 가능합니다. 아래에 셀 요소를 사용한 해석 모델과 해석 결과를 나타냈습니다. 셀 요소의 결과와, 두께가 매우 얇은 연속체 요소의 결과를 비교해 보기 바랍니다. 두 결과의 차이는 적어야 할 것입니다. 일반적으로 셀 요소는 평면 내 변형의 계산을 위해 평면 응력의 구성 방정식을 사용하고 있기 때문입니다.

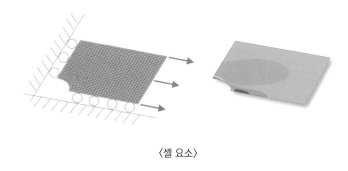

〈셀 요소〉

이제 2차원에서 평면 응력 요소와 평면 변형률 요소를 사용한 해석 모델과 해석 결과를 보겠습니다.

평면 응력 요소를 사용한 결과와 셀 요소를 사용한 결과 또는 두께가 매우 얇은 연속체 요소의 결과와 비교해 봅니다. 평면 응력 요소는 해석 대상 구조물의 두께가 매우 얇아 두께 방향의 응력(수직 응력 및 전단 응력)은 무시할 수 있는 경우에 적용할 수 있습니다. 평면 문제이므로 작용하는 하중 역시 평면 내에서만 작용해야 합니다.

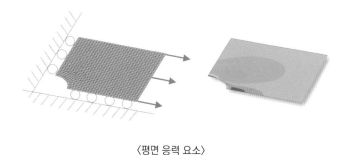

〈평면 응력 요소〉

평면 변형률 요소를 사용한 결과는 z 방향 변위를 구속한 결과와 비교해 봅니다. 평면 변형률 요소는 해석 대상의 두께 방향 변형률을 무시할 수 있는 경우에 적용할 수 있습니다. 만약 해석 대상의 두께가 매우 크다면, 두께 방향으로 이웃하는 체적에 의해 두께 방향의 변형이 구속되는 효과가 있습니다. 평면 문제이므로 작용하는 하중 역시 평면 내에서만 작용해야 합니다.

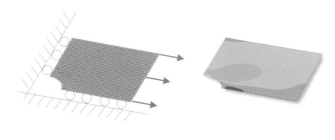

〈평면 변형률 요소〉

평면 요소의 한 종류로 축대칭 요소가 있습니다. 이 요소는 평면 응력 요소나 평면 변형률 요소와 유사하나, 계산되는 결과는 평면상의 해석 모델이 실제로는 y 축 회전 대칭으로 구성된 모델을 의미합니다. 그림에 축대칭 요소를 사용하여 해석한 결과와 실제 3차원상에서 연속체 요소를 사용한 결과를 비교했습니다. (결과를 보기 쉽게 하기 위해, 연속체 요소 모델의 경우 일부분을 숨긴 채로 나타냈습니다.)

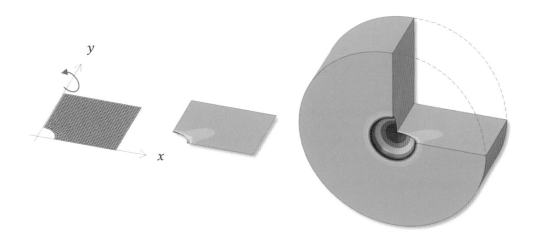

〈축대칭 요소 모델(왼쪽) vs 3차원 모델(오른쪽)〉

이제 대표적인 구조 요소인 트러스 요소, 빔 요소, 그리고 셸 요소에 대해 살펴보겠습니다. 트러스 요소는 트러스 부재 하나를 인장 및 압축만을 받을 수 있는 스프링으로 이상화한 것입니다. 빔 요소는 빔의 인장, 압축, 굽힘 및 전단 거동을 수식화한 요소입니다. 셸 요소는 박판의 면내 방향 인장, 압축 및 전단 거동과 면외 방향의 굽힘 및 전단 거동을 수식화한 요소입니다.

〈구조 요소〉

☑ 연속체 요소

먼저 연속체 요소의 변형이 어떻게 계산되는지 살펴보겠습니다. 연속체 요소는 일반적으로 절점당 3개의 자유도(x, y, z 축에 대한 병진 변위)로 구성되어 있습니다. 2차원상에서는 삼각형이나 사각형 형태가 대표적이고, 3차원상에서는 사면체와 육면체 형상이 대표적입니다. 아래 그림과 같은 연속체 요소로 해석 대상 구조물의 내부를 채웁니다.

〈3차원상에서의 연속체 요소〉

아래 그림에서 2차원에서의 변형률이 어떻게 계산되는지 나타냈습니다.

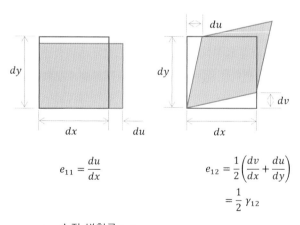

$$e_{11} = \frac{du}{dx}$$

$$e_{12} = \frac{1}{2}\left(\frac{dv}{dx} + \frac{du}{dy}\right)$$
$$= \frac{1}{2}\gamma_{12}$$

수직 변형률 : e_{11}, e_{22}, e_{33}

전단 변형률 : e_{12}, e_{23}, e_{31}

〈연속체 요소의 변형률(2D)〉

이제 3차원상에서의 변형률을 나타내 보겠습니다. 아래 그림은 유한 요소의 형상과 이것의 실제 의미를 비교하여 나타냈습니다.

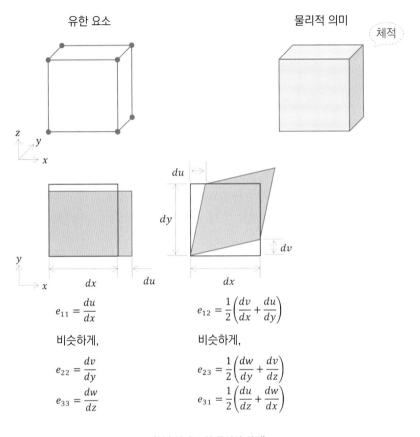

유한 요소   물리적 의미

체적

$$e_{11} = \frac{du}{dx}$$

비슷하게,

$$e_{22} = \frac{dv}{dy}$$

$$e_{33} = \frac{dw}{dz}$$

$$e_{12} = \frac{1}{2}\left(\frac{dv}{dx} + \frac{du}{dy}\right)$$

비슷하게,

$$e_{23} = \frac{1}{2}\left(\frac{dw}{dy} + \frac{dv}{dz}\right)$$

$$e_{31} = \frac{1}{2}\left(\frac{du}{dz} + \frac{dw}{dx}\right)$$

〈연속체 요소와 물리적 의미〉

이렇게 변형률이 계산되면, 구성 방정식에 의해 응력이 계산되고 이것은 바로 힘으로 변환할 수 있습니다. 따라서 외력에 의한 변형, 변형률, 응력 그리고 반력을 계산할 수 있게 됩니다.

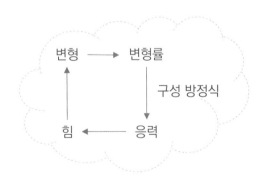

〈요소의 힘과 변형의 계산〉

연속체 요소를 갖고 그림과 같은 프레임 구조물을 해석해 보겠습니다. 여기서 특히 중요한 것은 프레임의 길이 방향뿐만 아니라 단면의 두께 부분도 충분히 조밀한 격자를 사용해야 한다는 점입니다. 요소 내부에서 3차원 변형률이 계산되고, 이들이 모여 있는 전체 해석 모델의 변형이 계산됩니다.

〈프레임 구조물〉

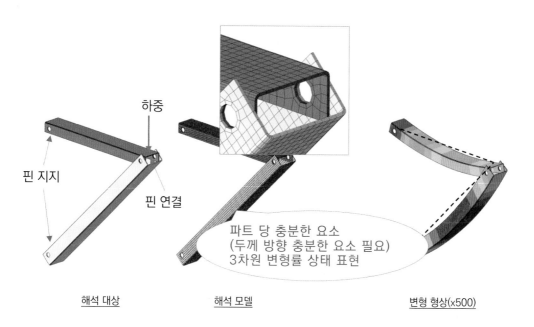

하중

핀 지지

핀 연결

파트 당 충분한 요소
(두께 방향 충분한 요소 필요)
3차원 변형률 상태 표현

해석 대상   해석 모델   변형 형상(x500)

〈프레임 구조물 해석(3D 연속체 요소)〉

☑ 트러스 요소

트러스 요소는 가장 간단한 구조 요소입니다. 다음 그림에 유한 요소 형상과 실제의 의미를 표현했습니다. 이것은 개념 상 1차원으로 선 형식의 요소입니다. 일반적으로 요소당 2개의 절점을 갖고 있으며 절점당 길이 방향으로의 변위인 1개의 자유도를 갖고 있습니다. (3차원 공간상에 트러스 요소가 여러 방향으로 놓여 있는 경우, 때로는 절점당 3개의 병진 자유도로 표현되기도 합니다.)

트러스 요소는 선 길이 방향의 인장 및 압축을 표현합니다. 단면의 변형률을 기술할 수 없으므로, 단면은 길이 방향으로 일정하고, 단면 모양이 변하지 않는 가정이 있습니다.

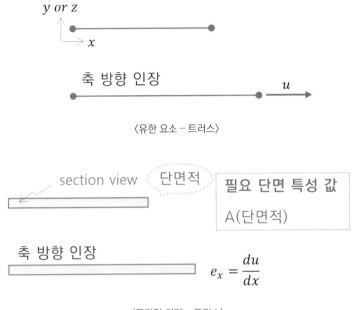

〈유한 요소 – 트러스〉

〈물리적 의미 – 트러스〉

아래 그림에 트러스 요소를 갖고 해석한 결과를 나타냈습니다. 트러스 요소는 기본적으로 선으로 표현되는데, 그림에서는 후처리를 통하여 원통 막대의 형상으로 표현했습니다. 트러스 요소는 축 방향 인장 및 압축만 표현할 수 있으므로 앞에서의 연속체 요소를 사용한 결과와는 다른 결과를 보여줄 수 있습니다.

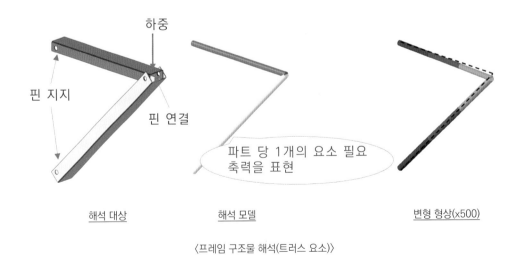

〈프레임 구조물 해석(트러스 요소)〉

☑️ 빔 요소

빔 요소는 개념 상 1차원의 선 형식의 요소로 3차원의 경우, 절점당 6자유도를 갖고 있습니다. 이를 이용하여 인장과 압축, 굽힘과 전단, 그리고 비틀림을 표현할 수 있습니다. 선으로 표현되기 때문에 단면 특성 값이 필요한데, 인장 및 압축을 위해 단면적이 필요하고, 굽힘을 위해 관성 모멘트, 비틀림을 위해 극관성 모멘트가 필요합니다.

빔 요소는 변형 중 단면의 형상은 바뀌지 않지만, 중심선과 이루는 단면 각도(변형 전에, 이 각도는 중심선에 수직)는 전단의 영향으로 바뀔 수 있습니다. (단면 전단력을 고려하지 못 하는 요소는 단면 각도는 항상 중심선과 수직을 유지합니다.)

아래 그림에서 오른쪽 절점에 병진 변위와 회전 변위가 있고, 만약 전단 변형이 없는 경우는 그림과 같은 변형률 성분을 계산할 수 있습니다.

※ 이 책에서의 빔 요소는 단면이 꽉 찬 형태의 빔을 기준으로 설명하였습니다. 박판 단면의 빔 요소 (thin-walled section) 등 다양한 요소가 있음을 참고하시기 바랍니다.

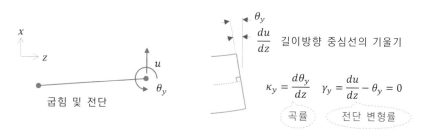

$$\kappa_y = \frac{d\theta_y}{dz} \quad \gamma_y = \frac{du}{dz} - \theta_y = 0$$

〈빔의 굽힘 변형〉

만약 전단 변형이 있으면, 단면 각도는 전단력에 의해 중심선에 수직하지 않게 되고, 이 경우는 그림과 같은 변형률 성분을 계산할 수 있습니다.

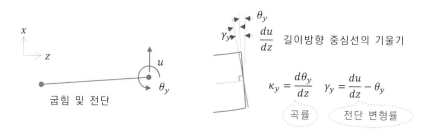

$$\kappa_y = \frac{d\theta_y}{dz} \quad \gamma_y = \frac{du}{dz} - \theta_y$$

〈빔의 굽힘 및 전단 변형〉

비슷하게 z-y 좌표계에서도 아래와 같은 변형률 성분을 계산할 수 있습니다.

$$\kappa_x = \frac{d\theta_x}{dz} \qquad \gamma_x = \frac{dv}{dz} + \theta_x$$

그림에 유한 요소의 형상과 실제 의미를 나타냈습니다. 길이 방향의 인장 및 압축, 비틀림 그리고 두 축에 대한 굽힘 및 전단 변형률이, 주어진 자유도에 의해 표현되는 것을 알 수 있습니다.

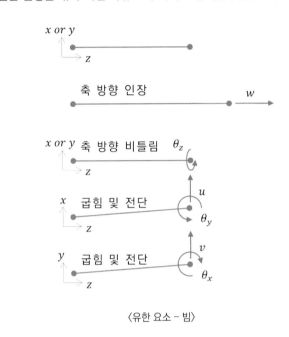

〈유한 요소 – 빔〉

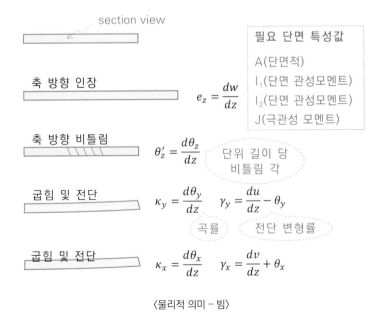

〈물리적 의미 – 빔〉

아래 그림에 빔 요소의 대표적인 변형 모드를 나타냈습니다. 빔 요소도 선으로 표현되지만, 후처리를 통해 단면 형상을 나타낼 수 있습니다.

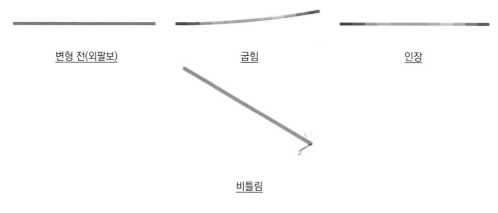

〈빔 요소의 대표적 변형 모드〉

아래 그림에 빔 요소를 갖고 프레임 구조물을 해석한 결과를 나타냈습니다. 단면 형상을 실제의 단면 형상으로 그릴 수 있지만, 여기서는 입력된 단면 특성 값으로 계산된 타원으로 표현했습니다.

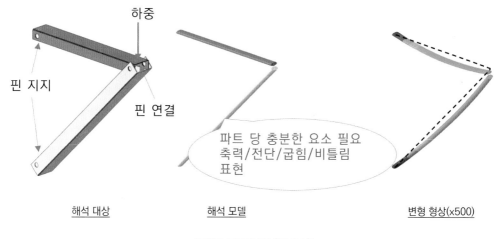

〈프레임 구조물 해석(빔 요소)〉

☑ 셀 요소

셀 요소는 면 형식의 요소로, 굽힘 및 전단 변형이 고려되는 빔 요소를 면으로 확장한 것으로 생각할 수 있습니다. 셀 요소는 면내 막(membrane) 변형과 면 외 굽힘 및 전단 변형이 결합된 것으로 볼 수 있습니다. 빔 요소와 동일하게, 단면은 두께 방향으로 직선이 유지되는 가정이 있으므로 두께가 얇은 구조에 적용할 수 있습니다.

다음 그림에 셀 요소의 대표적인 변형인 막 변형과 굽힘 변형을 나타냈습니다.

<셀 요소의 대표적 변형 모드>

그림에 요소 형상과 실제의 의미를 나타냈습니다.

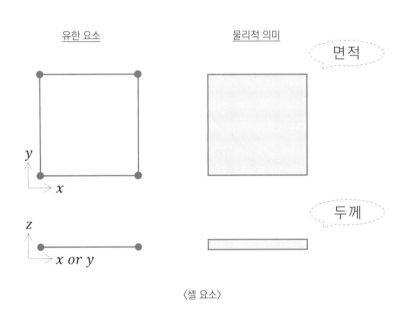

<셀 요소>

셀 요소는 다음 그림과 같이 축 방향 인장 및 압축, 그리고 면 외 방향의 굽힘 및 전단을 고려할 수 있습니다.

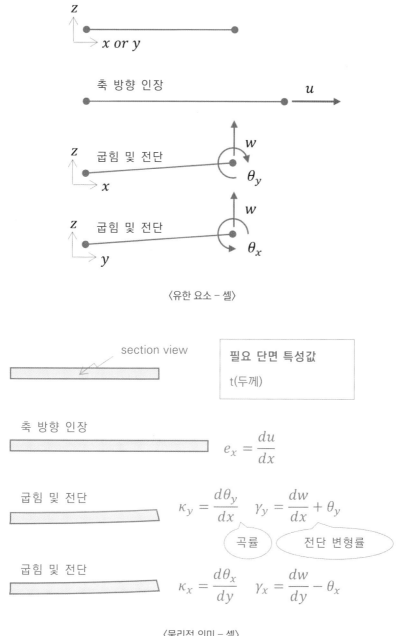

〈유한 요소 – 셸〉

필요 단면 특성값
t(두께)

section view

축 방향 인장

$$e_x = \frac{du}{dx}$$

굽힘 및 전단

$$\kappa_y = \frac{d\theta_y}{dx} \quad \gamma_y = \frac{dw}{dx} + \theta_y$$

곡률　　전단 변형률

굽힘 및 전단

$$\kappa_x = \frac{d\theta_x}{dy} \quad \gamma_x = \frac{dw}{dy} - \theta_x$$

〈물리적 의미 – 셸〉

　셸 요소를 이용하여 프레임 구조물을 해석한 결과를 다음 그림에 나타냈습니다. 프레임 단면 플랜지의 변형을 고려할 수 있습니다. 프레임 단면 두께 방향의 변형은 제한적으로 고려할 수 있습니다.

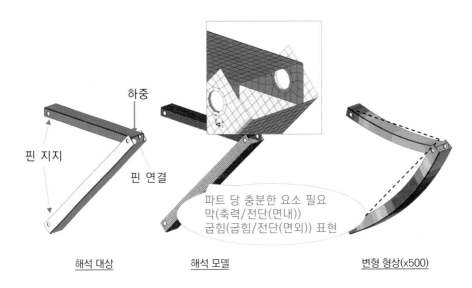

하중

핀 지지

핀 연결

파트 당 충분한 요소 필요
막(축력/전단(면내))
굽힘(굽힘/전단(면외)) 표현

해석 대상 　　　　 해석 모델 　　　　 변형 형상(x500)

〈프레임 구조물 해석(셸 요소)〉

트러스, 보, 셸 및 연속체 요소를 이용한 결과를 비교하여 나타냈습니다. 요소의 특성에 따라 결과가
다를 수 있는 점을 주의해야 합니다.

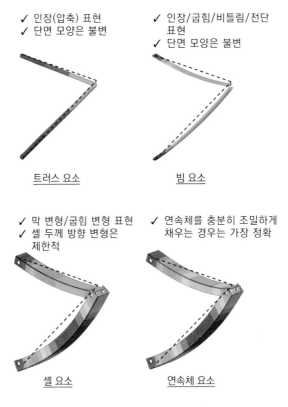

✓ 인장(압축) 표현
✓ 단면 모양은 불변

✓ 인장/굽힘/비틀림/전단
　표현
✓ 단면 모양은 불변

트러스 요소 　　　　 빔 요소

✓ 막 변형/굽힘 변형 표현
✓ 셸 두께 방향 변형은
　제한적

✓ 연속체를 충분히 조밀하게
　채우는 경우는 가장 정확

셸 요소 　　　　 연속체 요소

〈여러 가지 구조 요소의 결과〉

07 구조 요소를 이용한 C-단면 빔의 횡방향 좌굴 해석

〈함께하기 02〉에서 연속체 요소를 갖고 해석한 C-단면 빔의 좌굴 문제를 셀 요소 모델로 만들어 해석해 보겠습니다. 비선형 해석에서의 수렴 문제도 검토해 봅니다.

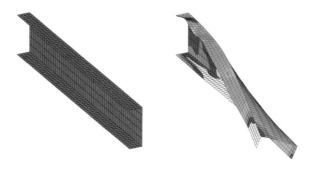

〈셀 요소 모델과 응력〉

❶ Abaqus/CAE 실행

❷ Create Parts

모델 트리의 Parts를 더블 클릭합니다.

Create Part 창에서 Base Feature 항목에 Shell, Type 항목에 Extrusion 선택하고 Continue 버튼을 누릅니다.

Create Lines: Connected 아이콘을 클릭합니다.

화면 하단의 좌표 입력창에 아래의 좌표를 입력하고 엔터키를 누르는 것을 반복합니다.

0, 0
50.8, 0
50.8, 152.4
0, 152.4

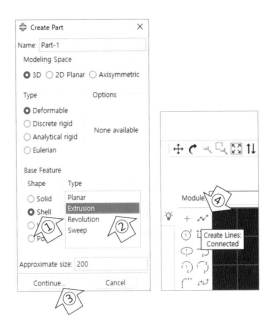

ESC 키를 눌러 Create Lines 모드를 나옵니다.

화면 하단의 Done 버튼을 누릅니다.

Edit Base Extrusion 창에서 Depth로 914.4를 입력합니다.

OK 버튼을 누릅니다.

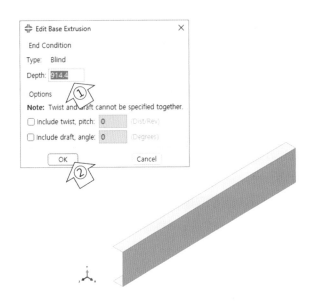

❸ Material 설정

모델 트리의 Materials를 더블 클릭합니다.

탄성 계수와 푸아송 비를 입력합니다. (E=70000, V=0.33)

④ Section 생성

모델 트리의 Sections를 더블 클릭합니다.

Create Section 창에서, Category 항목은 Shell을 선택하고 Continue 버튼을 누릅니다.

Edit Section 창에서, Thickness 항목에 1.3 입력 후 OK 버튼을 누릅니다.

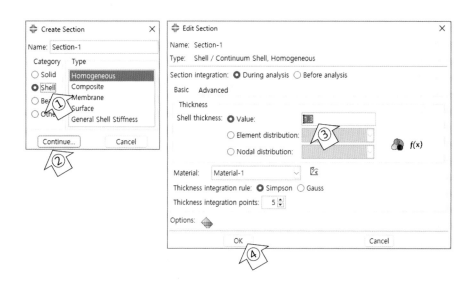

⑤ Section Assignment

모델 트리의 Parts를 펼치고, Section Assignments를 더블 클릭합니다.

화면상의 전체 모델 선택하고 화면 하단의 Done 버튼을 클릭합니다.

Edit Section Assignment 창이 열리면 OK 버튼을 누릅니다.

⑥ Assembly 모델 구성

모델 트리의 Assembly를 펼치고, Instances를 더블 클릭합니다.

Create Instance 창이 열리면 OK 버튼을 클릭합니다.

⑦ Set 설정

모델 트리의 Assembly를 펼치고, Sets를 더블 클릭합니다.

하중 입력 점의 이름을 'LOAD'로 부여합니다.

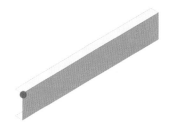

8 Steps 생성

모델 트리의 Steps를 더블 클릭합니다.

Create Step 창에서, Procedure type 항목에 Static, General을 선택하고 Continue 버튼을 클릭합니다.

Edit Step 창에서 NIgeom 항목은 On에 체크합니다.

Incrementation 탭에서, Maximum number of Increments 항목은 1000, Initial Increment size 항목은 0.01 입력 후 OK 누릅니다.

동일한 내용의 Step을 하나 더 만들어 줍니다. (Step-2)

9 경계 조건 설정

모델 트리의 BCs를 더블 클릭합니다.

Create Boundary Condition 창에서 Step 항목에 Step-1 선택하고, Types for Selected Step 항목은 Symmetry/Antisymmetry/Encastre 선택하고 Continue 버튼을 클릭합니다.

화면상의 z 좌표가 가장 작은 끝단의 3개 라인을 선택하고, 화면 하단의 Done 버튼을 클릭합니다. (이 때 Render Style을 Wireframe으로 만들기 위해 Wireframe 아이콘을 클릭합니다.)

Edit Boundary Condition 창에서, ENCASTRE 선택하고 OK 버튼을 누릅니다.

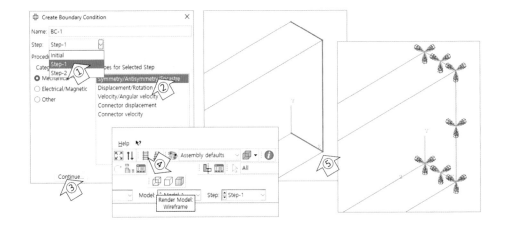

❿ 하중 조건

하중도 변위로 부여하려고 합니다. 모델 트리의 BCs를 더블 클릭합니다.

Create Boundary Condition 창에서 Step 항목은 Step-1 선택합니다.

Types for Selected Step 항목은 Displacement/Rotation 선택하고 Continue 버튼을 클릭합니다.

화면 하단의 Sets 버튼을 이용하여 'LOAD' 포인트를 선택하고 Continue 버튼을 누릅니다.

Edit Boundary Condition 창에서, U2=-90을 부여하고 OK 버튼을 누릅니다.

⓫ 경계 조건 시나리오 수정

모델 트리의 BCs를 선택하고, 마우스 오른쪽 버튼을 이용하여 Manager를 실행합니다.

Boundary Condition Manager 창에서, Step-2에서의 BC-2를 선택하고 Deactivate 버튼을 클릭하여, Step-2에서 BC-2의 경계 조건을 해제(free) 합니다.

Boundary Condition Manager 창의 Dismiss 버튼을 누릅니다.

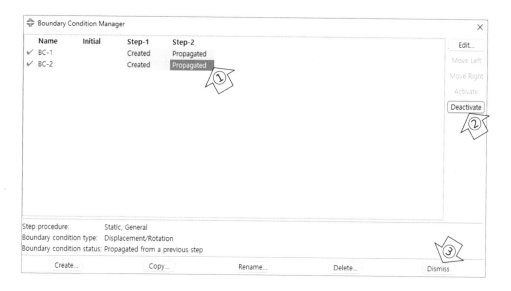

⓬ History Output 요청

LOAD 포인트에서 U2와 RF2를, 시간 간격 0.05로 요청합니다.

⓭ Field Output 요청

전체 모델에 대하여 U(변위), NE(공칭 변형률), E(변형률), PEEQ(등가 소성 변형률) 그리고 S(응력)을 요청합니다.

☑ Edit Field Output Request 창의 Output variables 항목에서, 위의 변수를 직접 입력할 수

있습니다.

⑭ Mesh

모델 트리의 Parts를 펼친 후, Mesh (Empty)를 더블 클릭합니다.

Seed Edges 아이콘을 더블 클릭합니다.

화면상의 x 방향 선, 4개를 선택하고 화면 하단의 Done 버튼을 클릭합니다.

Local Seeds 창에서, Method 항목에 By number를 선택하고 Sizing Controls 항목에 4를 선택하고 OK 버튼을 누릅니다.

비슷하게 y 방향 선은 5개, z 방향 선은 60개 요소가 만들어질 수 있도록 합니다.

Mesh Part 아이콘을 클릭합니다.

화면 하단의 확인 창에서 Yes 버튼을 클릭합니다.

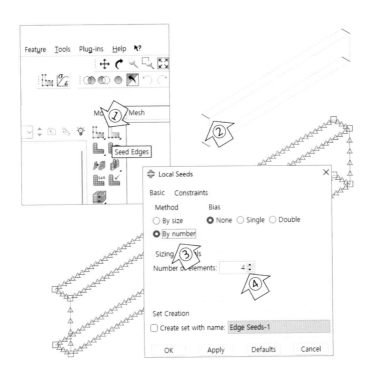

⑮ Job 생성과 Submit

⑯ 결과 검토

Solving job이 정상적으로 종료되지 못하지만, 그 때까지의 결과를 불러들여 변형 형상을 검토합니다.

⑰ 수렴 문제

이 문제는 Step-2에서 수렴되지 않고, solving job은 중단됩니다. 여러 이유로 해석이 중단되는 경우가 있는데, 이 문제의 경우 시스템 자체가 매우 불안정하기 때문입니다. 이렇게 해석이 중단된 경우를 해결하기 위해서는, 중단된 원인을 파악하기 위해 좀 더 깊은 고찰이 필요합니다.

Abaqus는 간단한 옵션으로 이런 불안정을 해소할 수 있는 테크닉을 제공하는데, 경우에 따라서는 효과적인 방법이 될 수 있습니다. 하지만, 결과의 신뢰성을 어느 경우에나 보장하는 것은 아니므로, 해석 결과에 대해 면밀한 판단이 필요합니다.

첫 번째 테크닉은 정적 해석에 감쇠(댐핑 추가)를 부여하여 변형에서 오는 불안정성을 완화하는 방법입니다.

모델 트리에서 Step-2를 선택 후, 마우스 오른쪽 버튼을 이용하여 Edit Step 창을 엽니다.

Automatic stabilization 항목에, Specify dissipated energy fraction을 선택합니다.

Incrementation 창에서, minimum increment size를 1.E-8로 입력합니다.

OK 버튼을 누릅니다.

새로운 Job을 생성합니다.

Job submit 후, 결과를 검토합니다.

☑ 시스템이 불안정하여 작은 교란 인자에 대해 변형이 커지는 순간을 만나는 경우, 수치 계산 알고리즘으로 해를 찾기 어려울 수 있습니다. 이 때, 증분 크기를 줄이면, 상대적으로 변형 속도가 커지고, 안정화를 위한 감쇠를 크게 하는 효과가 있습니다.

또 다른 테크닉은 동적 관성력을 갖고 정적 해석의 불안정성을 극복하는 방법으로, 〈함께하기 02〉에서 사용한 방법입니다.

〈함께하기 02〉의 Step 설정을 확인해 봅니다. 이 해석은 Dynamic, Implicit 해석이고, Application 항목이 Quasi-static으로 되어 있습니다. 동적 해석을 하는 방법이지만, 가속도(변위의 2차 미분)를 최소화하는 시간 적분 알고리즘을 사용하여 수치적인 댐핑을 적용하는 효과가 있습니다. 따라서, 준정적(quasi-static) 문제에 응용될 수 있습니다.

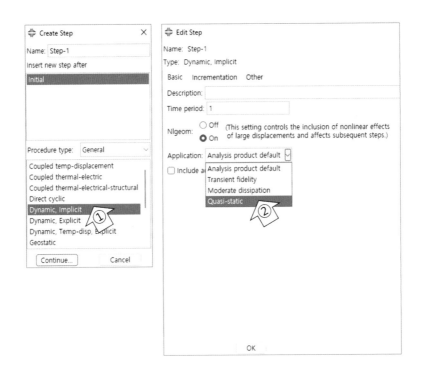

⑱ Job Monitor

해석이 중지된 Job을 선택하고, 마우스 오른쪽 버튼을 이용하여 Monitor 창을 엽니다.

3번째 열이 Attempt 번호를 의미하고, 이 옆에 붙은 'U'는 수렴되지 않은 것을 의미합니다.

마지막 열은 스텝 시간에 대한 증분(Increment)인데, 수렴되지 않으면 증분은 1/4로 감소됨을 확인하시기 바랍니다.

증분이 감소되다가 Step 설정 시 정의한 최소 증분(이 문제의 경우, 1.E-5)보다 작아지면 해석은 더 이상 진행되지 않습니다.

수렴이 완료된 증분(increment)을 보시기 바랍니다. 비선형 해석은 여러 번의 반복계산(iteration)이 필요한 것도 알 수 있습니다.

※ Job Monitor에 나오는 정보는, 작업 폴더의 sta 파일에 있습니다.

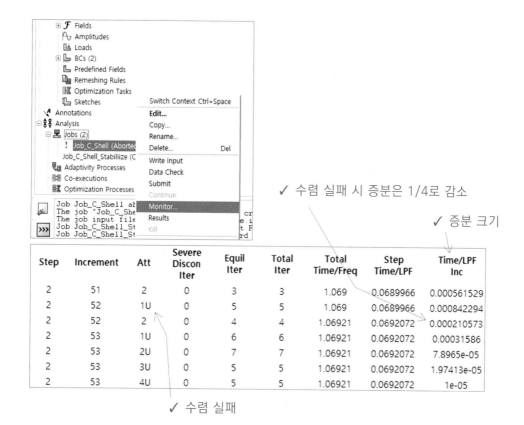

✓ 수렴 실패 시 증분은 1/4로 감소
✓ 증분 크기

Step	Increment	Att	Severe Discon Iter	Equil Iter	Total Iter	Total Time/Freq	Step Time/LPF	Time/LPF Inc
2	51	2	0	3	3	1.069	0.0689966	0.000561529
2	52	1U	0	5	5	1.069	0.0689966	0.000842294
2	52	2	0	4	4	1.06921	0.0692072	0.000210573
2	53	1U	0	6	6	1.06921	0.0692072	0.00031586
2	53	2U	0	7	7	1.06921	0.0692072	7.8965e-05
2	53	3U	0	5	5	1.06921	0.0692072	1.97413e-05
2	53	4U	0	5	5	1.06921	0.0692072	1e-05

✓ 수렴 실패

☑ 셸 요소에서의 결과 면

셸 요소는 면 형식의 요소이지만, 응력은 단면 두께에 따라 달라집니다. 따라서, 셸 요소의 응력을 볼 때, 단면의 어떤 두께 지점의 응력인지 확인하는 것이 필요합니다. 일반적으로 가장 윗면(top)이나 가장 밑면(bottom)의 값이 중요한 경우가 많습니다. 메인 메뉴의 Result-Section Point를 선택해 봅니다. Section Points 창에서 Active locations 항목의 옵션을 변경하면서 응력을 출력해 봅니다.

〈셸 요소에서의 결과 면〉

아래는 Max in-plane principal(abs)를 그린 것입니다. 최대 주응력 또는 최소 주응력 중, 절대값이 큰 성분을 표시합니다. (아래 그림에서 붉은 색은 인장을, 푸른 색은 압축을 의미합니다.)

	응력 출력 위치			
	Bottom	Top	Top and Bottom	Envelope
View 1				
View 2				
의미	밑면의 응력	윗면의 응력	방향에 따라 밑면 및 윗면의 응력	두 면의 절대값 중 최대 값

〈셸 두께 면의 위치에 따른 응력〉

단면의 윗면과 밑면을 구분하는 것은 요소의 수직 방향 벡터를 확인하여 알 수 있습니다.

(Common Options)

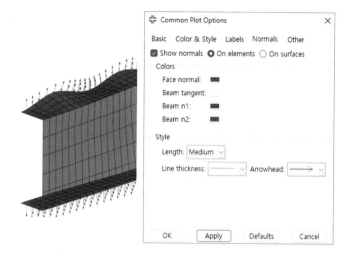

〈셀의 수직 벡터〉

〈함께하기 07〉의 해석 결과에서, Mises 응력의 최대 값은 663MPa로 확인됩니다. 하지만 이 재질의 인장 강도(공칭 응력의 최대 값, 〈Part 07〉 참조)는 339MPa로, 해석 결과의 응력 값이 재질의 인장 강도를 초과하고 있습니다. (※ 가정한 상황입니다.)

이런 일은 선형 재질 물성을 사용하는 경우에 흔히 겪을 수 있는 상황입니다. 실제 재질은 어느 정도 이상의 응력에서는 항복(yield)되어 소성 변형이 진행됩니다. 하지만 이 문제는 탄성 재질을 사용하였고, 아래 그림과 같이 변형률이 커짐에 따라 해석 응력은 얼마든지 커질 수 있음을 주의해야 합니다. (〈Part 07〉에서 좀 더 자세히 다룹니다.)

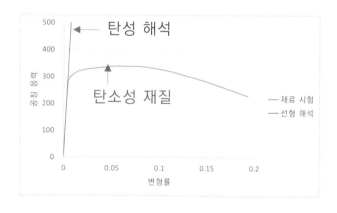

〈탄성 해석(가정)과 탄소성 재질(실제)의 차이〉

MEMO

PART 04

해석의 구성 요소

04

해석의 구성 요소

이 장에서는 해석 과정이 어떻게 이루어져 있는지를 파악하고, 신뢰성 높은 해석을 하기 위해 고려해야 하는 것들에 대하여 알아보겠습니다.

❶ 해석 신뢰성

산업 현장에서 해석 업무가 효과적으로 사용되기 위해서는 우선 해석이 현상을 재현할 수 있어야 합니다. 해석 모사를 통해 목표로 하는 현상이 실제와 유사하게 재현된다면, 가상 시험(virtual test)이 가능하고, 해석만으로도 충분한 확신을 갖고 개선안을 도출하거나 최적화된 설계를 만들어 낼 수 있습니다.

제품 개발 주기에서, 해석을 기반으로 혁신적인 설계를 구현해 내는 것이, 해석이 추구하는 Upfront CAE 개념입니다. 해석을 통해 소기의 현상을 재현할 수 있어야 하는데, 이를 위해 어떤 것들을 고려해야 하는지 알아보겠습니다.

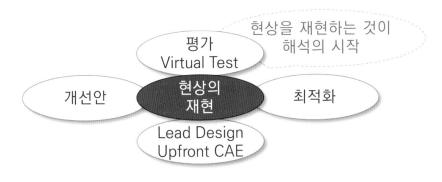

〈신뢰성 있는 해석〉

❷ 해석의 구성 요소

해석은 실제를 단순화 및 근사화하고 수학 모델을 적용하여 근사적인 수치 해를 찾는 과정입니다. 해석은 크게 다음 그림과 같은 구성 요소로 나누어 생각해 볼 수 있습니다.

〈해석의 구성 요소〉

☑ 문제 정의(개념 모델)

해석 모델을 만드는 작업에 들어가기에 앞서, 가장 먼저 해야 할 일은 주어진 문제를 파악하고 이상화와 근사화 가정을 거쳐 실제의 복잡한 문제를 주어진 계산 환경에서 다룰 수 있는 문제로 만들어야합니다. 실제의 모든 특성을 100% 반영하여 완벽한 해석 모델을 만드는 것은 현재의 환경으로는 사실상 불가능한 경우가 많습니다. 문제의 특성을 추출하고 전체적인 해석 접근 방법에 대해 구상해야 합니다. 문제의 특성을 뽑아 내기 위해서는 때때로 그림과 같은 상상력이 필요합니다.

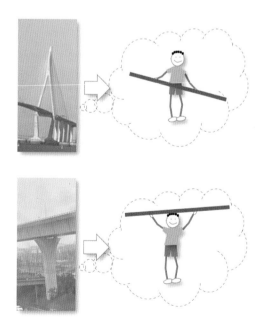

〈문제의 특징 추출〉

아래 그림과 같은 트러스 구조의 양단에 1의 하중이 작용한다고 생각해 봅니다. 그림과 같은 형상을 트러스 요소를 갖고 해석해 보면, 단면에 전달되는 하중을 알 수 있습니다.

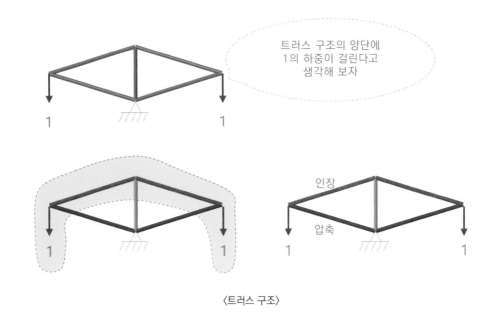

〈트러스 구조〉

위와 같은 트러스 구조 2개를 붙이면 총 2의 하중을 지지할 수 있을 것입니다.

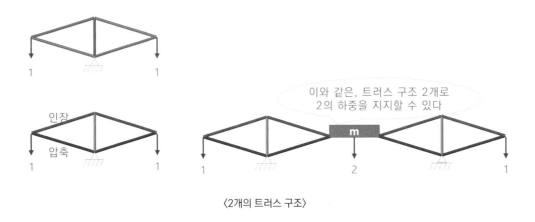

〈2개의 트러스 구조〉

다음 그림은 1887년에 행해진 포스(Forth) 교각의 개념 시험입니다. 이 교각은 1890년에 건설되었습니다. 양쪽 의자에 앉은 2명에 의해 가운데 1명이 지지되는 모습이 보입니다. 인장을 나타내는 2명의 팔과, 압축을 나타내는 막대기는 교각의 주요 구조를 상징하며, 양 끝단 벽돌은 교각 끝 기둥을 상징합니다.

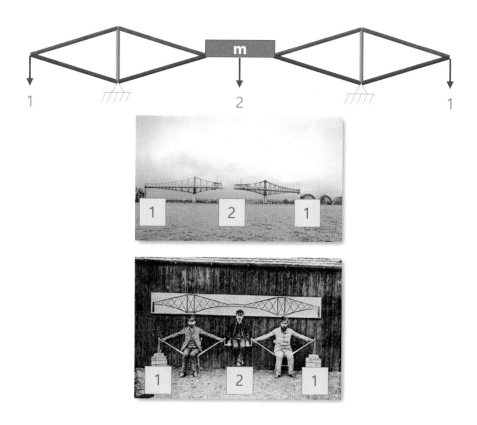

〈Forth Bridge와 원리 시험〉

문제의 핵심을 추출하기 위하여, 때로는 극단의 가정을 갖고 생각해 보는 것도 도움이 될 때가 있습니다. 예를 들어, 아래와 같은 문제를 들었을 때, 바로 답이 나올 수 있을까요?

> 문제. 24m 도로에 심어진 나무 7그루, 그 사이의 간격은 ?
> (단, 나무의 두께는 생각하지 않습니다)

〈초등학교 수학 문제〉

하지만 문제를 다음 그림의 오른쪽과 같이, '24m 도로에 심어진 나무 2그루, 그 사이의 간격'이라고 생각하면 문제를 풀 수 있는 실마리가 빠르게 떠 오를 수 있을 것입니다.

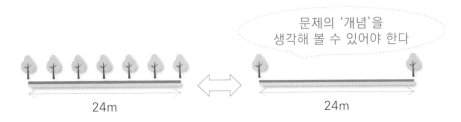

문제의 '개념'을
생각해 볼 수 있어야 한다

24m   24m

〈문제의 원리 파악〉

📖 읽을거리

문제를 보는 힘 - 정주영 공법

1984년, 서산 앞바다 방조제 공사가 거의 끝나갈 무렵, 마지막 가운데 부분을 메우는 것이 공사의 최대 난제였습니다. 사실, 최종 물막이 공사는, 서해안의 조수간만의 차로 물살이 너무 세어 모두들 불가능하다고 여겼던 공사였습니다.

거친 물살로, 아무리 바위를 부어도 곧 유실되어 공사는 난관에서 헤어 나오질 못하고 있었습니다.

쉴 새 없이 트럭이 바위를 쏟아 내는 무의미한 작업이 계속될 즈음, 정주영 회장은, 폐 유조선으로 공사 구간을 막아 보자는 아이디어를 내게 됩니다. 이런 공법은 전 세계적으로 시도된 적이 없었지만, 그의 구상은 불가능한 물막이 공사를 성공적으로 끝낼 수 있게 하였습니다.

〈서산 방조제 공사〉

☑ 경계 조건의 영향

해석의 구성 요소에서 가장 중요한 것 중 하나가 경계 조건과 하중 조건입니다. 해석 모델로 이상화하는 과정에서 경계 조건이나 하중 조건에 실제와의 괴리가 발생할 수 있습니다. 항상 해석 모델에서의 이러한 조건이 문제를 정확하게 모사할 수 있는지 생각해 봐야 합니다.

그림은 앞에서 보인 프레임 구조물입니다. 만약 프레임 구조물이 오른쪽과 같이 설계되었다면 앞에서 만든 해석 모델은 실제를 잘 반영할 수 있을까요?

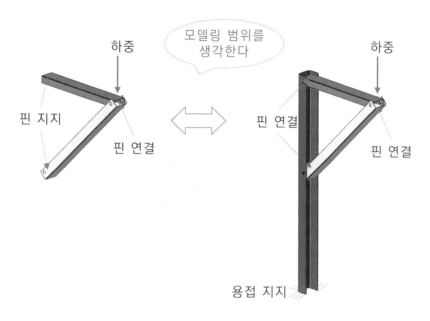

〈경계 조건 – 프레임 구조물〉

두 가지 해석 모델의 해석 결과는 서로 다른 결론을 줄 수 있습니다.

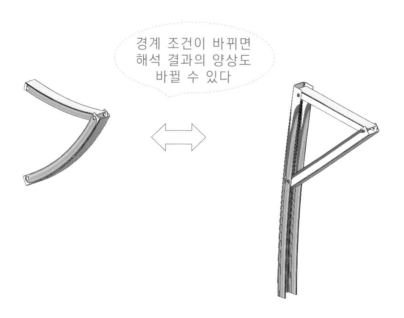

〈경계 조건 – 프레임 구조물〉

경계 조건이 달라지면 문제 자체가 달라지기 때문에, 가능하면 해석 모델이 실제 시스템의 충분한 범위를 포함해야 합니다. 아래는 자동차용 휠의 강도를 평가하기 위한 휠 충격 시험에 대한 예입니다. 그림에 SAE(www.sae.org)에 규정된 시험 기준과 실제의 시험기를 나타냈습니다. 충격 추가 낙하하여 휠의 파단 강도를 확인하는 시험입니다.

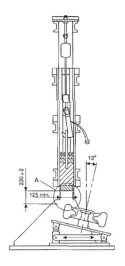 

〈자동차용 휠의 충격 강도 시험*〉

우리가 자동차 휠을 설계한다고 하면, 해석 대상 시스템도 휠 파트로 국한하여 생각하기 쉽습니다. 따라서 다음의 왼쪽 그림과 같이 휠과 충격을 주기 위한 무게 추를 해석 모델로 만들어 해석을 진행할 것입니다.

하지만 해석 신뢰성을 높이기 위해 현상을 좀 더 관찰한다면, 가운데 그림과 같이 무게 추는 타이어에 먼저 충격을 주고 그 후 휠에 충격을 주는 것을 관찰할 수 있을 것입니다. 해석 모델에 타이어가 포함되는 지의 여부는 해석 결과의 값에 큰 영향을 미치게 됩니다.

좀 더 현상을 관찰하여 시험 과정을 분석해 보면, 시험기는 여러 개의 파트로 구성되어 있고, 충격 흡

---

* 1) SAE J 175-2003(SAE J175-2003) Wheels-Impact Test Procedures-Road Vehicles

2) F. Ballo, G. Previati, G. Mastinu and F. Comolli, 'Impact tests of wheels of road vehicles: A comprehensive method for numerical simulation', Int. J. of Impact Engineering, vol. 146, 2020

수를 위해 원기둥 형태의 방진 고무가 포함되어 있는 것을 관찰할 수 있을 것입니다. 무게 추의 충격은 휠 및 타이어에 분산될 뿐만 아니라 시험기를 이루는 파트에도 영향을 받고, 특히 방진 고무 또한 충격량의 크기에 상당한 영향을 미치고 있을 것입니다. 따라서 비록 설계 대상은 휠 하나의 파트라고 해도, 시험 모사에 대한 신뢰성을 높이기 위해서는 충분한 범위의 시스템을 해석 모델에 포함해야 할 것입니다.

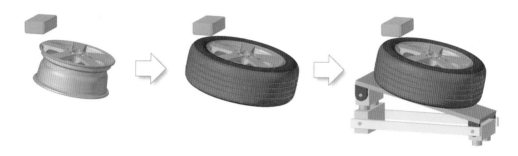

〈해석 대상 범위(휠 충격 해석의 예)〉

☑ 해석 방법

해석의 구성 요소 중, 해석 방법에 대해 살펴보겠습니다. 설계의 목적에 부합하는 해석 결과를 얻기 위해서는 적용하려는 해석 방법이 원하는 목적에 맞는지를 확인해야 합니다. 즉, 해석 방법이 현상을 표현할 수 있어야 합니다. 이와 같은 것은 어떤 수학 모델을 쓰고 있는지에 대한 것입니다. 이 장에서는 선형 모델과 비선형 모델을 예로 들어, 수학 모델에 따라 어떤 결과의 차이를 보여 주는지 알아보겠습니다.

복잡한 자연계의 현상을 수학식으로 다룰 때, 선형 모델과 비선형 모델을 구분하여 다루기도 합니다. 선형 모델은 복잡한 현상을 쉽게 다루기 위해, 이상화하여 만든 모델입니다. 해석에서도 비선형 해석이 선형 해석보다는 어려운 점이 있으므로 이 두 범주는 각기 다른 과정을 거쳐 진행하는 것이 일반적입니다.

선형 함수는 아래 그림과 같이 파라미터(입력)에 대해, 결과(출력)가 선형(직선) 관계를 갖는 것을 의미합니다. 이에 비하여 비선형은 직선으로 표현되지 못하는 것을 의미합니다.

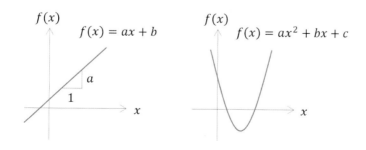

〈선형 함수(왼쪽)과 비선형 함수(오른쪽)의 예〉

해석은 수치 계산으로부터 발전되어 왔고, 예전에는 복잡한 현상을 계산하기 어려워서 선형 해석을 해석의 기본으로 생각하는 경향이 있었습니다. 하지만 자연계의 모든 현상을 비선형으로 생각해야 하고, 선형은 그것을 다루기 쉽게 이상화한 하나의 특수한 경우로 봐야 합니다.

아래에 회전하는 막대를 생각해 보겠습니다. 그리고 이런 운동을 모사해 보려고 합니다.

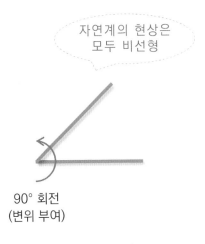

90° 회전
(변위 부여)

〈개념 모델 – 현상〉

회전 축을 회전 벡터 θ로 나타낼 때, 회전 행렬은 아래와 같이 표현할 수 있습니다. (이 책에서는 회전 행렬의 유도는 다루지 않고, 결과로서 나오는 exponential 함수만 갖고 진행합니다.)

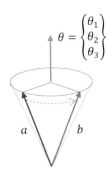

$$\theta = \begin{Bmatrix} \theta_1 \\ \theta_2 \\ \theta_3 \end{Bmatrix}$$

벡터 a를 벡터 b로 회전 이동시키는 회전 행렬을 R이라 하면,

$$b = R\,a$$

회전 행렬 R은, 회전 축을 의미하는 벡터 θ로 구성되어 있는
skew-symmetric 행렬 S의 exponential 함수로 나타낼 수 있습니다.

$$\theta = \begin{Bmatrix} \theta_1 \\ \theta_2 \\ \theta_3 \end{Bmatrix} \qquad S = \begin{bmatrix} 0 & -\theta_3 & \theta_2 \\ \theta_3 & 0 & -\theta_1 \\ -\theta_2 & \theta_1 & 0 \end{bmatrix} \qquad R = exp[S] = I + S + \frac{1}{2!}S^2 + \frac{1}{3!}S^3 + \cdots$$

〈회전 벡터〉

읽을거리

테일러 급수(Taylor Series)

함수를 다항식으로 표현하는 방법으로, 여러 번 미분 가능한 임의의 함수는 아래와 같이 다항식의 합으로 표현할 수 있습니다. Exponential 함수도 다항 식의 합으로 표현할 수 있고, 다항 식 성분이 추가될 수록 원래의 함수에 가까워지는 것을 알 수 있습니다.

$$f(x) = f(a) + f'(a)(x-a) + \frac{f''(a)}{2!}(x-a)^2 + \frac{f'''(a)}{3!}(x-a)^3 + \cdots + \frac{f^{(n)}(a)}{n!}(x-a)^n + \cdots$$

$$f(x) = f(0) + f'(0)x + \frac{f''(0)}{2!}x^2 + \frac{f'''(0)}{3!}x^3 + \cdots + \frac{f^{(n)}(0)}{n!}x^n + \cdots \quad at\ a = 0$$

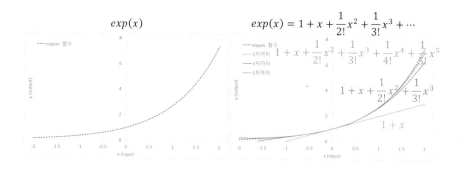

〈Exponential 함수(왼쪽)와 다항식(테일러 급수)〉

Sine 함수도 초기 상태에서 테일러 급수로 표현해 보겠습니다. 다항식의 차수가 높을 수록(비선형 항이 많이 포함될 수록), sine 함수를 더 잘 표현할 수 있습니다.

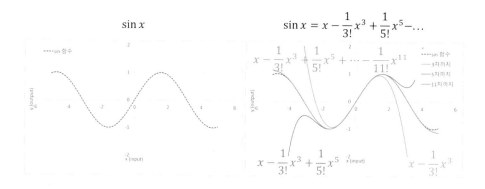

〈sine 함수(왼쪽)와 다항식(테일러 급수)〉

cosine 함수도 초기 상태에서 테일러 급수로 표현해 보겠습니다. 다항식의 차수가 높을 수록(비선형 항이 많이 포함될 수록), cosine 함수를 더 잘 표현할 수 있습니다.

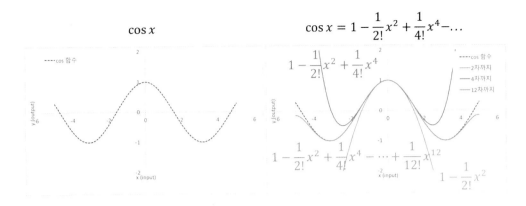

$$\cos x$$

$$\cos x = 1 - \frac{1}{2!}x^2 + \frac{1}{4!}x^4 - \cdots$$

〈cosine 함수(왼쪽)와 다항식(테일러 급수)〉

문제를 간단하게 하기 위해, 2차원의 회전 문제를 아래와 같이 생각해 봅니다.

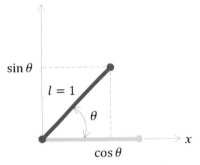

$$R = exp[S] = I + S + \frac{1}{2!}S^2 + \frac{1}{3!}S^3 + \cdots \qquad S = \begin{bmatrix} 0 & -\theta_3 & \theta_2 \\ \theta_3 & 0 & -\theta_1 \\ -\theta_2 & \theta_1 & 0 \end{bmatrix}$$

2차원에서는,

$$R = \begin{bmatrix} 1 & 0 \\ 0 & 1 \end{bmatrix} + \begin{bmatrix} 0 & -\theta \\ \theta & 0 \end{bmatrix} + \frac{1}{2!}\begin{bmatrix} -\theta^2 & 0 \\ 0 & -\theta^2 \end{bmatrix} + \frac{1}{3!}\begin{bmatrix} 0 & \theta^3 \\ -\theta^3 & 0 \end{bmatrix} + \cdots$$

$$= \begin{bmatrix} 1 - \frac{1}{2!}\theta^2 + \frac{1}{4!}\theta^4 - \cdots & -\left(\theta - \frac{1}{3!}\theta^3 + \frac{1}{5!}\theta^5 - \cdots\right) \\ \theta - \frac{1}{3!}\theta^3 + \frac{1}{5!}\theta^5 - \cdots & 1 - \frac{1}{2!}\theta^2 + \frac{1}{4!}\theta^4 - \cdots \end{bmatrix}$$

$$\therefore \quad R = \begin{bmatrix} cos\,\theta & -sin\,\theta \\ sin\,\theta & cos\,\theta \end{bmatrix} \quad \Rightarrow \text{비선형 함수} \Longleftarrow \begin{array}{l} \sin\theta = \theta - \frac{1}{3!}\theta^3 + \frac{1}{5!}\theta^5 - \cdots \\ \cos\theta = 1 - \frac{1}{2!}\theta^2 + \frac{1}{4!}\theta^4 - \cdots \end{array}$$

따라서, 벡터 a가 회전 변형으로 인해 벡터 b로 이동하는 것을 아래와 같이 표현할 수 있습니다.

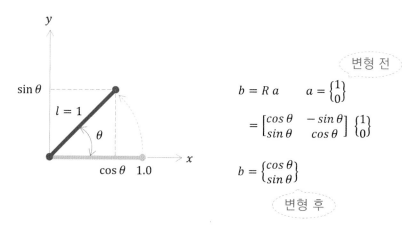

$$b = R\,a \qquad a = \begin{Bmatrix} 1 \\ 0 \end{Bmatrix}$$

$$= \begin{bmatrix} cos\,\theta & -sin\,\theta \\ sin\,\theta & cos\,\theta \end{bmatrix} \begin{Bmatrix} 1 \\ 0 \end{Bmatrix}$$

$$b = \begin{Bmatrix} cos\,\theta \\ sin\,\theta \end{Bmatrix}$$

변형 전

변형 후

〈회전 문제 – 비선형〉

선형 해석의 경우에는 어떤 계산 과정을 거치는지 살펴보겠습니다. 선형 해석에서는 변형률을 계산할 때, 선형 식만 사용합니다. 따라서 $sin(\theta)$ 대신 θ가 쓰이게 되고, $cos(\theta)$ 대신 1이 쓰입니다. 이때, 벡터 a가 회전 변형으로 인해 벡터 b로 이동하는 것을 아래와 같이 표현할 수 있습니다.

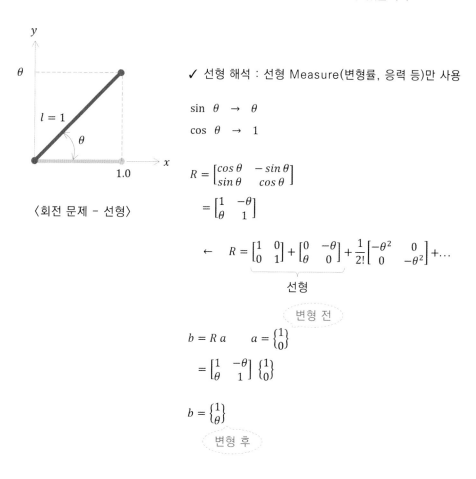

✓ 선형 해석 : 선형 Measure(변형률, 응력 등)만 사용

$$sin\ \theta\ \rightarrow\ \theta$$
$$cos\ \theta\ \rightarrow\ 1$$

$$R = \begin{bmatrix} cos\,\theta & -sin\,\theta \\ sin\,\theta & cos\,\theta \end{bmatrix}$$

$$= \begin{bmatrix} 1 & -\theta \\ \theta & 1 \end{bmatrix}$$

$$\leftarrow \quad R = \underbrace{\begin{bmatrix} 1 & 0 \\ 0 & 1 \end{bmatrix} + \begin{bmatrix} 0 & -\theta \\ \theta & 0 \end{bmatrix}}_{\text{선형}} + \frac{1}{2!}\begin{bmatrix} -\theta^2 & 0 \\ 0 & -\theta^2 \end{bmatrix} + \dots$$

변형 전

$$b = R\,a \qquad a = \begin{Bmatrix} 1 \\ 0 \end{Bmatrix}$$

$$= \begin{bmatrix} 1 & -\theta \\ \theta & 1 \end{bmatrix} \begin{Bmatrix} 1 \\ 0 \end{Bmatrix}$$

$$b = \begin{Bmatrix} 1 \\ \theta \end{Bmatrix}$$

변형 후

〈회전 문제 – 선형〉

각 방법에 따른 해석 결과를 비교해 보겠습니다. 그림은 방진의 목적으로 사용되는 고무 부싱(bush-ing)입니다. 외측 파이프가 고정되고, 내측 파이프에 45° 회전 변위를 부여할 때, 선형 해석 결과와 비선형 해석 결과의 차이를 보겠습니다.

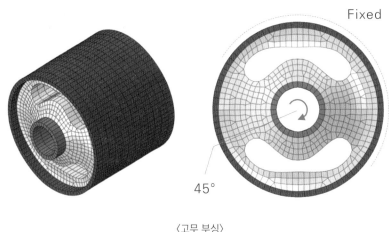

〈고무 부싱〉

아래 그림의 왼쪽은 비선형 해석 결과이고, 현실에서의 기하학적 비선형이 반영된 결과입니다. 그림의 오른쪽은 선형 해석 결과이고, 내측 파이프의 변형이 이상한 것을 확인할 수 있습니다.

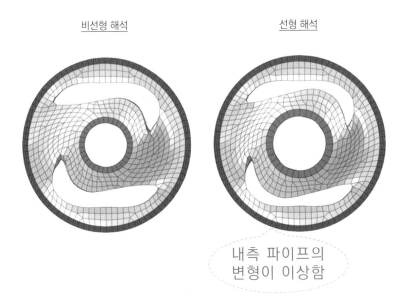

〈고무 부싱 – 선형 해석과 비선형 해석〉

☑ 요소 밀도에 기인한 문제

유한 요소 해석은 근사 해를 구하는 수치 해석 방법입니다. 무한 개수의 요소를 써서 해석 모델을 만들지 못하고 유한 개수의 요소로 해석 모델을 만들기 때문에 발생하는 몇 가지 문제가 있습니다. 유한 요소 해석의 격자(mesh)에 기인한 수치적 문제에 대해 검토해 보겠습니다. 여기에는 이산화된 형상 에러(discretization error)와 요소 수렴성 에러(mesh convergence error)가 있습니다.

먼저 이산화된 형상 에러는 해석 모델이 실제 형상을 표현하지 못함에 기인하는 오차를 의미합니다. 아래 그림은 요소 크기를 달리하여 동일한 파트의 해석 모델을 나타낸 것입니다. 해석 모델의 형상이 실제를 반영하지 못하는 경우가 있고, 각각의 해석 결과 역시 달라지는 것을 알 수 있습니다. 실제 solving 작업에 앞서, 해석 모델이 관심 부위를 충분히 조밀하게 표현하고 있는지 확인이 필요합니다.

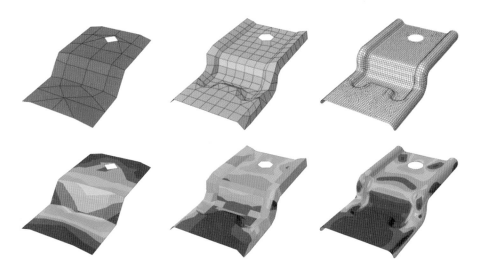

〈유한 요소 격자 크기에 따른 해석 모델과 해석 결과〉

요소 수렴성 에러는 요소 밀도가 충분하지 못해서 생기는 오차를 의미합니다. 다음 그림에서 보여주고 있는 것은 빔 구조의 고유 진동수 해석 결과입니다. 3가지 다른 요소와 3가지 다른 요소 밀도를 갖고 해석 모델을 구성한 결과를 나타냈습니다. 요소 밀도가 부족한 경우, 잘못된 판단을 할 수 있음을 알려 주고 있습니다. 요소 밀도에 기인한 문제는 사전에 대비할 수 있으므로, 이런 에러가 발생하지 않도록 하는 것이 좋습니다. 이를 위해, 더 조밀한 격자 모델의 해석 결과가 기준 모델의 결과와 차이가 있는지 확인할 필요가 있습니다.

	요소 종류		
	C3D8	C3D8R	C3D8I
성긴 요소 밀도 모델 (10 x 1 x 1)	1,197 Hz	42.2 Hz	406.6 Hz
중간 요소 밀도 모델 (20 x 4 x 4)	765.9 Hz(-36.0%)	401.6 Hz(852%)	413.6(1.72%)
조밀한 요소 밀도 모델 (40 x 8 x 8)	531.1 Hz(-30.7%)	412.6 Hz(2.74%)	415.4(0.435%)

※ 괄호%는 윗쪽 결과 대비 변화율

〈요소 종류 및 밀도에 따른 고유 진동수 및 모드 형상〉

☑ 참고 사항

3차원 연속체 요소의 경우, 형상(육면체, 사면체, 3각기둥, 피라미드 등)과 수식화 방법에 따라 여러 요소가 있습니다. 〈함께하기 04〉에서 Element Type 창을 열어 요소 종류를 선택해 보았습니다. 앞 테이블의 결과는 육면체 요소 중 3개 종류의 결과입니다. C3D8은 유한 요소법 이론의 가장 기본적인 함수만으로 수식화된 요소입니다. C3D8R은 감차 적분(reduced integration) 요소로, 요소 내부의 응력을 계산할 때 차수를 줄여 구하는 방법입니다. 일반적으로 많이 쓰이는 요소이나, 요소 밀도가 너무 적으면, 테이블의 결과와 같이 요소 밀도에 대한 값의 차이가 커질 수 있습니다. C3D8I는 요소 내부의 함수에 비적합 모드(incompatible mode)로 불리는 2차 함수를 추가하여, 요소가 표현할 수 있는 변형의 범위를 확장한 것입니다.

어떤 요소를 사용하고, 요소 밀도는 어느 정도로 해야 하는지 등을 결정하기 위해서는 몇 번의 파라미터 스터디가 필요합니다. 산업 현장에서는 유사한 해석이 반복되는 경우가 많은데, 이런 해석들이 항상 일관된 결과를 주기 위해서는 반드시 이와 같은 파라미터에 대한 검토가 필요합니다.

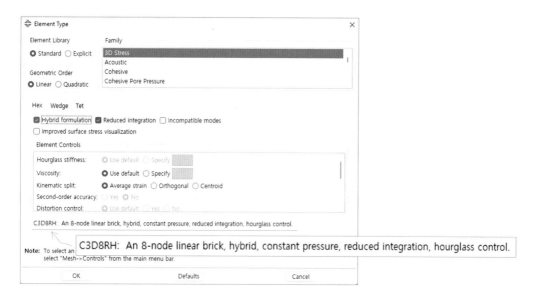

〈요소 선택 창〉

☑ 요소 수렴성을 확인할 수 있는 팁

응력과 같은 field 결과를 출력하여 색상 밴드를 확인하는 것이 좋습니다. 한 요소에 너무 많은 색상 밴드가 있다는 것은 한 요소에서의 field 값의 변화가 크다는 것을 의미합니다. 이때, 좀 더 조밀한 요소 밀도를 갖는 해석 모델을 만들어 field 값이 수렴하는 상태인지 확인해야 합니다.

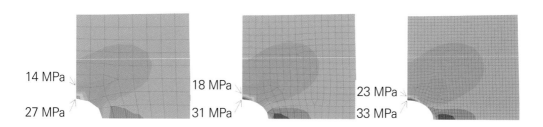

〈요소 밀도에 따른 관심 요소에서의 응력 차이〉

☑ 후처리 방법에 의한 차이

결과 파일(odb)은 동일하지만, 후처리 방법에 의해서도 값의 차이를 보여주는 경우가 있습니다. Abaqus에서의 대표적인 field 결과의 출력 방법(contour)으로 banded과 quilt가 있습니다. 다음 그림에 서로 다른 요소를 사용한 2가지 결과 파일을 banded와 quilt로 field 결과를 출력한 것을 나타냈습니다.

요소 선택	후처리 옵션	
	Banded Plot	Quilt Plot
CPS4I (평면 응력 –추가 모드)	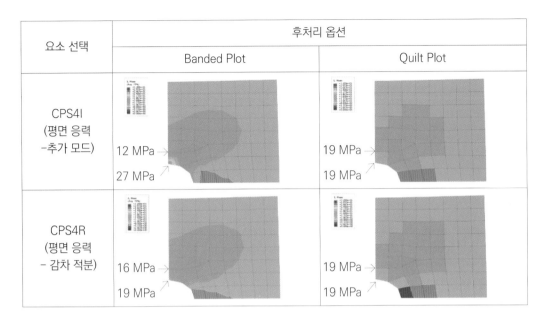 12 MPa → 27 MPa →	19 MPa → 19 MPa →
CPS4R (평면 응력 – 감차 적분)	16 MPa → 19 MPa →	19 MPa → 19 MPa →

〈후처리 방법에 의한 차이〉

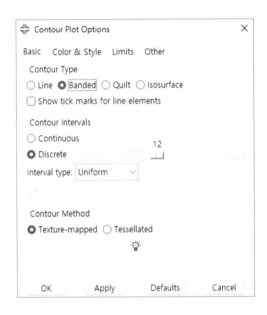

〈Field output 출력 방법〉

08 선형 해석과 비선형 해석

방진 고무 부품(부싱)으로 선형 해석과 기하학적 비선형 해석을 진행하여 두 방법의 차이를 살펴보겠습니다.

부품의 변형 경로에 따른 시나리오를 구성하여, 여러 단계(step)의 해석을 진행해 봅니다.

해석 모델 ⟶ 억지 끼워 맞춤 → 선형 강성 해석 ⟶ 비선형 해석

〈고무 부싱의 해석 시나리오〉

☑ 억지 끼워 맞춤

결합 상대 파트의 내경이, 끼워 맞추고자 하는 파트의 외경보다 작아 압입으로 두 파트를 결합하는 방법입니다.

이 예제에서는 부싱 파트의 외경을 반경 방향으로 줄이는 조건으로 억지 끼워 맞춤에 대한 효과를 반영합니다.

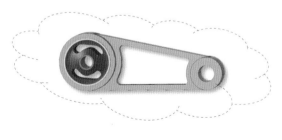

〈억지 끼워 맞춤〉

❶ Abaqus/CAE 실행

❷ 모델(FE mesh) 불러오기

　모델 트리의 Models를 선택하고, 마우스 오른쪽 버튼을 이용하여 LinkBushingMesh.inp을 import합니다.

❸ Material 검토

　모델 트리의 Materials 아래를 펼쳐봅니다.

　내측 및 외측 파이프와는 철강 재질이 부여되었고, 고무 재질은 〈함께하기 06〉에서 사용한 물성이 적용되었습니다.

❹ Assembly 모델 검토

　모델 트리의 Assembly 아래를 펼쳐봅니다.

　이미 Instances가 정의되어 있습니다.

❺ Rigid Body 설정

　내측 파이프는 Rigid Body로 만들어, 마스터 포인트로 대표하려고 합니다. 이를 위해 우선 Reference 포인트를 생성합니다.

　메인 메뉴의 Tools-Reference point를 선택합니다.

　화면 하단의 좌표 입력 창에, '0, 0, 0'을 입력하고 엔터키를 누릅니다.

　모델 트리의 Assembly를 펼치고, Sets를 더블 클릭합니다.

　Reference 포인트에 'N_INR' 이름을 부여합니다.

　모델 트리의 Constraints를 더블 클릭합니다.

　Create Constraint 창에서, Type으로 Rigid body를 선택하고 Continue 버튼을 누릅니다.

　Edit Constraint 창에서 Body(elements)를 선택하고, Edit selection 아이콘(화살표)을 클릭합니다.

　화면 하단의 Sets 버튼을 클릭하여 Region Selection 창을 연 후, PART-1-1.E_INR를 선택하고 Continue 버튼을 누릅니다.

　Edit Constraint 창에서 Reference Point 항목의 Edit selection 아이콘(화살표)을 클릭합니다.

　화면 하단의 Sets 버튼을 클릭하여 Region Selection 창을 연 후, N_INR를 선택하고

Continue 버튼을 누릅니다.

Edit Constraint 창의 OK 버튼을 누릅니다.

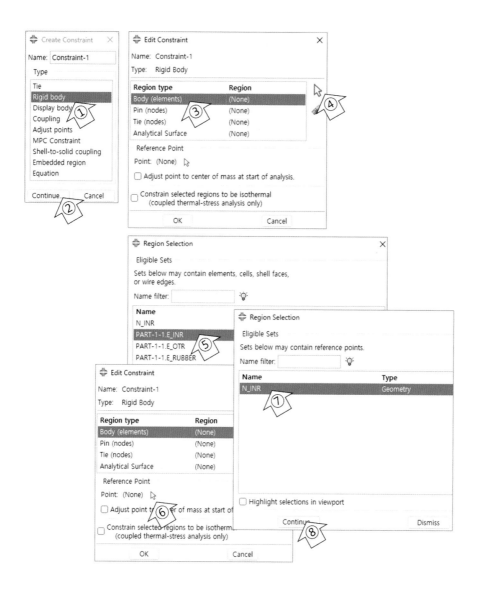

⑥ 좌표계 생성

경계 조건을 국지 좌표계의 반경 방향으로 부여하기 위한 원통형 국지 좌표계를 생성하려고 합니다.

메인 메뉴의 Tools-Datum을 선택합니다.

Create Datum 창이 열리면, Type 항목에 CSYS를 선택하고 Method로 3 points를 선택합니다.

Create Datum CSYS 창에서 Cylindrical을 선택하고 Continue 버튼을 누릅니다. (원통형 좌

표계 생성)

화면 하단의 원점 입력창에, '0, 0, 0'을 입력하고 엔터키를 누릅니다.

화면 하단의 좌표 입력창에, '1, 0, 0'을 입력하고 엔터키를 누릅니다.

화면 하단의 좌표 입력창에, '1, 0, 1'을 입력하고 엔터키를 누릅니다.

화면에 원통형 좌표계가 생성된 것을 확인합니다.

Assembly 모델 구성시에 만들어진 좌표계는 화면에서 표시하지 않으려고 합니다.

모델 트리의 Assembly 아래를 펼치고, Features 아래의 Datum csys-1을 선택합니다.

마우스 오른쪽 버튼을 이용하여 Suppress를 선택합니다.

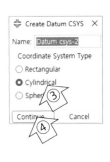

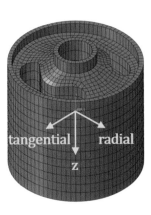

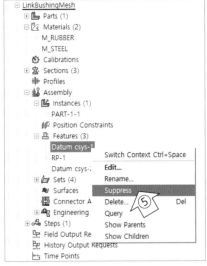

❼ Step 생성

모델 트리의 Steps를 더블 클릭합니다.

Create Step창에서, Procedure type 항목에 General을 선택하고, 하위 메뉴의 Static,

General을 선택합니다.

Continue 버튼을 누릅니다.

Edit Step 창에서 NIgeom 항목은 On을 선택합니다.

Edit Step 창에서 Incrementation 탭에, Maximum number of increments는 1000으로, Initial Increment size는 0.1로 입력하고 OK 버튼을 누릅니다.

❽ 경계 조건 설정

외측 파이프의 바깥 면의 모든 절점을 구속하려고 합니다.

모델 트리의 BCs를 더블 클릭합니다.

Create Boundary Condition 창에서, Step 항목은 Step-1을 선택하고, Types for Selected Step 항목은 Displacement/Rotation을 선택합니다.

Continue 버튼을 누릅니다.

화면 하단의 Choose type of region 항목에 Mesh 버튼을 클릭합니다.

화면 하단의 Select regions for the boundary condition 목록의 by angle을 선택합니다.

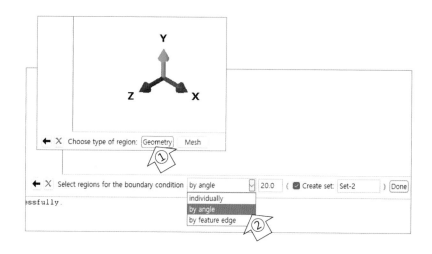

화면상에 외측 파이프의 가장 바깥 면의 임의의 절점에 마우스를 위치한 후 클릭합니다. (부싱 파트의 외경 전체의 절점이 선택됩니다.)

화면 하단의 Done 버튼을 누릅니다.

Edit Boundary Condition 창에서, CSYS 항목의 Edit 버튼(화살표)를 클릭합니다.

화면 하단의 Datum CSYS List 버튼을 클릭합니다.

Datum CSYS List 창에서 Datum csys-2를 선택하고 OK 버튼을 누릅니다.

U1, U2, U3, UR1, UR2, UR3 모두 체크합니다.

U1 항목에 '−1'을 입력합니다. (반경 방향 −1 부여(수축))

OK 버튼을 누릅니다.

⑨ Job 생성 및 Submit

⑩ 결과 검토

⑪ Step 설정

모델 트리의 Steps를 더블 클릭합니다.

Create Step 창에서, Procedure type 항목으로 Linear perturbation을 선택하고, 하위 목록에서 Static, Linear perturbation을 선택합니다.

Continue 버튼을 누릅니다.

OK 버튼을 누릅니다.

☑ Linear perturbation 해석은, 현재 단계(비선형 경로인 Step-1의 종료 시점)의 선형 강성을 보기 위한 해석입니다.

☑ 대표적인 perturbation 해석으로, 지금과 같은 정적 perturbation 해석과, 고유 진동수 해석(Frequency Extraction Analysis)이 있습니다.

⑫ 경계 조건 설정

모델 트리의 BCs를 선택하고, 마우스 오른쪽 버튼을 이용하여 Manager를 선택합니다.

Step-1의 경계 조건이 유지되는 것을 확인합니다.

Dismiss 버튼을 누릅니다.

⑬ 하중 조건 설정

내측 파이프의 마스터 절점(N_INR)에 모멘트 100,000 Nmm를 부여하려고 합니다.

모델 트리의 Loads를 더블 클릭합니다.

Create Load 창에서, Types for Selected Step 항목에 Moment를 선택하고 Continue 버튼을 누릅니다.

화면 하단의 Sets 버튼을 클릭합니다. (Region Selection 창을 열기 위해서 입니다.)

Region Selectin 창에서, N_INR를 선택하고 Continue 버튼을 누릅니다.

Edit Load 창에서, CM2 항목에 100000을 입력하고 OK 버튼을 누릅니다.

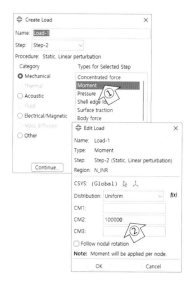

⑭ Job Submit

⑮ 결과 검토

Step-1은 비선형 해석 결과로, 외측 파이프의 바깥면이 억지 끼워 맞춤으로 1.0만큼 반경이 줄어 들었습니다.

Step-2는 선형 perturbation 해석으로, Step-1 상태에서의 선형 강성을 보는 것입니다. 내측 파이프에 모멘트를 부여했는데, 결과로써 나오는 변형이 실제와 부합하는지 확인합니다.

Common Options 아이콘을 클릭합니다.
Deformation Scale Factor 항목(변형 스케일)을 1.0으로 설정합니다.

화면 하단에서 Step-2의 Step Time을 확인하기 바랍니다. Perturbation 해석은 순간의 강성을 해석하는 것을 강조하기 위해, 매우 작은 시간을 표시하고 있습니다.

⑯ Step 추가

모델 트리의 Steps를 더블 클릭합니다.
Create Step창에서, Procedure type 항목에 General을 선택하고, 하위 메뉴의 Static, General을 선택합니다.
Continue 버튼을 누릅니다.
Edit Step 창에서 Nlgeom 항목은 On이 선택되어 있는 것을 확인합니다.
Edit Step 창에서 Incrementation 탭에, Maximum number of increments는 1000으로, Initial Increment size는 0.1로 입력하고 OK 버튼을 누릅니다.
☑ 이번 Step(Step-3)의 초기 조건은 Step-1의 종료 시점입니다. 즉, Step-3은 Step-1에서 이어지는 해석입니다. Perturbation 해석은 비선형 경로상에 영향을 미치지 않습니다.

⑰ 경계 조건 설정

모델 트리의 BCs를 선택하고, 마우스 오른쪽 버튼을 이용하여 Manager를 선택합니다.
Step-1의 경계 조건이 유지되는 것을 확인합니다.
Dismiss 버튼을 누릅니다.

⑱ 하중 조건 설정

내측 파이프의 마스터 절점(N_INR)에 모멘트 100,000 Nmm를 부여하려고 합니다.

모델 트리의 Loads를 더블 클릭합니다.

Create Load 창에서, Types for Selected Step 항목에 Moment를 선택하고 Continue 버튼을 누릅니다.

화면 하단의 Sets 버튼을 클릭합니다.

Region Selectin 창에서, N_INR를 선택하고 Continue 버튼을 누릅니다.

Edit Load 창에서, CM2 항목에 100000을 입력하고 OK 버튼을 누릅니다.

⑲ Job Submit

⑳ 결과 검토

Step-1은 비선형 해석 결과로, 외측 파이프의 바깥면이 억지 끼워 맞춤으로 1.0만큼 반경이 줄어 들었습니다.

Step-2는 선형 perturbation 해석으로, Step-1 상태에서의 선형 강성을 보는 것입니다. 내측 파이프에 모멘트를 부여했는데, 결과로써 나오는 변형이 실제와 부합하는지 확인합니다.

Step-3는 기하학적 비선형 해석으로, Step-1의 종료 시점으로부터 이어지는 해석입니다. 따라서 억지 끼워 맞춤 후에, 축 방향 비틀림 하중이 부여된 것입니다. 결과로써 나오는 변형이 실제에 부합하는지 확인합니다.

메인 메뉴의 Result-Step/Frame을 선택합니다.

Step-1의 마지막 시점(increment 6)과 Step-3의 처음 시점(increment 0)을 확인해 봅니다. 해석 단계(step)의 기준이 되는 처음 시점을 알 수 있습니다.

파일을 저장합니다. (bushing.cae)

해석 모델 ⟶ 억지 끼워 맞춤 → 선형 강성 해석 ⟶ 비선형 해석

〈여러 파트 중 일부 파트의 contour 결과만 그리는 방법〉

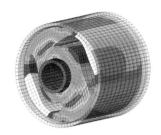

상단 툴 바에서 Display Group 아이콘을 클릭합니다.

일부 파트만 선택하여 화면에 나타내게 합니다.

상단 툴 바의 Toggle Global Translucency 아이콘을 클릭합니다.

아이콘 옆의 투명도 조절 막대를 이용하여 투명도를 조절합니다.

Overlay Plot Layer Manger를 클릭합니다.

Overlay Plot Layer Manager의 Create 버튼을 누릅니다.

Create Viewport Layer 창의 OK 버튼을 누릅니다.

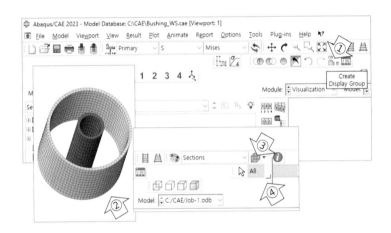

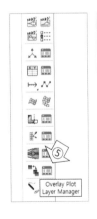
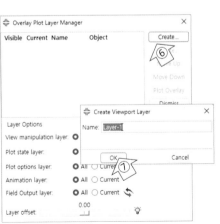

Display Group 아이콘을 이용하여, Contour를 표시하려는 파트만 화면에 나타나게 합니다.

Plot Contours on Deformed Shape 아이콘을 클릭합니다.

상단 툴 바의 Toggle Global Translucency 아이콘을 클릭하여 투명도 활성화 여부를 선택합니다.

Overlay Plot Layer Manger를 클릭합니다.

Overlay Plot Layer Manager의 Create 버튼을 누릅니다.

Create Viewport Layer 창의 OK 버튼을 누릅니다.

Overlay Plot Layer Mange창에서, 앞에서 저장한 Layer-1을 선택하고 Plot Overlay 버튼을 누릅니다.

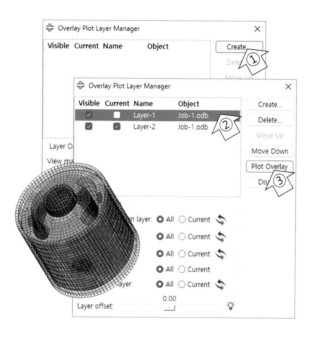

09

컨트롤암의 좌굴 해석

컨트롤암의 축 방향 좌굴 해석을 진행합니다. 탄소성 재질로 소성 물성 데이터를 입력해 보고, 축 방향의 경계 조건을 부여해 봅니다.

〈컨트롤암의 좌굴 해석〉

❶ Abaqus/CAE 실행

❷ CAD 파일 가져오기

모델 트리의 Parts를 선택하고, 마우스 오른쪽 버튼을 이용하여 Import를 선택합니다.

Import Part 창에서 File Filter를 STEP(*.stp*,*.step*)으로 변경한 뒤, 'control_arm.stp' 파일을 선택 후 OK 버튼을 누릅니다.

Create Part from STEP File 창에서 Part Filter 항목들 중 'Combine into single part'를 체크 후 OK 버튼을 클릭합니다.

Warning 메시지가 나타나면 Dismiss 버튼을 클릭합니다.

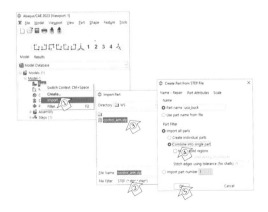

❸ 재질 물성 정의

모델 트리에서 Materials를 더블 클릭합니다.

알루미늄의 재질 물성으로, Name 항목에 이름으로 'M_AL'을 입력합니다.

Material Behaviors 항목으로 Mechanical-Elasticity-Elastic을 선택 후, 그림과 같은 물성을 입력합니다. (E=70000, v=0.33)

Mechanical-Plasticity-Plastic을 선택 후, 그림과 같은 물성을 입력합니다.

OK 버튼을 누릅니다.

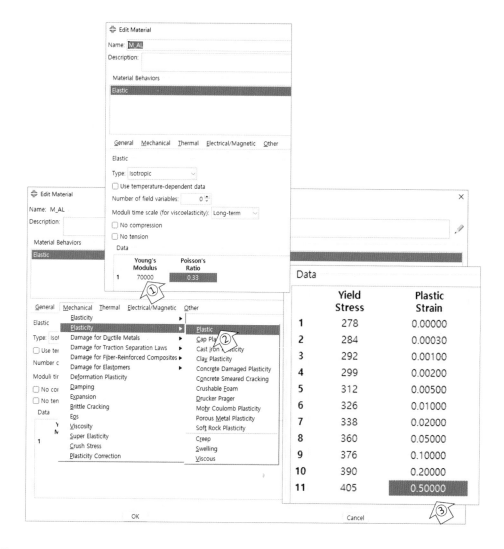

❹ Section 생성

모델 트리의 Sections를 더블 클릭합니다.

Create Section 창에서 Name 항목에 'CHANNEL'을 입력하고, Category에서 Shell을 선택

후 Continue 버튼을 클릭합니다.

　Edit Section 창에서 Shell Thickness 항목의 값을 2.0을 입력하고 OK 버튼을 누릅니다.

　동일한 방법으로 Shell Thickness가 3.0 두께인 'PIPE' section을 생성합니다.

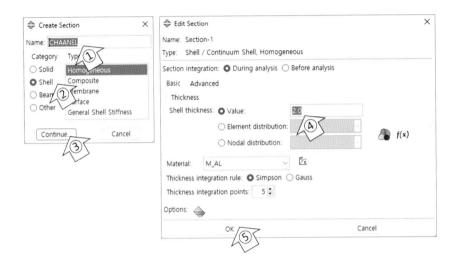

⑤ Section Assignment

　모델 트리의 Parts를 펼치고 Section Assignments를 더블 클릭합니다.

　Viewport 창에서 파트의 중심부를 선택합니다. (마우스 왼쪽 버튼+마우스 드래그)

　화면 하단의 Done 버튼을 누릅니다.

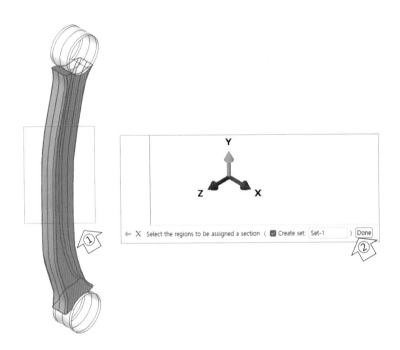

Edit Section Assignment 창에서 Section 항목을 앞서 만든 'CHANNEL'을 선택한 후 OK 버튼을 클릭합니다.

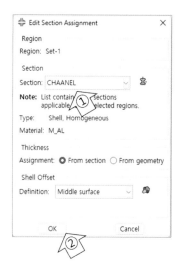

다시 한번 Section Assignments를 더블 클릭합니다.

Viewport 창에서 파이프 면을 모두 선택합니다. (Shift키+마우스 왼쪽 버튼+마우스 드래그)

화면 하단의 Done 버튼을 누릅니다.

Edit Section Assignment 창에서 Section 항목을 앞서 만든 'PIPE'을 선택한 후 OK 버튼을 클릭합니다.

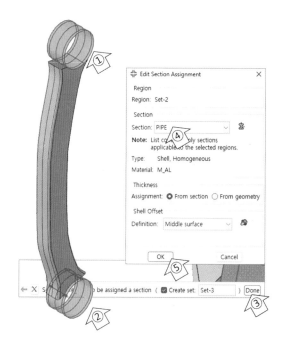

⑥ Assembly 모델 구성

모델 트리의 Assembly를 펼치고 Instances를 더블 클릭합니다.

OK 버튼을 누릅니다.

⑦ Reference 포인트 생성

두 파이프는 각각의 중심에서 마스터 포인트 한 점으로 대표하여 나타내려고 합니다. 파이프의 변형을 무시할 수 있으면 Kinematic Coupling 기능을 이용하여 한 점의 자유도로 파이프 전체의 운동을 모사할 수 있습니다. 이를 위해 먼저, 파이프의 중심에 Reference point를 생성합니다.

메인 메뉴의 Tools-Reference Point를 선택합니다.

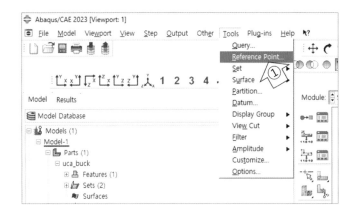

그림과 같이 파이프의 중심 포인트를 클릭합니다. Reference 포인트가 생성됩니다.

나머지 파이프의 중심 포인트에도 Reference 포인트를 생성합니다.

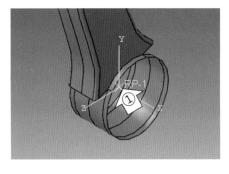

⑧ Set 생성

두 개의 포인트에 이름을 부여하려고 합니다.

모델 트리의 Assembly를 펼치고, Sets를 더블 클릭합니다.

Create Set 창이 열리면, Name 항목에 'N_INR'을 입력하고 Continue 버튼을 클릭합니다.

화면상에서, y 축 안 쪽 파이프의 Reference 포인트를 선택한 후, 화면 하단의 Done 버튼을 누릅니다

비슷하게 y 축 바깥 쪽 파이프의 Reference 포인트를 'N_OTR'의 이름으로 Set을 만듭니다.

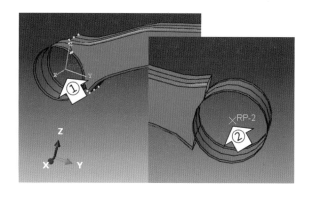

❾ Constraint 설정

모델 트리의 Constraints를 더블 클릭합니다.

Create Constraint 창에서 Type을 'Coupling'으로 선택하고 Continue 버튼을 누릅니다.

마스터 포인트를 지정하기 위해, 화면 하단의 Sets 버튼을 누르고, N_INR를 선택하고 Continue 버튼을 누릅니다.

종속면을 지정하기 위해, 화면 하단의 Surface를 선택합니다.

화면 하단의 Select regions for the surface 목록 중 'by angle'을 선택합니다. (Region Selection 창이 열리면 Dismiss를 눌러야 화면상의 Surface를 선택할 수 있습니다.)

화면상의 Pipe를 선택하고, 화면 하단의 Done 버튼을 누릅니다.

화면 하단에 면의 방향에 대한 색상 선택 메뉴에서 'Brown' 버튼을 누릅니다. (현재는 면의 방향은 중요하지 않습니다.)

Edit Constraint 창의 OK 버튼을 누릅니다.

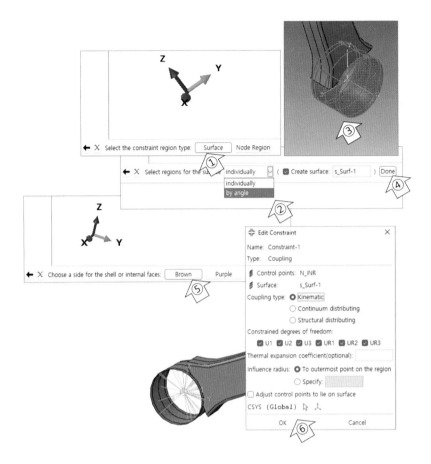

비슷하게 나머지 PIPE 부분도 Kinematic Coupling으로 한 점(N_OTR)으로 대표시킵니다.

❿ 국지 좌표계 생성

링크 구조의 축 방향 압축 강도를 평가하기 위하여, 두 파이프의 중심을 연결하는 방향으로 경계 조건을 부여하기 위해 국지 좌표계를 생성하려고 합니다.

메인 메뉴의 Tools-Datum을 선택합니다.

Create Datum 창에서 Type 항목에 CSYS를 선택하고, Method는 3 points를 선택합니다.

Create Datum CSYS 창의 Continue 버튼을 누릅니다.

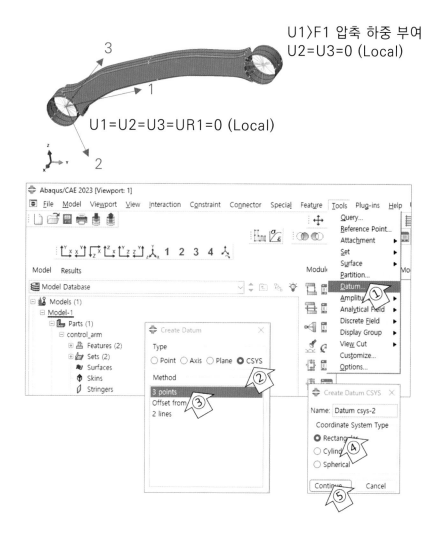

화면상에서 아래와 같이 3점을 순서대로 선택(클릭)합니다.

모델 트리의 Features를 펼치고, Assembly 단계에서 이미 만들어진 좌표계는 마우스 오른쪽 버튼을 이용하여 Suppress 시킵니다.

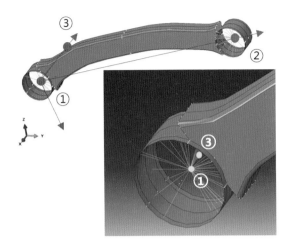

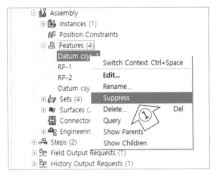

⑪ Step 설정

모델 트리의 Steps를 더블 클릭합니다.

Procedure로 Static, General을 선택하고 Continue 버튼을 누릅니다.

NIgeom 항목은 On을 선택합니다.

Edit Step 창의 Incrementation 탭에서, Maximum number of increments에 '1000'을 입력합니다.

Initial Increment size에 0.05를 입력하고 OK 버튼을 누릅니다.

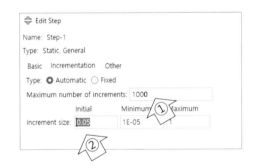

⑫ 경계 조건 설정

모델 트리의 BCs를 더블 클릭합니다.

Create Boundary Condition 창에서, Step은 Step-1을 선택하고, Types for Selected Step은 Displacement/Rotation을 선택합니다.

Continue 버튼을 누릅니다.

Region Selection 창에서 N_INR를 선택하고 Continue 버튼을 누릅니다. (Region Selection 창은 화면 하단의 Sets 버튼을 클릭하여 활성화할 수 있습니다.)

Edit Boundary Condition 창의 CSYS 항목의 Edit 아이콘(화살표 모양)을 클릭합니다.

화면 하단의 Datum CSYS List 버튼을 클릭합니다.

원하는 국지 좌표계를 선택하고 OK 버튼을 누릅니다.

Edit Boundary Condition 창의 U1, U2, U3, UR1을 체크하고 OK 버튼을 누릅니다.

비슷하게, N_OTR 포인트에서는 국지 좌표계로 U2, U3를 구속합니다.

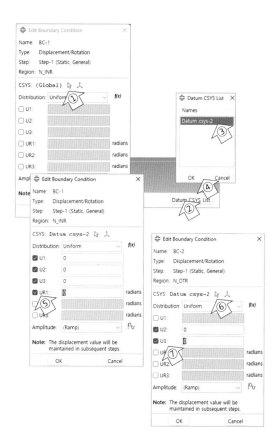

⑬ 하중 조건 설정

N_OTR 포인트에 국지 좌표계의 x 방향으로 압축 하중을 적용하려고 합니다.

모델 트리의 Loads를 더블 클릭합니다.

Create Load 창에서 Step을 확인하고, Continue 버튼을 누릅니다.

Region Selection 창에서 N_OTR를 선택하고 Continue 버튼을 누릅니다. (Region Selectin 창이 뜨지 않으면, 화면 하단의 Sets 버튼을 누릅니다.)

Edit Load 창에서, 국지 좌표계 설정을 위해 Edit 아이콘(화살표)를 클릭합니다.

화면 하단의 Datum CSYS List 버튼을 클릭합니다.

원하는 국지 좌표계를 선택하고 OK 버튼을 누릅니다.

Edit Load 창에서, CF1 항목에 '−15000'을 입력한 후, OK 버튼을 누릅니다.

⑭ Mesh

모델 트리의 Parts를 펼친 후, Mesh (Empty)를 더블 클릭합니다.

Seed Part 아이콘을 클릭합니다.

Global Seeds 창에서, Approximate global size 항목에 '5'를 입력합니다.

OK 버튼을 누릅니다.

Mesh Part 아이콘을 클릭합니다.

화면 하단의 확인 창에서 Yes 버튼을 누릅니다.

⑮ History Output 요청

모델 트리의 History Output Requests를 더블 클릭합니다.

Edit History Output Request 창에서 Domain 항목은 Set을 선택하고 'N_OTR'를 지정합니다. 시간 간격은 0.05로 지정합니다.

Output Variable로 U1, TF1을 선택합니다. (TF는 Total forces and moments로 하중과 반력을 모두 출력하는 변수입니다.)

Use global directions for vector-valued output 항목은 체크 해제합니다. (국지 좌표계로 출력하기 위함 입니다.)

OK 버튼을 누릅니다.

☑ 경계 조건 지정 시 국지 좌표계를 연결하면, 그 절점의 자유도는 국지 좌표계로 표현됩니다. 따라서 결과 출력 시, 전체 좌표계의 값인지, 국지 좌표계의 값인지의 여부를 확인해야 합니다.

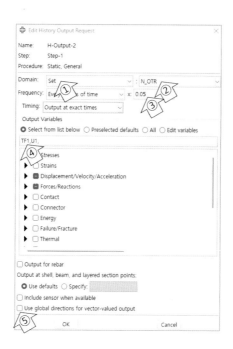

⑯ Field Output 요청

전체 모델에 대하여 U(변위), NE(공칭 변형률), E(변형률), PEEQ(등가 소성 변형률) 그리고 S(응력)을 요청합니다.

⑰ Job 생성 및 Submit

⑱ 파일 저장

⑲ 결과 검토

결과로써 나오는 F-d 곡선을 그립니다. (부호를 바꾸어 그리는 것이 편리합니다)
15,000(N)에서의 변형의 크기를 확인하여 아래 표를 완성합니다.

설계 기준	15,000N 하중에서 축 방향 변위가 10mm 이하일 것
해석 결과	

☑ Free Edge Check

Common Options 메뉴에서 Free Edges(다른 요소와 연결되지 않은 요소의 경계 선)를 선택하여, section과 section의 연결(또는 파트와 파트의 연결)에 오류가 있는지 확인합니다.

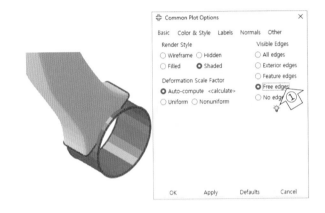

⑳ Step 추가

모델 트리의 Steps를 더블 클릭하여 Step을 추가합니다.
Procedure로 Static, General을 선택하고 Continue 버튼을 누릅니다.
Edit Step 창의 Incrementation 탭에서, Maximum number of increments에 '1000'을 입력합니다.
Initial Increment size에 0.05를 입력하고 OK 버튼을 누릅니다.

㉑ 하중 추가

Step-2에서 하중을 10% 큰 값으로 부여하려고 합니다.
모델 트리의 Loads를 더블 클릭합니다.
Create Load 창에서 Step을 확인하고, Continue 버튼을 누릅니다.

Region Selection 창에서 N_OTR를 선택하고 Continue 버튼을 누릅니다. (Region Selection 창이 뜨지 않으면, 화면 하단의 Sets 버튼을 누릅니다.)

Edit Load 창에서, 국지 좌표계 설정을 위해 Edit 아이콘(화살표)를 클릭합니다.

화면 하단의 Datum CSYS List 버튼을 클릭합니다.

원하는 국지 좌표계를 선택하고 OK 버튼을 누릅니다.

Edit Load 창에서, CF1 항목에 '-16500'을 입력한 후, OK 버튼을 누릅니다.

㉒ Job 생성 및 Submit

㉓ 결과 검토

해석 중단 시점까지의 해석 결과를 살펴봅니다.

㉔ 하중 조건 수정

Step-2에서 추가된 하중을 해제하려고 합니다.

모델 트리의 Loads를 펼치고, Load-2를 선택한 후 마우스 오른쪽 버튼을 눌러 나오는 메뉴에서 Suppress를 선택합니다.

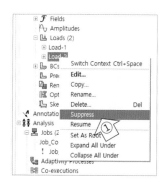

㉕ 경계 조건 추가

Step-2에서 추가된 하중을, 변위 조건으로 변경하여 부여하려고 합니다.

모델 트리의 BCs를 더블 클릭합니다.

Create Boundary Condition 창에서, Step은 Step-2을 선택하고, Types for Selected Step은 Displacement/Rotation을 선택합니다.

Continue 버튼을 누릅니다.

Region Selection 창에서 N_OTR를 선택하고 Continue 버튼을 누릅니다.

Edit Boundary Condition 창의 CSYS 항목의 Edit 아이콘(화살표 모양)을 클릭합니다.

화면 하단의 Datum CSYS List 버튼을 클릭합니다.

원하는 국지 좌표계를 선택하고 OK 버튼을 누릅니다.

Edit Boundary Condition 창의 U1을 체크하고, '-10'을 입력합니다.

OK 버튼을 누릅니다.

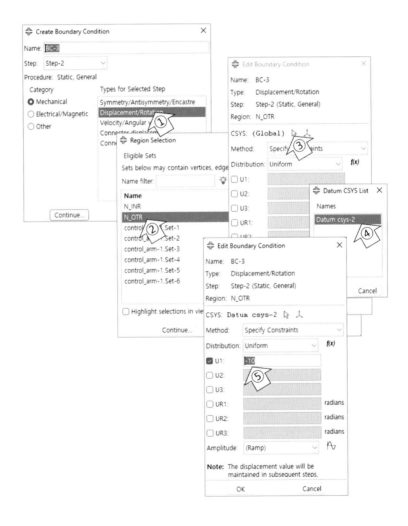

N_OTR의 경우, 경계 조건이 2번 정의되어 있습니다. 이런 경우 Boundary Condition Manger 창을 열어, 각각의 조건이 step에 따라 적절히 부여되고 있는지 확인하는 것이 좋습니다. (BC-2 는 Step-1에서 정의되어 Step-2에서 유지됩니다. BC-3은 Step-2에서 정의되었습니다.)

❷❻ Job 생성 및 Submit

❷❼ 결과 검토

N_OTR에서의 하중-변위 선도를 작성합니다.

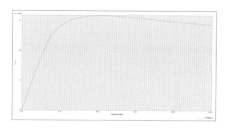

〈함께하기 09〉를 통해, 축력 15,000N 작용 시 축 방향으로 약 2.5㎜의 변형이 있음을 확인했습니다. 이때 안전율을 구하면, '4'를 얻을 수 있습니다.

설계 기준	15,000N 하중에서 축 방향 변위가 10mm 이하일 것
해석 결과	15,000N 하중에서 변위 2.5mm 안전율 : 4.0 (=10/2.5)

하지만, 우리는 좌굴 하중이 15,843(N)이 됨을 알 고 있고, 이때의 안전율은 아래와 같이 생각할 수도 있습니다. 때때로, 동일한 해석 결과를 갖고도 결론이 달라지는 상황이 생길 수 있음을 주의해야 합니다.

설계 기준	15,000N 하중에서 축 방향 변위가 10mm 이하일 것
해석 결과	15,843N에서 좌굴 하중 안전율 : 약 1.05 (=15843/15000)

☑ 하중 부여 vs 변위 부여

비선형 문제는 한 번에 해를 찾지 못하는 경우가 많습니다. 따라서 여러 단계(increment)로 나누어 단계별로 하중을 증가시키는 방법으로 해를 찾아 나갑니다. 아래 그림과 같이 하중을 부여하고 해석을 진행하는 경우를 생각해 보겠습니다. 목표로 하는 하중에 해당하는 시스템의 평형 상태가 있더라도, 평형 경로 상에서 이전의 해와 너무 멀리 떨어져 있으면, 현재의 계산 알고리즘으로는 해를 찾지 못하는 경우가 있습니다.

반면, 변위를 부여하는 경우는 좀 더 안정적인 해 찾기가 가능할 수 있습니다. 이런 이유로, 이 예제에서는 변위를 부여한 후 반력을 보았습니다.

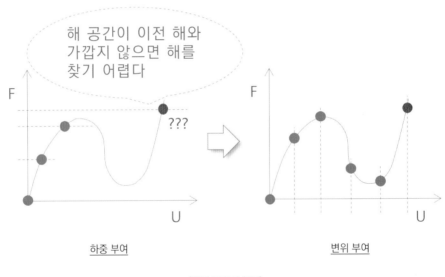

〈경계 조건의 차이〉

PART

05

선형 해석과 비선형 해석

05

선형 해석과 비선형 해석

앞 장에서 수학 모델의 한 종류로써 선형과 비선형에 대해 다루었습니다. 이 장에서는 해석에서 접하게 되는 선형 해석과 비선형 해석에 대해 알아보겠습니다.

❶ 선형 해석

세상의 모든 현상은 사실상 비선형입니다. 선형은 복잡한 현상을 다루기 쉽게 하기 위한 하나의 가정 또는 근사된 것으로 생각해야 합니다. 어떤 순간에서의 변화가 매우 작다면, 그 점에서의 변화는 선형으로 볼 수 있습니다.

비선형이 다루기 어렵고 때에 따라서는 해를 찾기가 불가능하기 때문에, 해석의 관점에서는 선형이 기본이고 비선형은 여기에 어떤 이론이나 조건을 추가하는 형식으로 만들어져 왔습니다. Abaqus는 비선형을 해석하기 위한 목적으로 설계되었지만, 세상에 존재하는 모든 비선형을 한 번에 해석할 수 있는 방법은 현재까지는 없습니다. 따라서 Abaqus도 선형 해석 모델을 기본으로 한 후, 목적에 맞는 비선형 모델을 추가하는 방법을 쓰고 있습니다.

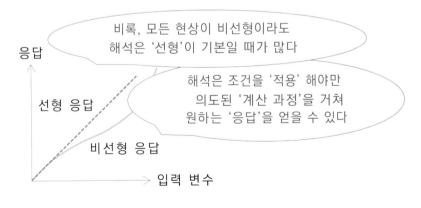

〈선형 응답과 비선형 응답〉

선형 해석의 특성을 살펴보기 위해 그림과 같은 회전 문제를 다시 생각해 보겠습니다. 2차원에서의 회전 행렬은 그림과 같이 sine 함수와 cosine 함수를 이용하여 나타낼 수 있습니다. Sine 함수와 cosine 함수를 테일러 급수를 이용하여 다항식으로 표현하면 쉽게 각 함수의 선형 항을 알 수 있습니다. 따라서 그림과 같이 선형 함수로 근사된 회전 행렬을 얻을 수 있을 것입니다.

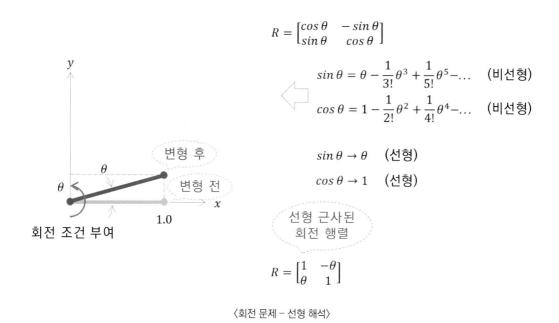

$$R = \begin{bmatrix} cos\,\theta & -sin\,\theta \\ sin\,\theta & cos\,\theta \end{bmatrix}$$

$$sin\,\theta = \theta - \frac{1}{3!}\theta^3 + \frac{1}{5!}\theta^5 - \dots \quad \text{(비선형)}$$

$$cos\,\theta = 1 - \frac{1}{2!}\theta^2 + \frac{1}{4!}\theta^4 - \dots \quad \text{(비선형)}$$

$$sin\,\theta \rightarrow \theta \quad \text{(선형)}$$

$$cos\,\theta \rightarrow 1 \quad \text{(선형)}$$

선형 근사된 회전 행렬

$$R = \begin{bmatrix} 1 & -\theta \\ \theta & 1 \end{bmatrix}$$

〈회전 문제 – 선형 해석〉

선형 해석이란 변형률이나 응력을 계산할 때, 이렇게 선형화된 식을 쓰는 것을 말합니다.

☑ 입력 하중에 대해 스케일(scaling) 및 중첩이 가능

선형 해석은 입력 하중에 대해 스케일 및 중첩이 가능한 특성이 있습니다. 다음 그림과 같이 하나의 해석 결과가 있으면, 여기에 몇 배의 입력이 있는 결과는, 기준이 되는 결과에 동일한 배수를 곱한 것과 같습니다. 동일한 개념으로 두 조건에 대한 결과는, 한 조건씩 적용한 두 결과의 합과 동일합니다. (입력 하중의 크기만 다르고 다른 조건은 동일한 경우를 말하고 있습니다.)

따라서, 때로는 하중 조건을 단순히 '1'로 부여할 때가 편리한 경우가 있습니다.

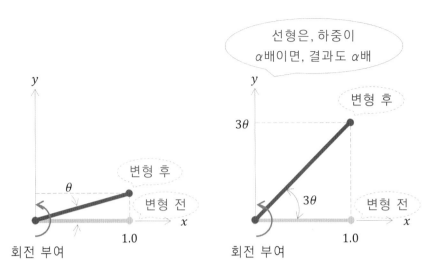

〈회전 문제 - 선형 해석〉

☑ 비선형에서의 경로 의존성

이에 비하여 비선형에서는 스케일 및 중첩이 안 되는 경우가 있습니다. 그림과 같이 x 축 회전과 y 축 회전이 순차적으로 일어나는 경우와 순서를 바꾸어, y 축 회전과 x 축 회전이 순차적으로 일어나는 경우를 생각해 봅니다. 두 경우는 완전히 다른 것을 알 수 있을 것입니다.

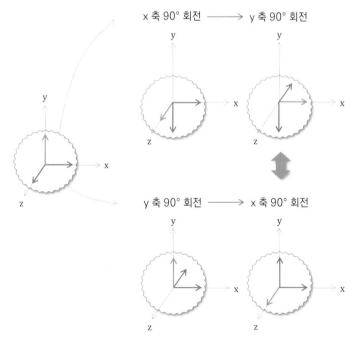

〈비선형 회전 문제 - 경로 의존성〉

위의 현상을 식을 갖고 나타내 보겠습니다. 회전 행렬은 그림의 식으로 나타낼 수 있었습니다. 두 가지 회전에 대해 회전 행렬을 구하고, 여기에 대해, 비선형 항은 무시하고 선형 항만 취해 보면 아래 그림과 같은 회전 행렬을 얻을 수 있습니다. 두 가지 회전의 회전 행렬이 선형에서는 동일함을 알 수 있습니다.

$$R = exp[S] = I + S + \frac{1}{2!}S^2 + \frac{1}{3!}S^3 + \cdots \quad S = \begin{bmatrix} 0 & -\theta_3 & \theta_2 \\ \theta_3 & 0 & -\theta_1 \\ -\theta_2 & \theta_1 & 01 \end{bmatrix}$$

x 축 90° 회전 ──────────→ y 축 90° 회전

$$R = (I + S_Y + \cdots)(I + S_X + \cdots)$$

$$\sim I + S_Y + S_X \quad = \begin{bmatrix} 1 & -\theta_1 & \theta_2 \\ \theta_1 & 1 & 0 \\ -\theta_2 & 0 & 1 \end{bmatrix}$$

y 축 90° 회전 ──────────→ x 축 90° 회전

$$R = (I + S_X + \cdots)(I + S_Y + \cdots)$$

$$\sim I + S_X + S_Y \quad = \begin{bmatrix} 1 & -\theta_1 & \theta_2 \\ \theta_1 & 1 & 0 \\ -\theta_2 & 0 & 1 \end{bmatrix}$$

회전각이 매우 작을 때만, 위 식이 성립한다

$\theta_1\theta_2 \to 0$
$\theta_1^2 \to 0$
$\theta_2^2 \to 0$
…

〈비선형 회전 문제 – 각도가 작은 경우〉

❷ 비선형의 요인

해석에서 비선형 현상을 반영하기 위해서는, 선형 해석에서 쓰는 '선형 항'에 '비선형 항'을 추가해야 합니다. 여기에는 다음과 같이 3가지 범주로 구분하여 생각할 수 있습니다.

☑ 기하학적 비선형

선형 해석의 변형은 미소 변형(infinitesimal deformation)을 가정하고 있습니다. 즉, 변형이 충분히 작아야 선형 근사가 가능한 범위에 들게 됩니다. 그림은 비선형 함수인 sine 함수와 cosine 함수에 대해, 각도별로 원래의 비선형 값과 선형 값이 어느 정도 차이를 보여주는지 나타냈습니다.

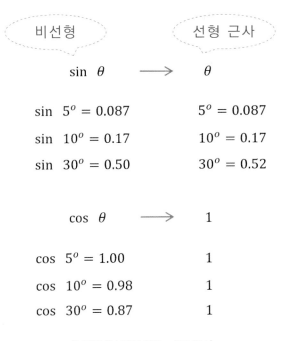

$$\sin \theta \longrightarrow \theta$$

$$\sin 5^o = 0.087 \qquad 5^o = 0.087$$
$$\sin 10^o = 0.17 \qquad 10^o = 0.17$$
$$\sin 30^o = 0.50 \qquad 30^o = 0.52$$

$$\cos \theta \longrightarrow 1$$

$$\cos 5^o = 1.00 \qquad 1$$
$$\cos 10^o = 0.98 \qquad 1$$
$$\cos 30^o = 0.87 \qquad 1$$

〈선형과 비선형의 차이 - 삼각 함수〉

아래 그림은 작은 곡률을 갖는 아치의 기하학적 비선형이 고려된 해석 결과입니다. 변형 형상과 하중-변위 선도를 나타냈습니다. 선형 해석을 하게 되면, 그림과 같이 선형 기울기로 표현되는 결과를 얻을 수 있습니다. 비선형 해석의 경우, 한 번에 풀기 어려운 점도 확인하기 바랍니다.

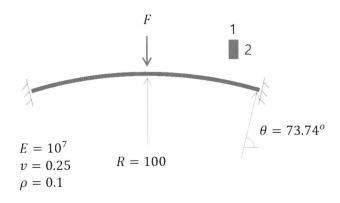

〈작은 곡률을 갖는 아치 문제〉

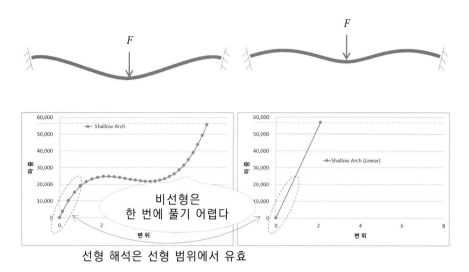

선형 해석은 선형 범위에서 유효

〈비선형 해석(왼쪽)과 선형 해석(오른쪽)〉

Abaqus/CAE에서 기하학적 비선형을 고려하기 위해서는 〈함께하기 04〉에 있었던 것과 같이 Edit Step 창에서 비선형 옵션을 선택해야 합니다.

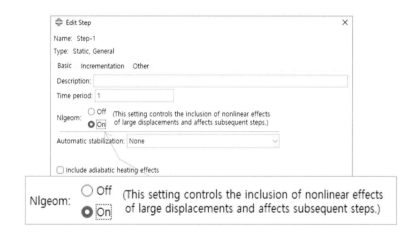

〈기하학적 비선형 해석 옵션〉

☑ 재료 비선형

재질의 응력-변형률 관계가 선형으로 표현되지 않는 경우를 말합니다. 〈PART 02〉에서의 Hooke's law는 응력-변형률의 선형 관계를 보여주고 있습니다. 변형이 작은 범위에서는 충분히 합리적인 가정입니다. 그러나 탄소성 재질이나 초탄성(Hyperelastic) 재질 등은 대변형을 전제로 할 경우가 많고, 그 때의 전체적인 응력-변형률 관계는 선형 함수로는 표현되지 못합니다.

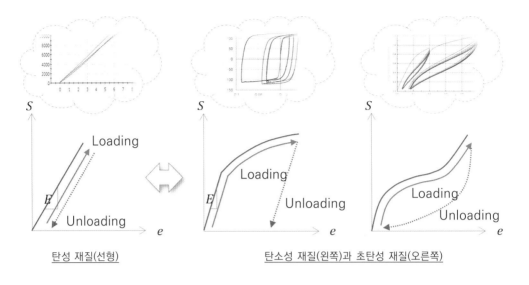

| 탄성 재질(선형) | 탄소성 재질(왼쪽)과 초탄성 재질(오른쪽) |

〈재료 비선형〉

Abaqus에서는 해석 대상 파트의 재질 물성으로, 비선형 재질 특성이 입력되어 있으면 재료 비선형
이 반영됩니다.

☑ 경계 비선형

이 경우는 해석 진행 중에 접촉(contact, interaction) 조건이 추가되는 경우를 말합니다. 해석 진
행에 따라 경계에서의 접촉으로 인해 결과적으로 시스템 행렬이 바뀌고 하중과 경계 조건이 바뀌는 상
황을 의미합니다.

〈스프링-캠(cam)-태핏(tappet) 시스템의 접촉 해석〉

접촉 조건을 아래와 같이 3가지 조건으로 기술해 볼 수 있습니다.

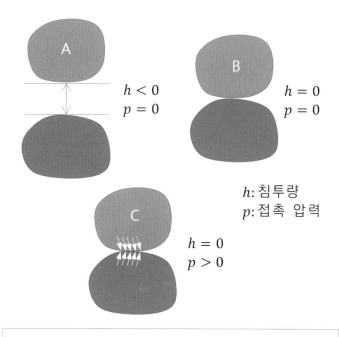

$h < 0$
$p = 0$

$h = 0$
$p = 0$

h: 침투량
p: 접촉 압력

$h = 0$
$p > 0$

접촉에 대한 수학적 조건

① 두 물체간 서로 침투할 수 없다
② 수직 접촉력은 인장 성분을 가질 수 없다
③ 접촉 간극과 수직 접촉력 중 하나는 반드시 0

〈접촉에 대한 수학적 조건〉

이것을 수식으로 표현하면 그림과 같이 나타낼 수 있습니다. 이 식이 선형 식이 아님을 알 수 있습니다.

$h \leq 0$
$p \geq 0$
$p \cdot h = 0$

접촉에 대한 수학적 조건

① 두 물체간 서로 침투할 수 없다
② 수직 접촉력은 인장 성분을 가질 수 없다
③ 접촉 간극과 수직 접촉력 중 하나는 반드시 0

〈접촉에 대한 수학적 조건〉

접촉이 일어나서 두 경계면 사이의 상대 운동이 있으면 슬립(slip)과 마찰력이 생깁니다. 마찰에 대해서도 현상을 기술하고 이를 수식으로 표현하면 그림과 같이 나타낼 수 있습니다. 결과로써 표현되는 수식이 선형 식이 아님을 알 수 있습니다.

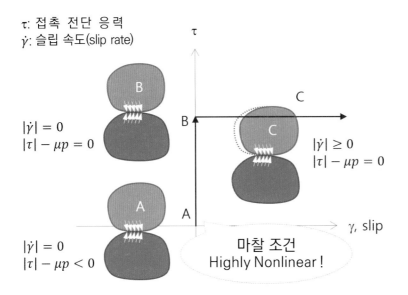

τ: 접촉 전단 응력
$\dot{\gamma}$: 슬립 속도(slip rate)

$|\dot{\gamma}| = 0$
$|\tau| - \mu p = 0$

$|\dot{\gamma}| = 0$
$|\tau| - \mu p < 0$

$|\dot{\gamma}| \geq 0$
$|\tau| - \mu p = 0$

마찰 조건
Highly Nonlinear !

$|\dot{\gamma}| \geq 0$
$|\tau| - \mu p \leq 0$
$|\dot{\gamma}| \, (|\tau| - \mu p) = 0$

마찰 접촉에 대한 수학적 조건

① 마찰에 의해 슬립 발생

② 마찰 응력은 임계 마찰력(마찰 계수x표면 압력) 보다 작다

③ 마찰 응력이 임계 마찰력과 같으면 슬립 발생
   마찰 응력이 임계 마찰력보다 작으면 슬립되지 않음

〈마찰에 대한 수학적 조건〉

Abaqus에서는 접촉 조건과 마찰 조건을 명시해야만 경계 비선형을 고려할 수 있습니다. Contact Property에서 접촉 특성이나 마찰 관계를 먼저 설정한 후, 해석 시나리오(step)에 따라 다양한 접촉 기법(interaction 설정)을 적용할 수 있습니다. (이 책에서는 간단한 접촉 기법만 다룹니다.)

〈Abaqus/CAE에서의 접촉 조건 부여〉

비선형 해석은 선형 근사 없이 현상을 재현하는 것을 말합니다. 하지만 세상에 존재하는 모든 비선형을 한 번에 고려하는 것은 사실상 불가능할 것입니다. 해석에서는 어떠한 비선형 현상을, 어떠한 수학 모델을 써서 표현할 것인지를 생각해 보아야 합니다. 해석을 통해 구현할 수 있는 비선형의 범위에 대하여, 비선형의 범주를 위와 같이 3가지로 나누고, 각각에 대해 더욱 상세히 검토해 보는 것이 필요합니다.

10

3점 굽힘 시험

Hooputra 등(2004)*의 논문을 참고하여, Abaqus로 3점 굽힘 시험에 대한 해석을 진행해 보겠습니다. 기하학적 비선형, 탄소성 재질에 의한 재료 비선형과 접촉 및 마찰 조건을 부여하고, 하중-변위 응답을 구해 시험 데이터와 비교해 보겠습니다. (※ 이 예제는 교육을 목적으로 한 것으로써 Hooputa 등*의 논문에서 제시한 해석 모델을 구현한 것은 아닙니다.)

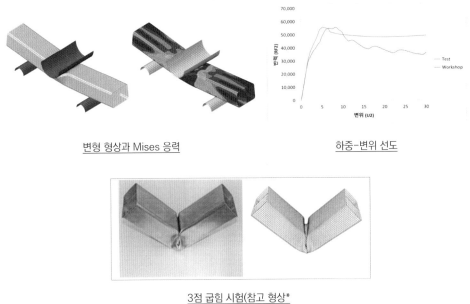

변형 형상과 Mises 응력   하중-변위 선도

3점 굽힘 시험(참고 형상*

〈3점 굽힘 해석〉

*H Hooputra, H Gese, H Dell & H Werner, 'A comprehensive failure model for crashworthiness simulation of aluminum extrusions', International Journal of Crashworthiness, 449-464, 2004

3점 굽힘 해석을 하기 위해, 먼저 CAD 모델을 아래 그림과 같은 형상으로 만들 것입니다. 평면상에서 스케치 된 단면을 Extrude 시켜 3D 모델을 만듭니다. 평면상의 단면은 아래 그림과 같습니다. CAD상에는 두께 없는 면(surface)으로 작도하지만, 실제 해석에서는 셀 요소의 두께가 반영되어 접촉 해석이 진행됩니다. 따라서 CAD 모델을 만들 때 두께를 고려하여 면을 배치해야 합니다. 스케치의 기준이 되는 좌표계를 확인하기 바랍니다.

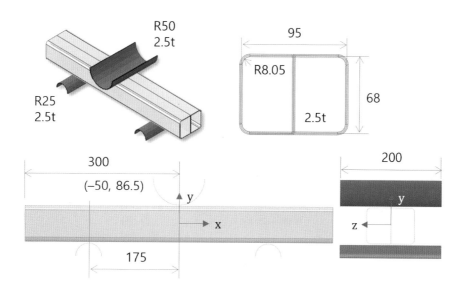

〈해석 모델 형상(전체 좌표계)〉

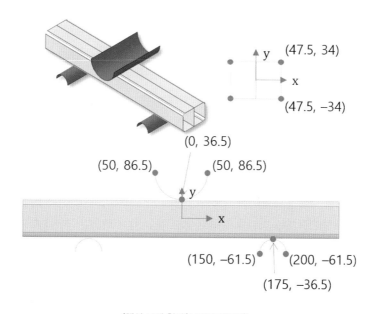

〈해석 모델 형상(스케치 좌표계)〉

전체적인 해석 프로세스를 아래 그림을 보고 다시 한번 상기해 봅니다.

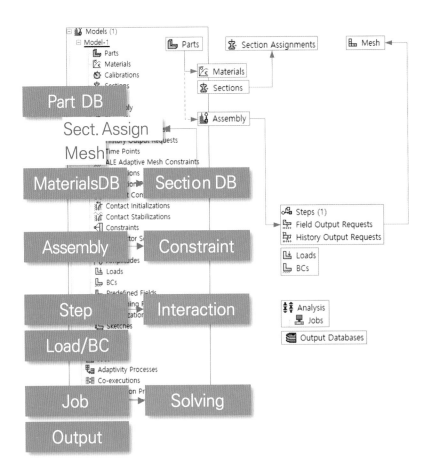

〈전체 해석 프로세스〉

❶ Abaqus/CAE 실행하기

❷ Jig 파트 작도

지지부와 펀치의 형상을 셀 형태로 작도하여 extrusion 하려고 합니다.

모델 트리의 Parts를 더블 클릭합니다.

Create Part 창이 열리면, Base Feature 항목을 Shell로 선택하고, Type 항목에 Extrusion을 선택합니다.

Continue 버튼을 클릭합니다.

Create Arc: Thru 3 points 아이콘을 클릭합니다.

화면 하단의 좌표 입력 창에 아래 좌표를 입력하고 엔터키를 누르는 작업을 반복합니다. (시작점, 끝점, 중간 점의 순서로 원호를 만드는 것입니다.)

-200, -61.5
-150, -61.5
-175, -36.5

같은 작업을 계속 합니다.

150, -61.5
200, -61.5
175, -36.5

같은 작업을 계속 합니다.

-50, 86.5
50, 86.5
0, 36.5

ESC키를 누릅니다.

화면 하단의 Done 버튼을 누릅니다.
Edit Base Extrusion 창에서 Depth 길이로 200을 입력하고 OK 버튼을 누릅니다.

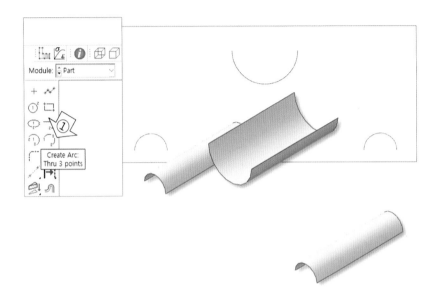

❸ 채널 파트 작도

모델 트리의 Parts를 더블 클릭합니다.
Create Part 창이 열리면, Base Feature 항목을 Shell로 선택하고, Type 항목에 Extrusion을 선택합니다.
Continue 버튼을 클릭합니다.

Create Lines: Connected 아이콘을 클릭합니다.
화면 하단의 좌표 입력창에, 아래 좌표를 입력하고 엔터키를 누르는 작업을 반복합니다.

-47.5, -34
47.5, -34
47.5, 34
-47.5, 34
-47.5, -34

계속 반복합니다.

0, −34
0, 34

ESC키를 누릅니다.

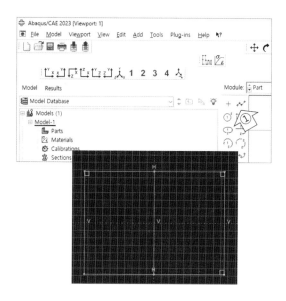

❹ Create Fillet: Between 2 Curves 아이콘을 클릭합니다.

화면 하단의 Fillet radius: 입력창에 필렛 반경으로 '8.05'를 입력한 후 엔터키를 누릅니다.

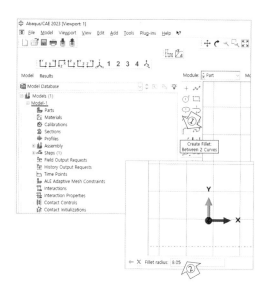

아래 그림의 순서대로 라인을 클릭하여 필렛을 구성합니다. 필렛 4개가 생성되면 ESC키를 눌러 필렛 모드에서 나갑니다.

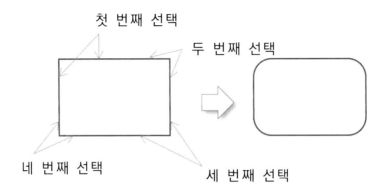

화면 하단의 Sketch the section for the shell extrusion 항목의 Done 버튼을 클릭하여 스케치 작업창을 나갑니다.

Edit Base Extrusion 창이 열리면, Extrusion Depth 항목에 600을 입력하고 OK 버튼을 누릅니다.

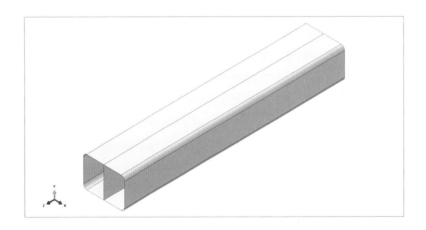

❺ 재질 물성 정의

모델 트리에서 Materials를 더블 클릭합니다.

알루미늄의 재질 물성으로, Name 항목에 이름으로 'M_AL'을 입력합니다.

Material Behaviors 항목으로 Mechanical-Elasticity-Elastic을 선택 후, 다음 그림과 같은 물성을 입력합니다. (E=70000, v=0.33)

Material Behaviors 항목을 추가하기 위해 Mechanical-Plasticity-Plastic을 선택 후, 그림과 같은 물성을 입력합니다.

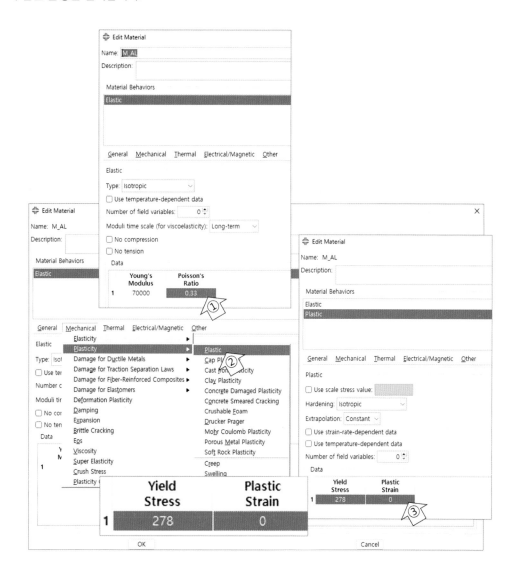

❻ Section 생성

모델 트리에서 Sections를 더블 클릭합니다.

Create Section 창에서, Category로 Shell을 선택하고 Continue 버튼을 누릅니다.

Edit Section 창에서, 두께를 2.5로 입력하고 OK 버튼을 누릅니다.

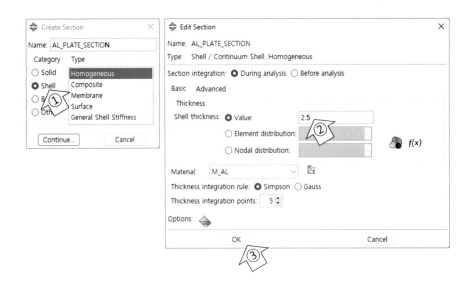

❼ Section Assignment

모델 트리의 파트를 열어, Section Assignments를 더블 클릭합니다.

화면의 Viewport 창에서 모든 파트를 선택하고, 화면 하단의 Done 버튼을 누릅니다.

Edit Section Assignment 창의 OK 버튼을 누릅니다.

다른 파트에 대해서도 동일한 작업을 합니다.

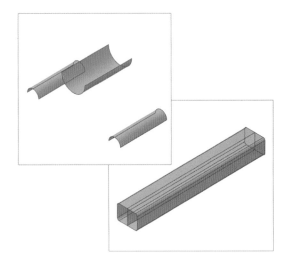

❽ Assembly 모델 구성

모델 트리의 Assembly를 열고, Instances를 더블 클릭합니다.

Create Instance 창에서 모든 파트를 선택하고 OK 버튼을 누릅니다.

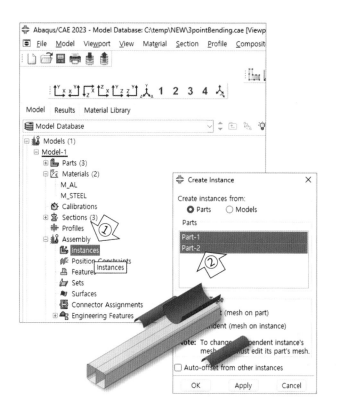

Translate Instance 아이콘을 클릭합니다.

화면에서 Jig에 해당하는 파트(3개의 면)를 선택하고, 화면 하단의 Done 버튼을 누릅니다.

시작 점과 끝 점의 좌표를 아래와 같이 입력하고 엔터키를 누릅니다.

0, 0, 0

0, 0, -100

화면 하단의 OK 버튼을 누릅니다.

Viewport 창에서 채널에 해당하는 파트를 선택하고, 화면 하단의 Done 버튼을 누릅니다.

시작 점과 끝 점의 좌표를 아래와 같이 입력하고 엔터키를 누릅니다.

0, 0, 0

0, 0, -300

화면 하단의 OK 버튼을 누릅니다.

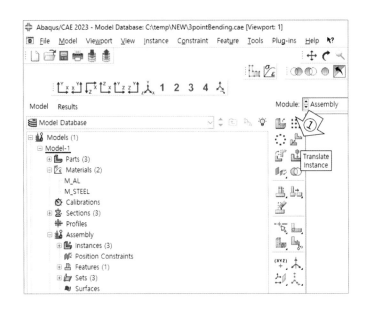

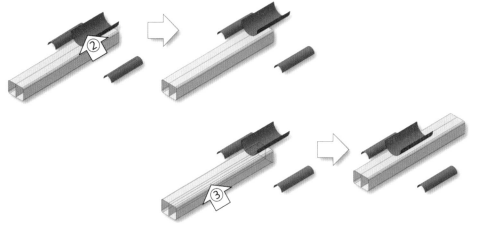

Rotate Instance 아이콘을 클릭합니다.

Viewport 창에서 채널에 해당하는 파트를 선택하고, 화면 하단의 Done 버튼을 누릅니다.

회전 축을 정의하는 벡터의 시작 점과 끝 점의 좌표를 아래와 같이 입력하고 엔터키를 누릅니다.

0, 0, 0

0, 1, 0

화면 하단의 각도 입력창에 90을 입력하고 엔터키를 누릅니다.

화면 하단의 OK 버튼을 누릅니다.

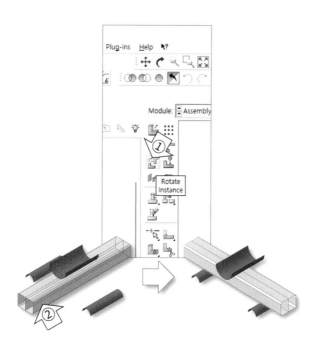

⑨ Reference 포인트 생성

Jig 파트(3개 면)는 모두 강체(rigid body)로 만들어 각 면을 하나의 마스터 포인트로 대표하려고 합니다. 이를 위해 먼저 Reference 포인트를 아래와 같이 생성하려고 합니다.

메인 메뉴의 Tools-Reference point를 선택합니다

화면 하단의 좌표 입력창에 아래의 좌표를 입력하고 엔터키를 누르는 작업을 반복합니다.

-175, -61.5, 0
175, -61.5, 0
0, 86.5, 0.

⑩ Sets 설정

위에서 만든 Reference 포인트에 이름을 부여하려고 합니다.

모델 트리의 Assembly를 펼치고, Sets를 더블 클릭합니다.

왼쪽 Reference 포인트의 이름을 'LH'로 부여합니다.

오른쪽 Reference 포인트의 이름을 'RH'로 부여합니다.

중간 위쪽 Reference 포인트의 이름을 'CONTROL'로 부여합니다.

⑪ Rigid body 지정

모델 트리의 Constraints를 더블 클릭합니다.

Create Constraint 창에서 Type을 Rigid body로 선택하고 Continue 버튼을 누릅니다.

Edit Constraint 창에서, Region type으로 Body를 선택하고, Edit 아이콘(화살표)를 클릭합니다.

Viewport 창에서 왼쪽 하단의 지지용 jig를 선택하고, 화면 하단의 Done 버튼을 누릅니다.

Edit Constraint 창에서 Reference Point 항목의 Edit 아이콘(화살표)를 클릭합니다.

화면 하단의 Sets 버튼을 눌러 Region Selection 창을 연 후, LH를 선택하고 Continue 버튼을 누릅니다.

Create Constraint 창의 OK 버튼을 누릅니다.

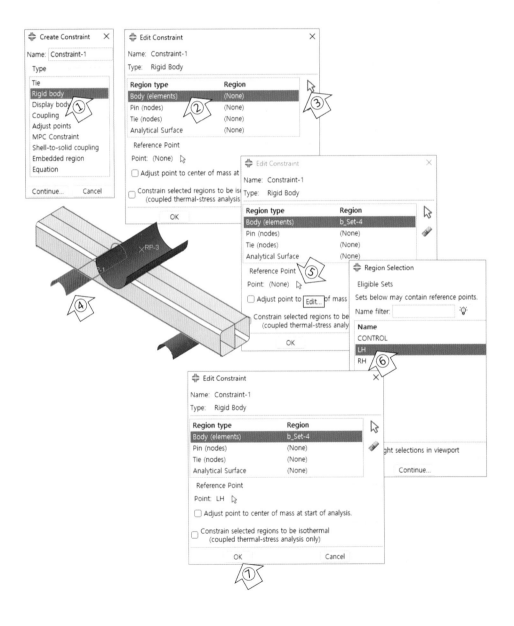

비슷한 작업으로 오른쪽 하단의 지지용 jig를 RH 이름의 포인트로 대표하는 Rigid body를 생성합니다.

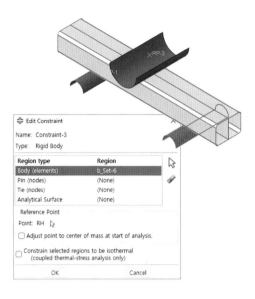

비슷한 작업으로 상부 펀치용 jig를 CONTROL 이름의 포인트로 대표하는 Rigid body를 생성합니다.

☑ Rigid Body 조건은 하나의 마스터 포인트로 해당 요소나 절점의 집합체를 대표하는 방법입니다. 따라서 집합체의 운동은 고려되나 부분적인 변형은 고려할 수 없습니다. 이러한 Rigid Body 조건을 적용함으로써 일반적인 해석 모델 대비 해석 리소스(해석 시간, 메모리, 계산량 등)의 절감 효과를 가져올 수 있습니다.

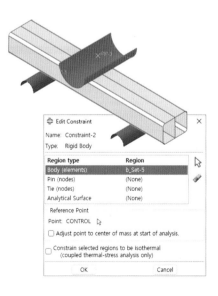

⑫ 접촉 특성 생성하기

모델 트리의 Interaction Properties를 더블 클릭합니다.

Create Interaction Property 창에서 Type 항목은 Contact을 선택한 후 Continue 버튼을 클릭합니다.

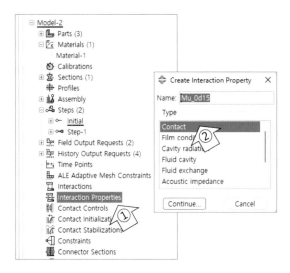

Edit Contact Property 창에서 Mechanical–Tangential Behavior 메뉴를 클릭합니다.

Friction formulation 은 Penalty로 변경하고 Friction Coeff(마찰계수) 항목에 0.15 값을 입력 후 OK 버튼을 클릭합니다.

⑬ Interaction 설정

모델 트리의 Interactions를 더블 클릭합니다.

Create Interaction 창에서 Type으로 General Contact(Standard)를 선택하고 Continue 버튼을 누릅니다.

Edit Interaction 창에서, 만들어진 Interaction property를 선택하고 OK 버튼을 누릅니다.

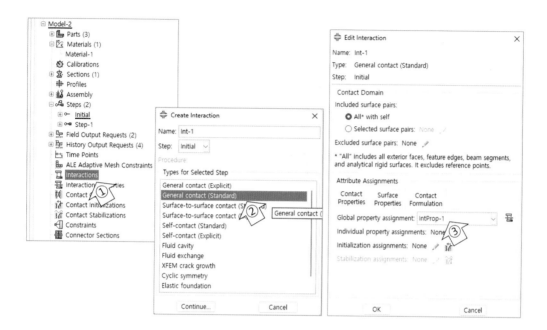

⑭ 해석 Step 만들기

모델 트리에서 Steps를 더블 클릭합니다.

Create Step 창에서 해석 타입으로 Static, General을 선택하고 Continue 버튼을 클릭합니다.

Edit Step 창에서, 기하학적 비선형 해석을 하기 위해 NIgeom: 항목을 On으로 설정합니다.

Increment 탭을 클릭합니다.

Maximum number of increments를 1000으로 입력합니다.

Initial Increment size를 0.01로 설정합니다.

OK 버튼을 누릅니다.

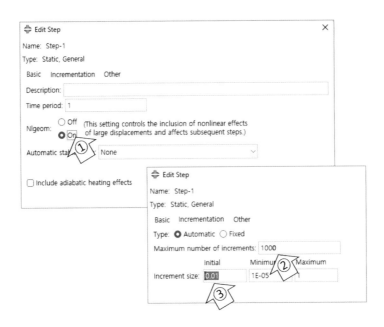

⑮ 경계/하중 조건 부여하기

모델 트리의 BCs를 더블 클릭합니다.

Create Boundary Condition 창에서 경계 조건 형식으로 Displacement/Rotation을 선택하고 Continue 버튼을 클릭합니다.

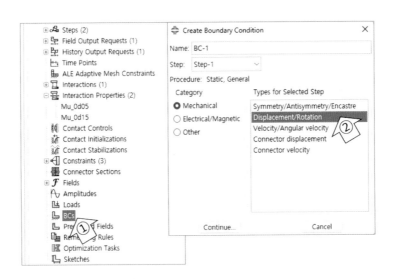

Region Selection 창에서 LH 이름의 Set을 선택 후 Continue 버튼을 클릭합니다. (이 창이 뜨지 않는 경우는 우측 하단의 Sets 버튼을 클릭합니다.)

Edit Boundary Condition 창에서 U1, U2, U3, UR1, UR2, UR3 6개의 항목의 체크박스를 모

두 체크한 후 OK 버튼을 클릭합니다.

다시, 모델 트리의 BCs를 더블 클릭한 후, RH 이름의 Set도 동일한 경계 조건을 부여합니다.

다시, 모델 트리의 BCs를 더블 클릭한 후, CONTROL 이름의 Set도 아래와 같은 경계 조건을 부여합니다. (U2 항목에는 '–30'을 입력합니다.)

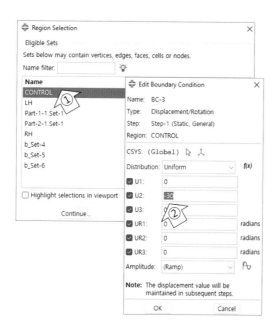

⑯ History Output 요청

모델 트리의 History Output Requests를 더블 클릭합니다.

Create History 창에서 Continue 버튼을 누릅니다.

Edit History Output Request 창에서, Domain을 Set으로 설정하고, Set으로 'CONTROL'를 선택합니다.

Frequency 항목은 Every x units of time을 선택하고, 시간 간격을 0.01로 선택합니다.

Output Variables에 출력이 가능한 변수가 나열되어 있습니다.

Displacement 항목에서 U2를 선택합니다.

Reaction forces 항목에서 RF2를 선택합니다.

OK 버튼을 누릅니다.

⑰ Field Output 요청

전체 모델에 대하여 U(변위), NE(공칭 변형률), E(변형률), PEEQ(등가 소성 변형률) 그리고 S(응력)을 요청합니다.

⑱ Mesh

모델 트리의 Parts를 펼치고 Mesh (Empty)를 더블 클릭합니다.

Seed Part를 클릭합니다.

Approximate global size: 항목에 6을 입력합니다. OK 버튼을 누릅니다.

Mesh Part 아이콘을 클릭합니다.

화면 하단의 확인 버튼 중, Yes를 클릭합니다.

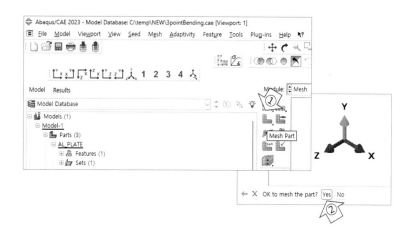

나머지 파트도 mesh를 완료하려고 합니다.

모델 트리의 Parts를 펼치고 Mesh (Empty)를 더블 클릭합니다.

Seed Part를 클릭합니다.

Approximate global size: 항목에 6를 입력합니다. OK 버튼을 누릅니다.

Mesh Part 아이콘을 클릭합니다.

화면 하단의 확인 버튼 중, Yes를 클릭합니다.

⑲ Job 생성 및 Submit

⑳ 결과 검토

해석 결과의 변형 형상과 Mises 응력은 다음 그림과 같습니다.

PUNCH의 변위와 반력을 History Output으로 출력하여 그려보면 그림과 같습니다. 참고로 그려진 시험 데이터는 Hooputra 등(2004)*의 문헌을 참조한 것입니다. (본 예제는 해석 검증 또는 시험

---

*H Hooputra, H Gese, H Dell & H Werner, 'A comprehensive failure model for crashworthiness simulation of aluminum extrusions', International Journal of Crashworthiness, 449–464, 2004

검증 목적이 아니라, 전형적인 해석 프로세스를 보여주기 위한 목적입니다.)

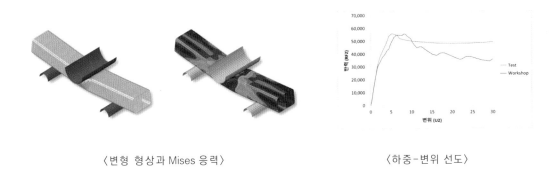

〈변형 형상과 Mises 응력〉　　　　　　　〈하중-변위 선도〉

　Hooputra 등(2004)*은 그림과 같은 알루미늄 합금 판재(EN AW-7108 T6)의 3점 굽힘 시험 및 해석을 진행하였으며 하중-변위 응답 및 최종 변형 형상을 비교하여 해석 방법과 해석 재질을 검증하였습니다.

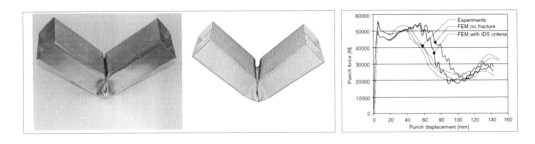

〈3점 굽힘 시험과 해석*〉

㉑ 파일 저장

---

*H Hooputra, H Gese, H Dell & H Werner, 'A comprehensive failure model for crashworthiness simulation of aluminum extrusions', International Journal of Crashworthiness, 449-464, 2004

PART 06

정적 해석과 동적 해석

06

정적 해석과 동적 해석

이 장에서는 동적 현상의 개념과 동적 해석을 진행하기 위한 방법들에 대해 알아보겠습니다. 선형 perturbation 해석인 고유 진동수 해석과 주파수 응답 함수의 개념을 살펴봅니다. 그 후, 시간 영역에서의 동적 해석인 implicit과 explicit 시간 적분 알고리즘에 대해 개념과 차이점을 확인해 봅니다.

❶ 정적 해석(Static Analysis)

정적 상태는 시스템에 작용하는 모든 힘과 모멘트(외력과 반력 포함)에 대해 힘의 총합과 모멘트의 총합이 0이 되어 어떠한 가속도도 생기지 않는 상태를 의미합니다. 즉 응답이 시간에 따라 운동하거나 진동하지 않는 상태입니다. 해석에서는 하중이 주어지고, 가속도에 의한 관성력(inertia force)에 대한 고려 없이 운동 방정식을 풀게 됩니다.

가장 단순한 시스템인 1 자유도 시스템의 운동 방정식을 갖고 정적 해석을 나타내면 아래와 같은 평형 방정식을 생각할 수 있습니다.

$$m\ddot{x}(t) + c\dot{x}(t) + kx(t) = f(t)$$

$$kx = f$$

여기에서 시간은 실제 시간일 수도 있지만 비선형 문제를 풀기 위한 단계로 보는 것이 일반적인데, Abaqus는 때때로 위의 식에 들어가는 시간으로 속도를 계산하여 아래와 같은 식을 풀기도 합니다. 〈함께하기 07〉에서 수렴 문제를 해결하기 위한 stabilize 방법(인위적인 감쇠를 부여하는 테크닉)과 같은 경우입니다.

$$c\dot{x}(t) + kx(t) = f(t)$$

다음 그림과 같은 정적 문제를 생각해 봅니다. 이때 하중 조건뿐만 아니라 구속 조건(경계 조건)이 필요합니다. 구속 조건이 부족하여 강체 운동(변형 없이 주어진 상태 그대로 운동하는 경우)이 생기면, 위의 평형 방정식의 해가 너무 많아 부정정(statically indeterminate) 문제가 되어 해석이 되지 않습니다. (Inertia relief 방법은 구속 조건 없이 정적 문제를 풀 수 있습니다. 자세한 내용은 inertia relief 방법을 참고하시기 바랍니다.)

해석이 완료되면 구속 조건이 주어진 부분에서는 반력을 알 수 있습니다. 결과로써 나오는 반력을 또 다른 외력으로 생각하여 그림과 같이 시스템에 작용하는 전체 외력을 생각할 수 있어야 합니다.

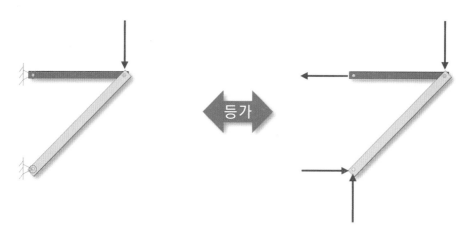

〈정적 문제에서의 하중과 반력〉

아래 그림의 공은 정적 평형 상태로 공은 변형된 상태로 정지해 있습니다. 이 경우도 그림과 같이 전체 외력으로 변환하여 생각할 수 있어야 합니다.

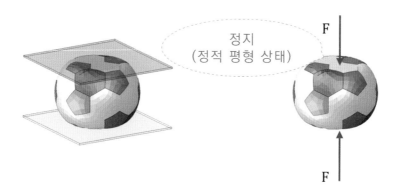

〈정적 평형 상태(예)〉

❷ 동적 해석(Dynamic Analysis)

동적 상태는 가속도에 의한 관성력이 큰 경우를 의미합니다. 특히 하중이 시간에 따라 변화가 크다면 동적 현상이 중요할 것입니다. 현실 세상의 대부분은 동적 특성을 보이고, 정적 상태는 특별한 하나의 경우라고 생각할 수 있습니다. 그렇지만 해석에서는, 정적 해석을 기본으로 생각하고 동적 상태를 특별한 경우로 생각하기 쉽습니다. 정적 조건에 동적 조건을 추가하는 식으로 해석이 구성되기 때문입니다.

중력이나 원심력과 관련된 문제는 관성력이 크더라도 정적인 하중으로 생각하는 경우도 있습니다.

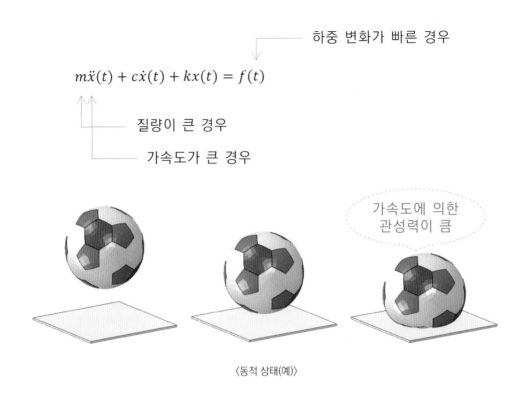

$$m\ddot{x}(t) + c\dot{x}(t) + kx(t) = f(t)$$

— 하중 변화가 빠른 경우

— 질량이 큰 경우
— 가속도가 큰 경우

가속도에 의한 관성력이 큼

〈동적 상태(예)〉

재질 물성도 반응 속도가 빠를 수록 특성이 바뀌는 경우가 있습니다. 이때의 속도는 변형률 속도를 의미합니다. 재질 특성이 변형률 속도에 따라 변하는 경우의 해석 재질은 반드시 변형률 속도에 대한 영향이 고려되어야 합니다. 다음 그림은 변형률 속도에 따른 철강 재료의 전형적인 응력-변형률 선도로써, 변형률 속도가 증가할수록 인장 강도는 증가하고 연신율은 감소하는 경향을 보여주고 있습니다.

※ 인장 강도는 공칭 응력의 최대 값(〈PART 07〉 참조)을 의미하고, 연신율은 파단 시점의 공칭 변형률(〈PART 07〉 참조)을 의미합니다.

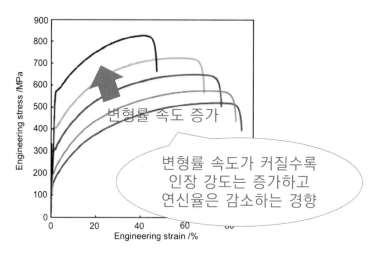

〈재질의 변형률 속도에 대한 영향(예)〉

📖 읽을 거리

Abaqus에서의 단위계

Abaqus는 따로 단위계를 갖고 있지 않습니다. 길이, 하중, 탄성 계수 등 수치 입력에 대해 일관된 단위계를 써야 합니다. 가장 일관된 단위계로 SI 단위계를 들 수 있습니다. 만약 SI 단위계를 쓰지 않는다면, 앞의 운동 방정식을 참고하여 적절한 단위계로 변환하는 것이 필요합니다.

※ SI 단위: m, kg, N, MPa 등 사용

예를 들어, 길이로 mm, 하중으로 N을 쓰는 경우를 생각해 봅니다. 응력은 하중으로부터 계산되고, 응력의 단위를 아래와 같이 나타낼 수 있습니다. 이때, 표준 단위계인 SI 단위계가 아닌 단위는, SI 단위로 변환하는 것이 좋습니다.

$$S = \frac{F}{A_o} = \frac{N}{mm^2}$$

$$= \frac{N}{10^{-6} \, m^2} = 10^6 \, \frac{N}{m^2} = 10^6 \, Pa$$

$$[S] = [MPa]$$

따라서, 응력의 단위는 MPa이 되는 것을 알 수 있습니다.

밀도의 단위계를 생각해 봅니다. 먼저 질량의 단위계를 알아야 합니다. 이때, Abaqus가 풀고 있는 운동 방정식을 생각해 봅니다.

$$m\ddot{x}(t) + c\dot{x}(t) + kx(t) = f(t)$$

$$m = \frac{f}{\ddot{x}} = \frac{N}{mm/_{s^2}}$$

$$= \frac{N}{10^{-3} \, m/_{s^2}} = \frac{10^3 N}{m/_{s^2}} = 10^3 kg$$

$$[m] = [10^3 kg]$$

질량의 단위는 10³kg이 됨을 알 수 있습니다. 따라서 밀도의 단위를 아래와 같이 계산할 수 있습니다.

$$\rho = \frac{m}{V_o} = \frac{10^3 kg}{mm^3} = \frac{10^3 \, kg}{10^{-9} m^3} = 10^{12} \frac{kg}{m^3}$$

$$[\rho] = \left[10^{12} \frac{kg}{m^3} \right]$$

따라서, 만약 철강류의 밀도 7,800kg/m³은 mm-N 단위계에서는 7.8x10⁻⁹를 입력해야 합니다. 1kg은 1.0x10⁻³를 입력해야 합니다.

$$7800 \frac{kg}{m^3} = 7800 \times 10^{-12} \left[10^{12} \frac{kg}{m^3} \right]$$

$$= 7.8 \times 10^{-9} \left[10^{12} \frac{kg}{m^3} \right]$$

$$1kg = 1 \times 10^{-3} [10^3 kg]$$

---

❸ 과도 응답(Transient Response)

과도 응답은 시간에 따른 응답입니다. 다음 그림과 같은 액슬 시스템이 시간에 따라 변하는 하중을 받고, 시간에 따라 응답을 구해 나가는 해석을 한다고 생각해 봅니다. 현재 시점의 변위, 속도, 가속도, 하중 그리고 강성을 알고 있을 때, 다음 시점에서의 상태를 어떻게 구할 수 있을까요? 여기에는 다음의 2가지 방법을 생각해 볼 수 있습니다. 편의상 댐핑을 고려하지 않으면, 풀어야 하는 운동 방정식은 아래 그림과 같습니다.

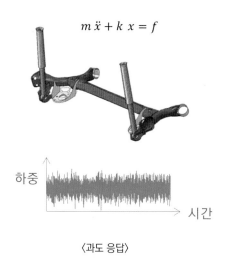

$$m\,\ddot{x} + k\,x = f$$

〈과도 응답〉

☑ 내연적(implicit) 방법

내연적 방법은 Abaqus/Standard에서 쓰는 시간 적분 방법입니다. 아래의 식과 같이 현재와 미래의 정보를 사용해서, 미래의 상태를 예측하고 있습니다.

☑ 외연적(explicit) 방법

이 방법은 Abaqus/Explicit에서 쓰는 시간 적분 방법입니다. 아래의 식과 같이 현재의 정보를 사용해서, 미래의 상태를 예측하고 있습니다.

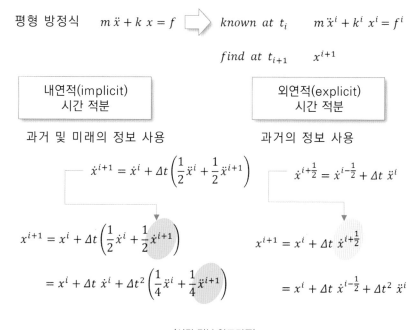

〈시간 적분 알고리즘〉

결국 풀어야 하는 식을 주목해 봅니다. 내연적 방법은 미래의 상태에서 운동 방정식을 만족하는 반면, 외연적 방법은 현재 상태에 의해 미래가 예측되고 있습니다. 외연적 방법이 현재 상태의 가속도로 다음 상태를 예측하기 때문에 가속도의 변화가 충분히 작을 수 있도록, 매우 작은 시간 증분이 필요합니다. 또한 이 방법은 가속도가 필요하므로, 완전한 동적 운동 방정식을 갖고 문제를 풀게 됩니다.

평형 방정식 $\quad m\,\ddot{x} + k\,x = f \quad\Longrightarrow\quad$ $known\ at\ t_i \quad m\,\ddot{x}^i + k^i\,x^i = f^i$

$$find\ at\ t_{i+1} \quad x^{i+1}$$

내연적(implicit) 시간 적분	외연적(explicit) 시간 적분
과거 및 미래의 정보 사용	과거의 정보 사용

Solve $\quad m\,\ddot{x}^{i+1} + k^{i+1}\,x^{i+1} = f^{i+1}$ $\qquad$ Solve $\quad m\,\ddot{x}^i + k^i\,x^i = f^i$

$$\left(\frac{4}{\Delta t^2}m + k^{i+1}\right)x^{i+1}$$

$$\ddot{x}^i = m^{-1}\left(f^i - k^i\,x^i\right)$$

$$= f^{i+1} + \frac{4}{\Delta t^2}\,m\left(x^i + \Delta t\,\dot{x}^i + \frac{\Delta t^2}{4}\ddot{x}^i\right)$$

$$x^{i+1} = x^i + \Delta t\,\dot{x}^{i-\frac{1}{2}} + \Delta t^2\,\ddot{x}^i$$

t_{i+1} 상태에서 평형 방정식 만족 $\qquad$ t_i 상태로부터 t_{i+1} 상태를 근사

〈시간 적분 알고리즘〉

❹ 고유 진동수 및 고유 모드의 의미

시스템의 진동 특성을 알기 위해서 가장 먼저 하는 일은 고유 진동수(natural frequency)와 고유 모드(normal mode)를 파악하는 일입니다. 모든 시스템은 외력이 없이도 진동하려는 성질을 갖고 있고, 이런 진동에 대한 주파수(Hz, 시간(s) 당 진동수)와 변형 형상을 고유 진동수와 고유 모드로 부르고 있습니다.

고유 진동수를 알기 위해서는 고유치 해석(eigenvalue analysis)을 해야 하는데, 고유치 해석을 통해 몇 가지 다른 정보도 얻을 수 있습니다. 그 중 하나는 특정 자유도의 좌굴(buckling) 특성을 볼 수 있는 것입니다. 좌굴 점(critical point)에서는 고유치(eigenvalue)가 0을 지나므로 그 값의 크기와 부호로부터 좌굴 점을 확인할 수 있습니다.

또 다른 특성은 행렬의 성질을 알 수 있는 것입니다. 아래의 식과 같이 역행렬을 갖고 해를 찾는 과정에서 고유치를 알게 되는데, 이때 0의 고유치가 있으면 유일한 하나의 해를 구할 수 없습니다.

각각에 대해 좀 더 자세히 알아 보겠습니다.

$$ku = f$$

$$det(k) = \lambda_1 \lambda_2 \cdots \lambda_n \neq 0 \text{ 인 경우만}$$

$$u = k^{-1}f \quad \text{유일한 하나의 해 존재}$$

$$\lambda_i : eigenvlaue \ of \ k$$

☑ 진동 특성

모든 시스템은 외력이 없이도 특정한 주파수(진동수)로 진동하려는 특성이 있습니다. 이 주파수가 특히 중요한 것은, 만약 동일한 주파수의 외력이 가해지면 시스템은 공진으로 인해 진동이 증폭되기 때문입니다.

2011년 7월, 강변역 인근 39층의 대형 건물에 평상시와 다른 흔들림이 느껴져 건물 내에 있던 많은 사람들이 놀라서 밖으로 뛰쳐 나오는 일이 있었습니다. 나중에 이 흔들림의 원인은, 12층의 헬스클럽에서 운동 중인 20여명의 태보(태권도와 복싱을 에어로빅으로 만든 운동) 수업으로 밝혀졌습니다. 실제 시현을 위해 20여명이 건물의 고유 진동수에 맞게 1초에 2.7번(2.7Hz) 발 구르기를 시현했고, 몇 분이 지나자 건물은 평소 대비 10배 이상의 흔들림이 계측되었습니다.

〈건물의 공진(2011)〉

☑️ 좌굴 특성

좌굴은 부품이 하중 지지 능력을 상실하고 큰 변형이 수반되는 현상을 말합니다. 주로 압축 에너지가 굽힘 에너지로 전환되면서 발생합니다. 아래 그림은 곡률이 작은 아치에 대한 하중-변위 곡선입니다. 변위 대비 하중의 비를 강성으로 생각할 수 있는데, 해석이 진행될수록 강성이 작아지는 것을 알 수 있습니다.

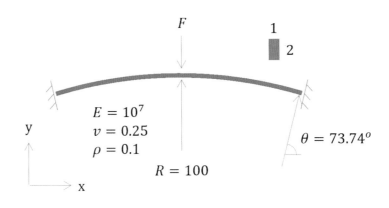

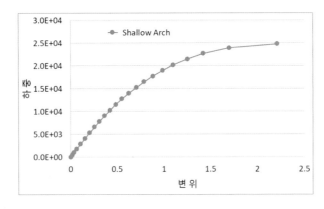

〈곡률이 작은 아치(형상과 하중-변위 곡선)〉

Abaqus의 가장 큰 장점 중의 하나는 해석 시나리오를 만들어 여러 단계에 대한 해석이 가능한 것입니다. 최초 단계에서 고유 진동수 해석을 하여 시스템의 진동 특성을 봅니다. 그 후 하중을 부여합니다. 그리고 그 상태에서 다시 고유 진동수 해석을 하여 이 시점에의 진동 특성을 파악합니다.

고유 진동수 해석은 선형 해석일 뿐만 아니라 perturbation 해석입니다. Perturbation 해석은 현재까지의 해석 단계(비선형 과정 중)에서 특정 시점의 순간 선형 강성을 보기 위한 해석입니다. 두 번의 고유 진동수 해석으로 초기 상태의 진동 특성과 하중이 부여된 상태에서의 진동 특성을 알 수 있습니다.

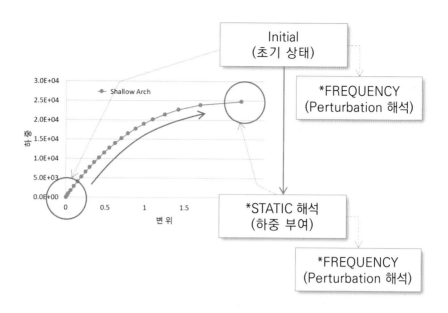

〈곡률이 작은 아치(고유 진동수 해석)〉

초기 상태의 진동 특성을 보면, 빔의 단면 특성으로 인해 z 방향의 진동(3Hz)이 가장 강성이 작은 진동이고 y 방향 진동은 두 번째 특성으로 구해집니다. 이제 y 방향 하중이 부여되고 정적 해석을 종료합니다. 이 상태에서 다시 진동 특성을 보면 초기 상태와는 다르게 y 방향의 진동이 가장 강성이 작은 주요한 진동이 되는 것을 알 수 있습니다. 고유 진동수는 질량 대비 강성의 효과가 있어(이 장의 뒷부분 참조), 고유 진동수가 작아지는 만큼 강성이 떨어지는 것을 의미하고 있습니다.

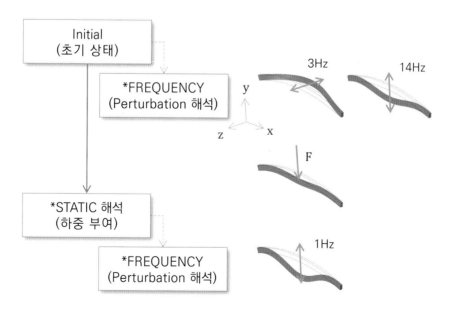

〈곡률이 작은 아치(고유 진동수 해석)〉

고유 진동수 해석을 통해 시스템의 강체 모드를 알 수 있습니다. 이를 이용하여, 때로는 여러 파트로 구성되어 있는 해석 모델을 검증하기도 합니다.

6개의 '0'의 고유 진동수   7번째 고유 진동수(>0)
→ 6방향의 강체 운동(모드)   → 고유 진동 모드(탄성 모드)

〈고유 진동수와 강체 모드〉

스프링-캠(cam)-태핏(tappet) 시스템에 대하여 해석 모델의 검증 작업을 나타냈습니다. 이 모델에는 비선형 조건 중 하나인 접촉(interaction) 조건이 부여된 것입니다. 파악된 비선형 조건을 제거하기 위해 접촉 부분을 'tie'라는 테크닉을 이용하여 붙여놓습니다. (Tie는 서로 다른 두 영역을 결합하는 기능입니다.) 이제 이 시스템의 진동 특성을 보면 강체 운동 모드를 볼 수 있습니다. 아래는 롤러의 회전에 의한 강체 운동을 나타낸 것입니다.

〈강체 모드〉

⑤ 주파수 영역과 복소수 표현

진동 현상을 다룰 때는, 주로 sine 함수나 cosine 함수와 같은 조화(harmonic) 함수를 사용합니다. 진동은 다음 그림과 같이, 예들 들어 한 주기의 sine 파형이 시간에 따라 계속 반복되기 때문입니다.

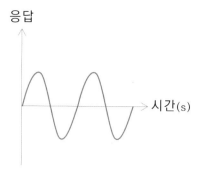

〈전형적인 진동 신호〉

아래 그림과 같은 한 주기의 sine 함수가 있다고 생각해 봅니다. 하나의 사이클을 완성하는데 필요한 시간을 주기라고 합니다. 첫 번째 그림은 1초에 완전한 하나의 사이클이 그려지므로, 주기는 1초(s)로 볼 수 있습니다.

주기의 역수가 주파수입니다. 1초당 몇 번 진동하는지를 말합니다. 이 그림에서의 주파수는, 1초 당 1사이클의 신호가 그려지므로 1Hz입니다.

두 번째 그림에서는 1초에 2사이클이 그려지므로 주기는 0.5초입니다. 1초에 2번의 사이클이 완성되므로 주파수는 2Hz입니다. 마지막 그림은 1초에 4사이클이 그려지므로, 주기는 0.25초, 주파수는 4Hz입니다.

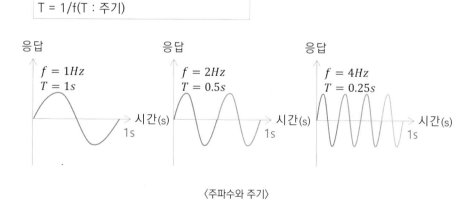

〈주파수와 주기〉

다음 그림과 같은 조화 함수는 시간을 따라가면서 생각하는 것보다 조화 함수(그림에서는 sine 함수)의 각도(위상)를 따라가면서 보는 것이 편리합니다. 각도가 0°에서 360°(2π)로 계속 회전하기 때문에, 시간 축에서 시간을 옮겨가며 생각하기보다는 0°에서 360°(2π) 만 생각하면 되기 때문입니다.

아래의 식과 같이 각도와 시간과의 관계도 바로 알 수 있습니다. 이렇게 시간 축에서의 진동을 원 운동으로 생각할 때는, x 축을 실수축으로 보고 y 축을 허수축으로 보는 것이 편리합니다.

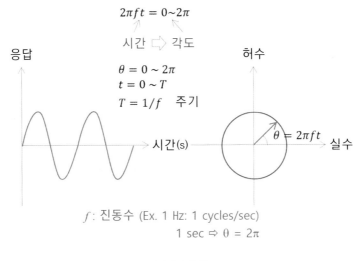

$$2\pi ft = 0 \sim 2\pi$$

시간 ⇨ 각도

$$\theta = 0 \sim 2\pi$$
$$t = 0 \sim T$$
$$T = 1/f \quad \text{주기}$$

응답

시간(s)

허수

$$\theta = 2\pi ft$$

실수

f : 진동수 (Ex. 1 Hz: 1 cycles/sec)
$$1 \text{ sec} \Rightarrow \theta = 2\pi$$

〈시간과 위상〉

☑ 오일러(Euler) 식

진동 현상을 허수 좌표계로, 반지름의 크기가 1인 원의 운동으로 나타내 보겠습니다. x 축 좌표는 실수 값의 cosine으로, y 축 좌표는 허수 값의 sine으로 표현할 수 있습니다. 이제 아래 그림과 같이 cosine 함수와 sine 함수를 테일러 급수로 표현해 보겠습니다. 결국 exponential 함수로 표현할 수 있음을 알 수 있습니다. 이것이 오일러 식입니다.

허수

$$cos\theta + i\,sin\theta$$
$$\theta = 2\pi ft$$
실수

크기 1인 원에서
θ 위치

$$cos\theta + i\,sin\theta = 1 - \frac{1}{2!}\theta^2 + \frac{1}{4!}\theta^4 + \cdots \quad +i\left(\theta - \frac{1}{3!}\theta^3 + \frac{1}{5!}\theta^5 + \cdots\right)$$
$$= 1 + i\theta + \frac{1}{2!}(i\theta)^2 + \frac{1}{3!}(i\theta)^3 + \cdots$$
$$= e^{i\theta}$$

〈오일러 식〉

오일러 식은 반지름이 1인 원에서의 각도를 의미합니다.

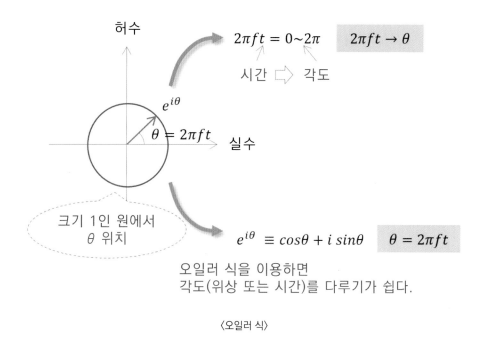

<오일러 식>

📖 읽을거리

오일러

오일러 식은 스위스의 수학자 오일러(1707~1783)의 연구로, 현대 양자 물리학자인 리처드 파인만(Richard Feynman)이 '인류의 보석'이라고 말한 식입니다. 우리는 구조 요소 중 하나인 빔 요소를 다루었는데, 빔의 거동을 나타나는 식 중의 하나가 오일러-베르누이(Euler-Bernoulli) 빔 이론이기도 합니다. 오일러는 우리에겐 쾨니히스베르크의 다리 문제(Königsberger Brückenproblem)로도 잘 알려져 있습니다.

쾨니히스베르크 시(프로이센, 오늘날 러시아)의 한 가운데는 프레겔 강이 흐르고 여기에는 7개의 다리가 있습니다. '이 다리들을 한 번씩만 차례로 모두 건널 수 있는가'가 그 당시의 중요한 수학 문제 중 하나였습니다. 오일러는 그의 논문(1735)에서 강에 의해 나누어지는 지역을 점으로 표시하고 다리를 선으로 연결하여, 모든 점에서 짝수 개의 분기가 있거나 홀수 개의 분기는 시작 점과 끝 점이 되어야만 한 번에 갈 수 있다는 것을 증명했습니다. 여기서 파생된 이론이 그래프 이론(Graph Theory)이고, 이것은 네비게이션의 경로를 찾는 문제에 응용됩니다. 해석에서는 유한 요소 격자를 생성(meshing)하는 알고리즘에 응용됩니다.

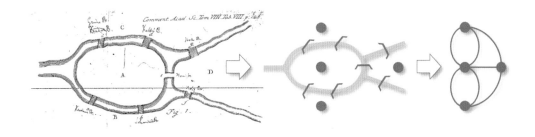

<오일러의 논문(1735)과 한 붓 그리기 문제>

오일러 식을 이용하면 각도(위상)를 다루기가 쉬워집니다. 아래 그림에서 x 축 1.0에 허수 i가 곱해지면 i가 되고, 이것은 90°가 진행된 것을 의미합니다. 여기에 다시 i가 곱해지면 −1.0이 되고, 이것은 i에서 90°가 더 진행된 것을 알 수 있습니다. 마찬가지로 여기에서 90°가 더 진행되면, −1.0에 i를 곱한 것과 같습니다.

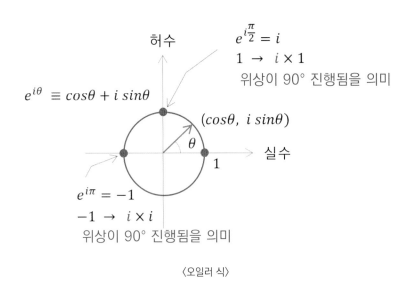

<오일러 식>

다음 그림은 −1.0이 90°가 두 번 진행되어 1.0이 되는 것을 나타냈는데, 마치(−1)×(−1)이 1이 되는 것을 알려주는 것 같습니다. 오일러 공식으로도 정확하게 나타낼 수 있습니다.

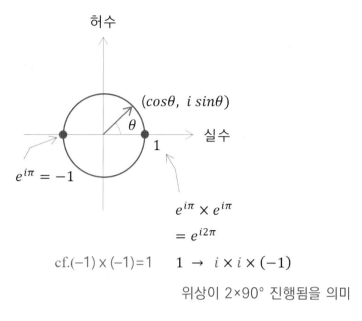

$$e^{i\pi} \times e^{i\pi}$$
$$= e^{i2\pi}$$

cf.$(-1) \times (-1) = 1$ $1 \rightarrow i \times i \times (-1)$

위상이 2×90° 진행됨을 의미

〈오일러 식〉

☑ 동적 문제에서 위상(각도)이 중요한 이유

가장 단순한 시스템인 질량–스프링–댐퍼 모델을 생각해 보겠습니다. 아래 그림과 같이 1 자유도 문제를 생각할 수 있고, 질점에 sine 함수의 진동 변위를 부여한다고 생각해 봅니다.

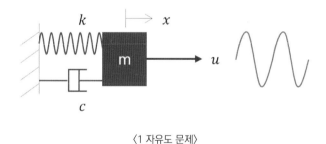

〈1 자유도 문제〉

변위가 sine 함수이므로 스프링 반력은 sine 함수로 표현되고, 댐퍼의 반력은 이것의 미분치(속도)인 cosine 함수로 표현됩니다.

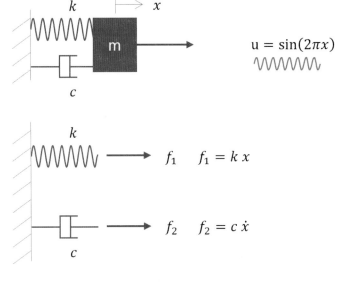

<1 자유도 문제>

두 반력을 그래프로 나타내 보면 아래 그림과 같습니다. 여기서 두 반력의 합을 보면 원래의 sine 파형보다 각도가 앞서는(phase lead) 것을 알 수 있습니다. 자연계의 현상을 가장 간단한 시스템으로 생각해 보면, 이 시스템을 구성하고 있는 댐퍼의 특성에 의해 가해 준 변위보다 반력의 위상이 앞선 결과를 만들고 있습니다. 진동 현상도 이와 같은 분석을 하게 되는데, 이렇게 위상을 바꾸는 작용을 댐핑(damping, 감쇠)으로 봅니다. 즉, 시스템을 구성하고 있는 하나의 '요소'인 댐핑을 알 수 있습니다.

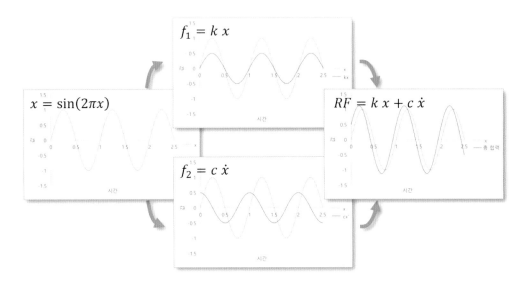

<시스템을 구성하는 댐핑의 효과>

⑥ 고유 진동수 및 고유 모드의 추출

고유 진동수와 고유 모드는 아래의 식과 같은 절차로 계산됩니다. 편의상 댐퍼가 없는 모델을 생각해 봅니다. 고유 진동은 외력이 없이 진동하는 것이므로 하중은 0으로 놓습니다. (Abaqus에서도 고유 진동 해석을 하는 경우, 하중 조건을 넣으면 에러가 생깁니다.)

여기서 변위는 진동을 하므로 조화 함수로 생각합니다. 즉, 크기가 X이고 각도가 움직이는 오일러 식으로 나타낼 수 있습니다. (X를 복소수로 생각하면, 크기와 위상의 정보를 담을 수 있습니다.)

$$\mathrm{m}\,\ddot{x} + k\,x = 0 \qquad \text{운동 방정식(외력은 0)}$$

$$let \quad x = Xe^{i\omega t} \qquad \text{조화 함수로 가진한다고 생각해 보자}$$

$$\ddot{x} = -\omega^2 X e^{i\omega t}$$

따라서 운동 방정식은 아래와 같고, 이것이 해를 갖기 위한 조건을 구할 수 있습니다. 우변이 0이므로 하나의 해가 나오지 않고 여러 개의 해, 즉 비가 구해집니다. 따라서 구해지는 변위는 모드 형상(mode shape)으로 불려집니다.

$$-\omega^2 mX + kX = 0 \qquad \text{운동 방정식}$$

$$(k - \omega^2 m)X = 0 \qquad \text{이 식이 해를 갖기 위해서는,}$$

$$det(k - \omega^2 m) = 0 \qquad \text{이때의 해는, } \omega_i \ (i = 1, \cdots)$$

$$kX_i = \omega_i^2\, m\, X_i \qquad \omega_i \text{ 에 대응하는 고유모드는, } X_i = \{:\} \ (\text{변위벡터})$$

하나의 상태 값이 아니라, '비'가 구해짐
($\because$ 한 변이 0)

$$f_i = \frac{1}{2\pi}\omega_i \qquad \text{Radian 단위(rad/s)를 진동수(Hz, cycles/s)로 변환}$$

고유 진동수와 여기에 대응되는 고유 모드는 시스템을 이루는 전체 자유도 수만큼 계산할 수 있지만, 보통은 저차에서 고차의 순서로 주요 진동수에 대해서만 검토합니다.

만약 1 자유도 시스템이라면 고유 진동수와 고유 모드는 아래와 같습니다.

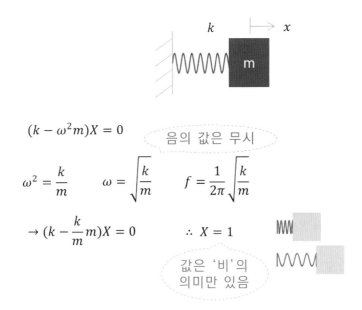

$$(k - \omega^2 m)X = 0$$

음의 값은 무시

$$\omega^2 = \frac{k}{m} \qquad \omega = \sqrt{\frac{k}{m}} \qquad f = \frac{1}{2\pi}\sqrt{\frac{k}{m}}$$

$$\rightarrow (k - \frac{k}{m}m)X = 0 \qquad \therefore \ X = 1$$

값은 '비'의
의미만 있음

☑ 2 자유도 문제

2 자유도 문제가 어떻게 풀리는 지를 보게 되면, 유한 요소 모델에서와 같은 n자유도의 경우를 알 수 있을 것입니다. 아래와 같은 2 자유도 문제가 있는 경우를 생각해 봅니다.

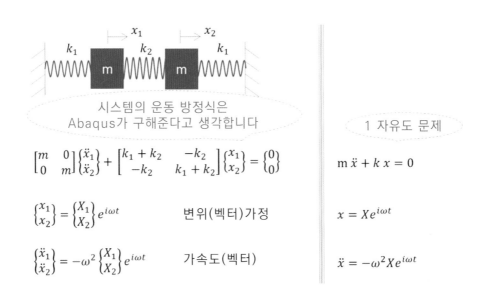

시스템의 운동 방정식은
Abaqus가 구해준다고 생각합니다

1 자유도 문제

$$\begin{bmatrix} m & 0 \\ 0 & m \end{bmatrix}\begin{Bmatrix} \ddot{x}_1 \\ \ddot{x}_2 \end{Bmatrix} + \begin{bmatrix} k_1+k_2 & -k_2 \\ -k_2 & k_1+k_2 \end{bmatrix}\begin{Bmatrix} x_1 \\ x_2 \end{Bmatrix} = \begin{Bmatrix} 0 \\ 0 \end{Bmatrix}$$

$$m\,\ddot{x} + k\,x = 0$$

$$\begin{Bmatrix} x_1 \\ x_2 \end{Bmatrix} = \begin{Bmatrix} X_1 \\ X_2 \end{Bmatrix} e^{i\omega t} \qquad \text{변위(벡터)가정}$$

$$x = Xe^{i\omega t}$$

$$\begin{Bmatrix} \ddot{x}_1 \\ \ddot{x}_2 \end{Bmatrix} = -\omega^2\begin{Bmatrix} X_1 \\ X_2 \end{Bmatrix} e^{i\omega t} \qquad \text{가속도(벡터)}$$

$$\ddot{x} = -\omega^2 Xe^{i\omega t}$$

아래와 같이 해를 갖기 위한 조건을 구할 수 있습니다. 이때의 해는 음의 고유치를 무시하는 경우, 2 자유도의 경우 2개, 1 자유도의 경우 1개의 고유치를 구할 수 있습니다.

$$-\omega^2 \begin{bmatrix} m & 0 \\ 0 & m \end{bmatrix} \begin{Bmatrix} X_1 \\ X_2 \end{Bmatrix} + \begin{bmatrix} k_1 + k_2 & -k_2 \\ -k_2 & k_1 + k_2 \end{bmatrix} \begin{Bmatrix} X_1 \\ X_2 \end{Bmatrix} = \begin{Bmatrix} 0 \\ 0 \end{Bmatrix}$$

$$\begin{bmatrix} k_1 + k_2 - \omega^2 m & -k_2 \\ -k_2 & k_1 + k_2 - \omega^2 m \end{bmatrix} \begin{Bmatrix} X_1 \\ X_2 \end{Bmatrix} = \begin{Bmatrix} 0 \\ 0 \end{Bmatrix}$$

$$det \begin{bmatrix} k_1 + k_2 - \omega^2 m & -k_2 \\ -k_2 & k_1 + k_2 - \omega^2 m \end{bmatrix} = 0$$

$$m^2 \omega^4 - 2m(k_1 + k_2)\,\omega^2 + (k_1^2 + 2k_1 k_2) = 0$$

$$-\omega^2 mX + kX = 0$$

특성 방정식

$$(k - \omega^2 m)X = 0$$

이 식이 해를 갖기 위해서는,

$$det(k - \omega^2 m) = 0$$

이때의 해는, ω

고유치를 구하게 되면, 고유치를 앞에서의 특성 방정식(운동 방정식)에 넣어 고유 벡터를 구할 수 있습니다.

중요한 것은, 자유도가 많아져도 각 변수가 행렬과 벡터로 표현되는 것일 뿐 1 자유도 시스템과 동일한 과정을 거친다는 것입니다.

$$\omega^2 = \frac{k_1}{m}$$

$$\begin{bmatrix} k_1 + k_2 - \dfrac{k_1}{m}m & -k_2 \\ -k_2 & k_1 + k_2 - \dfrac{k_1}{m}m \end{bmatrix} \begin{Bmatrix} X_1 \\ X_2 \end{Bmatrix} = \begin{Bmatrix} 0 \\ 0 \end{Bmatrix}$$

$$\rightarrow \begin{bmatrix} k_2 & -k_2 \\ -k_2 & k_2 \end{bmatrix} \begin{Bmatrix} X_1 \\ X_2 \end{Bmatrix} = \begin{Bmatrix} 0 \\ 0 \end{Bmatrix} \quad \therefore X_1 = \begin{Bmatrix} 1 \\ 1 \end{Bmatrix}$$

$$\omega^2 = \frac{k_1 + 2k_2}{m}$$

$$\begin{bmatrix} k_1 + k_2 - \dfrac{k_1 + 2k_2}{m}m & -k_2 \\ -k_2 & k_1 + k_2 - \dfrac{k_1 + 2k_2}{m}m \end{bmatrix} \begin{Bmatrix} X_1 \\ X_2 \end{Bmatrix} = \begin{Bmatrix} 0 \\ 0 \end{Bmatrix}$$

$$\rightarrow \begin{bmatrix} -k_2 & -k_2 \\ -k_2 & -k_2 \end{bmatrix} \begin{Bmatrix} X_1 \\ X_2 \end{Bmatrix} = \begin{Bmatrix} 0 \\ 0 \end{Bmatrix} \quad \therefore X_2 = \begin{Bmatrix} 1 \\ -1 \end{Bmatrix}$$

$$\omega^2 = \frac{k}{m}$$

$$\rightarrow \left(k - \frac{k}{m}m\right)X = 0 \quad \therefore X = 1$$

각각의 고유 모드는 다음 그림과 같이 표현할 수 있습니다.

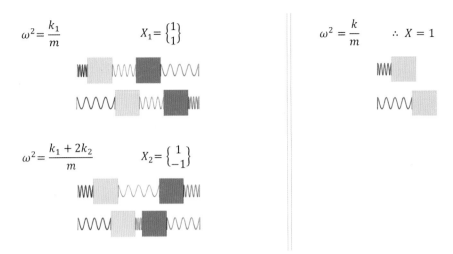

$$\omega^2 = \frac{k_1}{m} \qquad X_1 = \begin{Bmatrix} 1 \\ 1 \end{Bmatrix}$$

$$\omega^2 = \frac{k}{m} \qquad \therefore \ X = 1$$

$$\omega^2 = \frac{k_1 + 2k_2}{m} \qquad X_2 = \begin{Bmatrix} 1 \\ -1 \end{Bmatrix}$$

❼ 주파수 응답 함수

진동을 받는 시스템을 분석할 때, 때로는 정상 상태(steady state)에 관심을 두는 경우가 많습니다. 진동의 정상 상태는, 과도(transient) 상태를 거쳐 응답이 일정한 조화 함수의 상태를 말합니다. Abaqus에서는 Steady State Dynamics 해석으로 말하고 있습니다. 자유 진동보다는 외력에 대한 시스템의 반응을 보는 것입니다.

1 자유도 문제를 예로 들어, 아래와 같이 개념을 나타낼 수 있습니다.

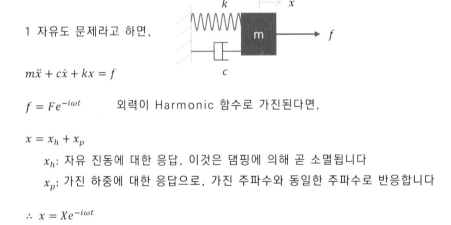

1 자유도 문제라고 하면,

$$m\ddot{x} + c\dot{x} + kx = f$$

$f = Fe^{-i\omega t}$ 외력이 Harmonic 함수로 가진된다면,

$x = x_h + x_p$

    x_h: 자유 진동에 대한 응답, 이것은 댐핑에 의해 곧 소멸됩니다

    x_p: 가진 하중에 대한 응답으로, 가진 주파수와 동일한 주파수로 반응합니다

$\therefore \ x = Xe^{-i\omega t}$

따라서 시스템의 운동 방정식을 아래와 같이 구할 수 있습니다. 결국 입력에 대한 응답(이 식에서는 변위)의 크기를 알 수 있습니다. 이때 결과로서 나오는 응답이 복소수 형식임을 주의해야 합니다.(댐핑으로 인한 위상 차이가 발생합니다.) 이 결과는 다음 그림과 같이 그래프 형식으로 그려지고, 가진 주파수별 응답의 크기를 의미합니다. 이때 응답은 변위 뿐만 아니라 속도, 가속도 및 응력이나 반력 등이 될

수 있습니다.

$$(k - m\omega^2 - ic\omega)Xe^{-i\omega t} = Fe^{-i\omega t}$$

$$\frac{X}{F} = \frac{1}{(k - m\omega^2) - ic\omega} \quad \Leftarrow \quad \xi \equiv \frac{c}{c_{cr}} = \frac{c}{2m\,\omega_n}, \qquad c = 2m\omega_n\xi$$

c:damping coefficient (감쇠계수)

ξ:damping ratio (감쇠비)

$$\frac{X}{F/k} = \frac{1}{(1 - \frac{\omega^2}{\omega_n^2}) - i2\xi\frac{\omega}{\omega_n}}$$

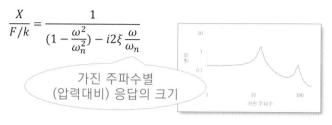

가진 주파수별
(압력대비) 응답의 크기

  1 자유도 문제에서 아래와 같이 스프링, 질량 및 댐퍼에 간단한 물성 값을 넣어서 그래프의 형태를 보겠습니다. 아래 그림에서 0Hz의 응답은 정적 응답이 되고, 무한대 주파수에서의 응답은 0이 되는 특성을 확인할 수 있습니다. 고유 진동수와 동일한 진동수로 가진하면, 만약 이 경우 댐핑이 없으면 응답은 무한대로 발산합니다. 댐핑이 있으면, 이 점에서의 응답은 댐핑 계수와 관계가 있습니다.

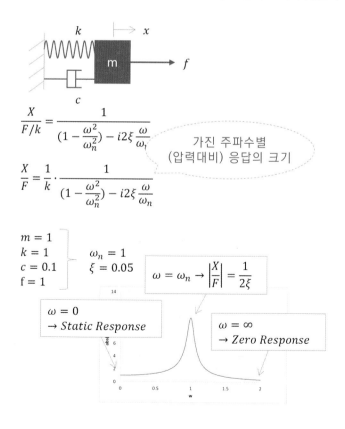

☑️ 주파수 응답 해석의 중요성

아래 그림과 같이 진동하는 시스템(그림에서는 외팔보)이 있다고 가정합니다. 이 시스템의 어떤 순간에서의 변형도, 그것의 고유 모드의 합으로 표현할 수 있습니다. 그림에서는 고유 모드 3개를 조합하여 임의의 순간에서의 변형을 잘 모사할 수 있음을 나타냈습니다.

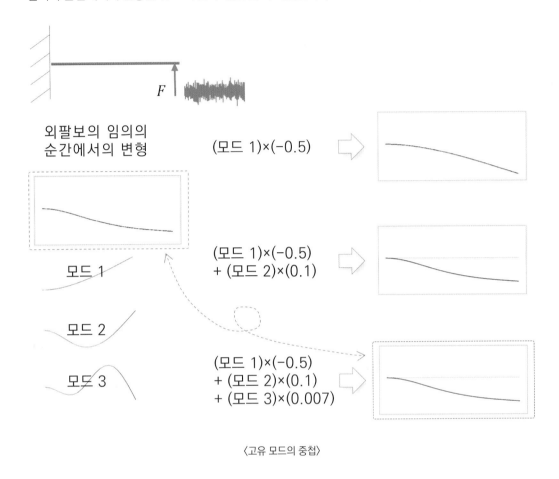

<고유 모드의 중첩>

우리가 피아노의 '도미솔'을 동시에 눌러 화음을 만들었다고 하면, 이 신호는 262Hz(도)의 sine 함수, 330Hz(미)의 sine 함수 그리고 392Hz(솔)의 sine 함수로 구성되어 있습니다. 이와 같이 어떠한 신호의 경우라도, 주파수 영역으로 보면, 원래 신호를 구성하고 있는 주파수의 성분을 쉽게 알 수 있습니다. 외팔보의 변형이나 화음 신호와 같은 예제에서는 3개의 '성분' 신호를 알 수 있고, 때로는 1 자유도 시스템 3개가 단순히 모여 있다고 생각할 수 있습니다.(〈함께하기 12〉 참조)

푸리에(Jean-Baptiste Joseph Fourier, 1768~1830)는 임의의 주기 신호를 서로 다른 주파수를 갖는 조화 함수의 합으로 나타내는 방법인 푸리에 급수(Fourier Series)를 만들었습니다. 예를 들어, 다음 그림과 같은 사각형 파형도 sine과 cosine 함수의 합으로 나타낼 수 있습니다.

$$f(t) = a_0 + \sum_{n=1}^{\infty} (a_0 \cos 2n\pi f t + b_0 \sin 2n\pi f t)$$ 푸리에 급수

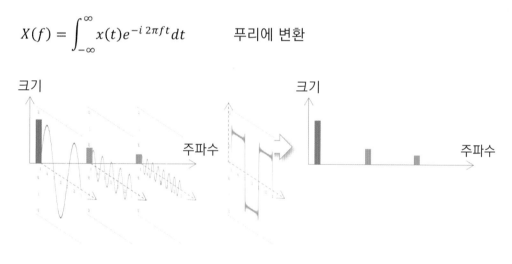

〈사각형 파형(왼쪽)과 차수별 푸리에 근사(오른쪽)〉

이와 같은 방법을 시간 영역에서 생각하지 않고, 주파수 영역에서 볼 수 있게 하는 것이 푸리에 변환 (Fourier Transform)입니다. 시간 영역에서의 복잡한 신호를 여러 개의 1 자유도의 진동의 합으로 생각할 수 있습니다.

$$X(f) = \int_{-\infty}^{\infty} x(t) e^{-i\,2\pi f t} dt$$ 푸리에 변환

〈사각형 파형의 푸리에 변환〉

11

공진 구조물 (1)
- 고유 진동수 해석

기둥 형상의 간단한 구조물을 갖고 동적 현상에 대해 알아 보겠습니다. 동적 현상에서 가장 중요한 고유 진동수를 추출하는 해석을 진행합니다.

1차 모드 : 15Hz   2차 모드 : 23Hz   3차 모드 : 33Hz

〈고유 진동수 해석〉

❶ Abaqus/CAE 실행

❷ Parts 생성

모델 트리의 Parts를 더블 클릭합니다.
Create Part 창이 열리면 Continue 버튼을 누릅니다.

❸ Sketch

Create Lines: Rectangle 아이콘을 클릭합니다.
화면 하단의 좌표 입력 창에 '0,0'을 입력하고 엔터키를 누릅니다.
다시 한 번 '10,100'을 입력하고 엔터키를 누릅니다.

Create Arc: Center and 2 End Points 아이콘을 클릭합니다.

화면 하단의 좌표 입력창에 중심의 좌표로 '5,100'을 입력하고 엔터키를 누릅니다.

원호 상의 한 점의 좌표로 '0, 100'을 입력하고 엔터키를 누릅니다.

원호 상의 다른 한 점의 좌표로 '10, 100'을 입력하고 엔터키를 누릅니다.

F6을 눌러 스케치한 것을 화면에 가득 차게 봅니다.

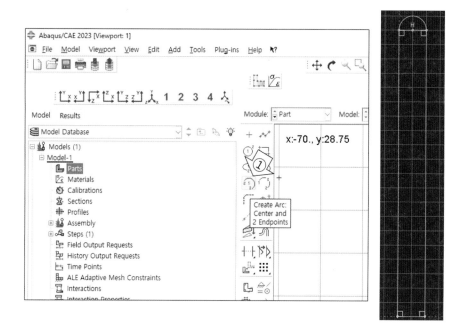

Delete 아이콘을 클릭하여 사각형과 원호의 연결부를 선택하고, 화면 하단의 Done 버튼을 눌러 삭제합니다.

ESC 키를 눌러 Delete 모드를 나옵니다.

화면 하단의 'Sketch the section for the solid extrusion' 메시지의 Done 버튼을 눌러 스케치를 종료하고 Extrude를 행합니다.

Edit Base Extrusion 창에서 Depth 항목에 30을 입력합니다.

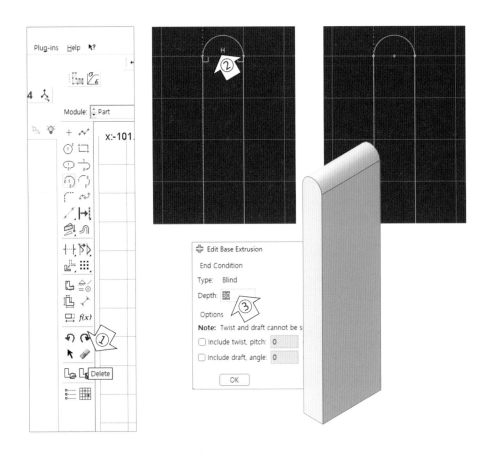

④ Partition

Mesh를 쉽게 하기 위한 파티션 작업을 하려고 합니다.

Partition Cell: Define Cutting Plane 아이콘을 클릭합니다.

화면 하단에 표시되는 3가지 Partition 방법 중, 3 Points를 선택합니다.

화면에 그려진 파트에서, 다음 그림과 같이 3 점을 선택합니다.

화면 하단의 Create Partition 버튼을 누릅니다.

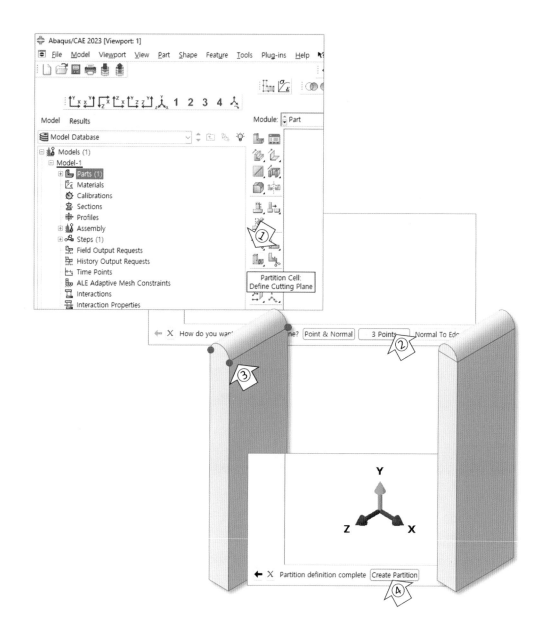

❺ Mesh

모델 트리의 Parts를 펼쳐 Mesh (Empty)를 더블 클릭합니다.

Seed Part 아이콘을 클릭합니다.

Approximate global size 항목에 '10'을 입력합니다.

OK를 누릅니다.

Seed Edges 아이콘을 클릭합니다.

다음 그림과 같이 4개 라인을 선택 후, 화면 하단의 Done 버튼을 누릅니다.

Local Seeds 창의 Method 항목으로 By number에 체크한 후, Sizing Controls의 Number of elements를 '4'로 맞춥니다.

OK 버튼을 누릅니다.

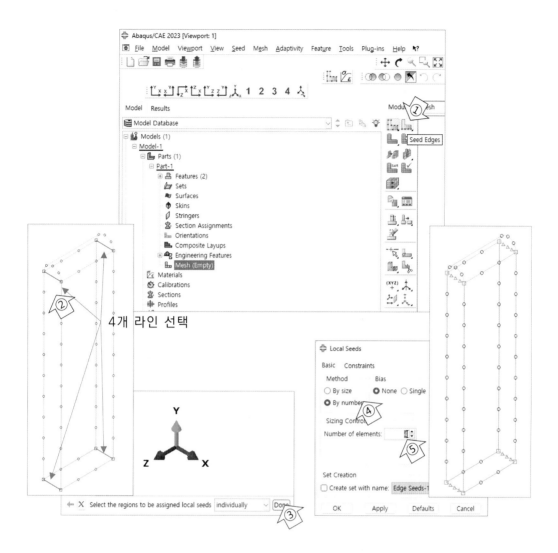

4개 라인 선택

⑥ 재료 물성 정의

모델 트리의 Materials를 더블 클릭합니다.

General 항목의 Density에 '2.E-9'를 입력합니다.

Mechanical 항목의 Elasticity-Elastic에 Young's Modulus로 '100'을, Poisson's Ratio로 '0.4'를 입력합니다.

Mechanical 항목의 Damping에 Beta로 '0.0005'을 입력합니다.

OK 버튼을 눌러 Edit Material 창을 닫습니다.

❼ Section 생성

모델 트리의 Sections를 더블 클릭합니다.

Create Section 창의 내용을 살펴본 후 Continue 버튼을 누릅니다.

Edit Section 창의 내용을 확인한 후 OK 버튼을 누릅니다.

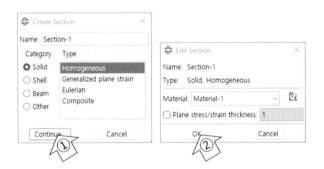

❽ Section Assignment

모델 트리의 Parts 창을 펼치고, Section Assignments 아이콘을 더블 클릭합니다.

화면 상의 전체 모델을 선택합니다.

화면 하단의 Done 버튼을 클릭합니다.

Edit Section Assignment 창의 내용을 확인하고 OK 버튼을 누릅니다.

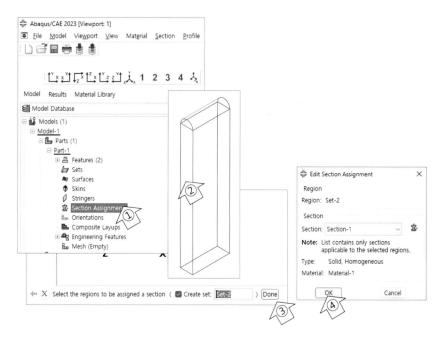

❾ Part 복사

모델 트리의 Part-1을 선택한 후, 마우스 오른쪽 버튼을 눌러 나오는 메뉴에서 Copy를 선택합니다.
이름을 'Part-2'로 입력하고 OK 버튼을 누릅니다.

비슷하게 Part-1을 다시 복사하고, 이름을 'Part-3'으로 지정합니다.

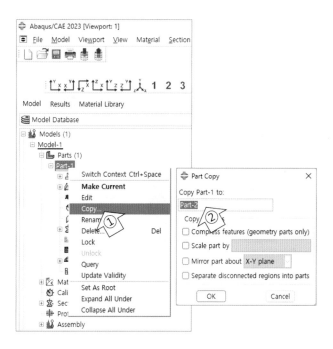

❿ Part-2 수정

모델 트리의 Part-2를 펼치고, Features 아래에 Section Sketch를 더블 클릭합니다.
Add Dimension 아이콘을 클릭합니다.

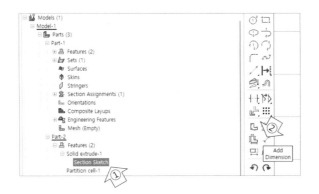

화면상의 스케치에서 y 방향 선분을 선택하고, 치수선이 표시되는 위치로 마우스를 옮긴 후 마우스를 클릭합니다.

화면 하단의 New Dimension 항목에 '120'을 입력하고, 엔터키를 누릅니다.

ESC 키를 누릅니다.

화면 하단의 Done 버튼을 누릅니다.

확인 창이 뜨면 OK 버튼을 누릅니다.

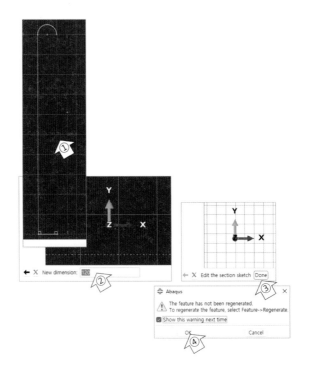

치수가 변경된 sketch로 3D 형상을 다시 생성하려고 합니다.

모델 트리의 Solid extrude-1 항목을 더블 클릭합니다.

확인 창에 뜨면 YES를 누릅니다.

Edit Feature 창의 OK 버튼을 누릅니다.

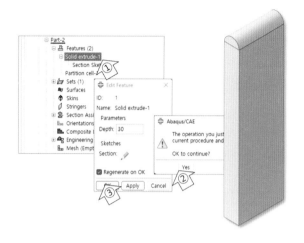

⓫ Part-3 수정

앞과 동일한 작업을 통해, Part-3의 높이를 150으로 변경합니다.

⓬ Assembly 모델 구성

모델 트리의 Instances를 더블 클릭합니다.

Part-1, Part-2, Part-3을 모두 선택하고 OK 버튼을 누릅니다.

⑬ Assembly 모델의 위치 조정

Translate Instance 아이콘을 클릭합니다.

화면상에서 가장 높이가 큰 Part-3을 선택합니다.

화면 하단의 Done 버튼을 누릅니다.

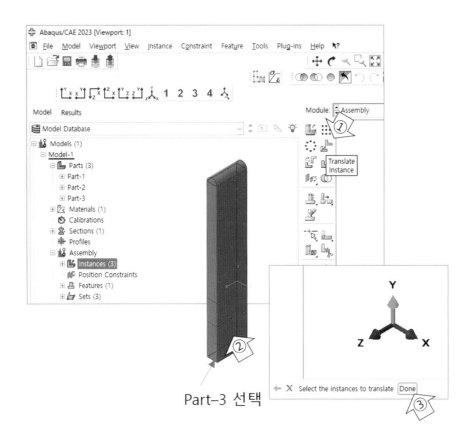

Part-3 선택

화면 하단의 시작 점 입력 창에 '0, 0, 0'을 입력하고 엔터키를 누릅니다.

화면 하단이 끝 점 입력 창에 '40, 50, 0'을 입력하고 엔터키를 누릅니다.

화면 하단의 OK 버튼을 누릅니다.

Translate 기능을 계속 하기 위해, 화면상에서 Part-2를 선택합니다.

화면 하단의 Done 버튼을 누릅니다.

화면 하단의 시작 점 입력 창에 '0, 0, 0'을 입력하고 엔터키를 누릅니다.

화면 하단이 끝 점 입력 창에 '20, 20, 0'을 입력하고 엔터키를 누릅니다.

OK 버튼을 누릅니다.

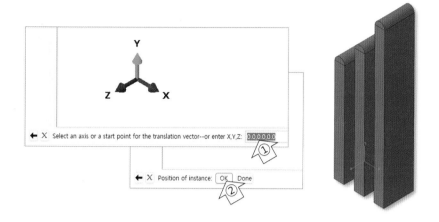

⑭ Set 설정

모델 트리의 Assembly를 펼치고, Sets를 더블 클릭합니다.

그림의 오른쪽 파트부터 상부 모서리의 한 점을 N1, N2, N3 이름으로 정의합니다.

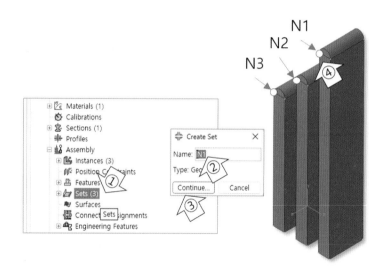

⑮ Steps 생성

모델 트리의 Steps를 더블 클릭합니다.

Procedure type에 Linear Perturbation을 선택합니다.

하위 목록에 Frequency를 선택하고 Continue 버튼을 누릅니다.

Edit Step 창에서 Eigensolver는 Lanczos 방법을 선택합니다.

Number of eigenvalues requested에 Value를 선택하고 '6'을 입력합니다.

OK 버튼을 누릅니다.

⑯ 경계 조건 설정

모델 트리의 BCs를 더블 클릭합니다.

Step 항목은 initial로 지정합니다.

Types for Selected Step 항목은 Displacement/Rotation을 선택하고 Continue 버튼을 누릅니다.

화면상에서 파트 모델의 밑면 3개를 선택합니다. (Shift 키를 누르고 마우스를 클릭합니다.)

화면 하단의 Done 버튼을 클릭합니다.

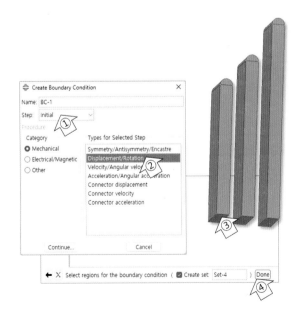

Edit Boundary Condition 창에서 U1, U2, U3를 구속합니다.

OK 버튼을 누릅니다.

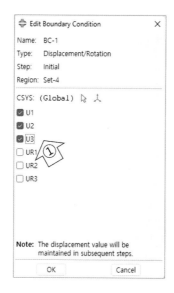

⑰ Mesh

모델 트리의 Part-1을 펼치고 Mesh (Empty)를 더블 클릭합니다.

Assign Element Type 아이콘을 클릭하고 전체 모델을 선택한 후, 화면 하단의 Done 버튼을 클릭하여 요소 정보를 확인합니다.

Element Type 창을 확인하고 OK 버튼을 누릅니다.

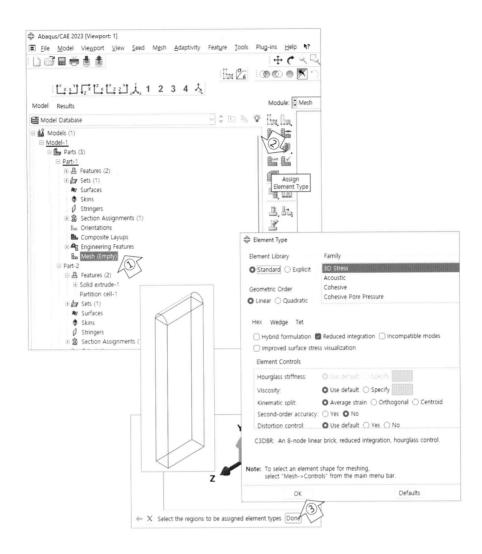

Mesh Part 아이콘을 클릭하고, 화면 하단의 Yes 버튼을 클릭합니다.

Part-2와 Part-3에 대해서도 Mesh를 완성합니다.

⑱ Job 생성과 Submit

⑲ 결과 확인

메인 메뉴의 Result-Step/Frame을 선택합니다.
가장 강성이 작은 주파수는 15Hz입니다.
OK 버튼을 누릅니다.

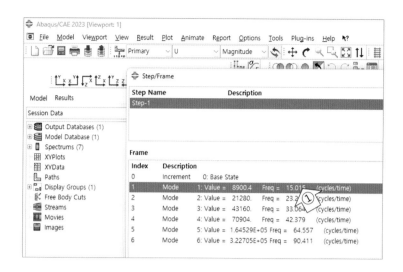

Animate : Scale Factor 아이콘을 누릅니다.

Animation Options 아이콘을 누릅니다.

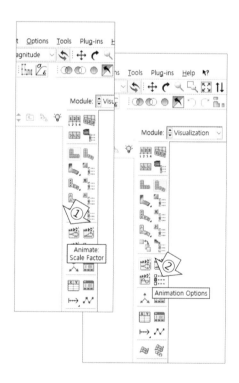

Animation Options 창에서 Mode를 Swing으로 바꿉니다.

Scale Factor/Harmonic 창에서 Relative Scaling 항목에 Full cycle을 선택합니다. ('+' 변형
과 '−' 변형을 1-Cycle로 보여주기 위해서입니다.)

Frames 항목에 15를 선택하고 OK 버튼을 누릅니다. (애니메이션 프레임 수를 크게 합니다.)

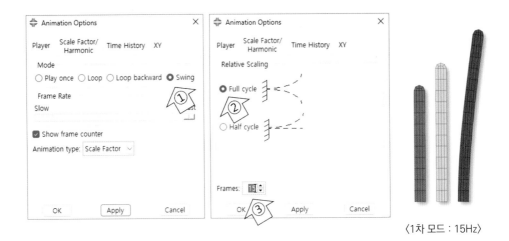

〈1차 모드 : 15Hz〉

두 번째 고유 진동수인 23Hz를 선택하고 애니메이션을 확인합니다.
세 번째 고유 진동수인 33Hz를 선택하고 애니메이션을 확인합니다.

여기서, 서로 침투하는 것과 같은 애니메이션은 다음과 같은 의미로 생각해야 합니다

결과로써 보여지는 값들은, '비율'의 의미만 있고 Linear Perturbation은 어떠한 비선형이 고려되는 것은 아니므로, 변형의 크기는 무한히 작다는 가정하에 계산된 것입니다. (Linear Perturbation Step의 직전까지는 General Step을 이용하여 비선형을 고려할 수 있습니다.) 선형 해석이므로 접촉과 같은 경계 비선형은 고려할 수 없습니다.

cae 파일을 저장합니다.

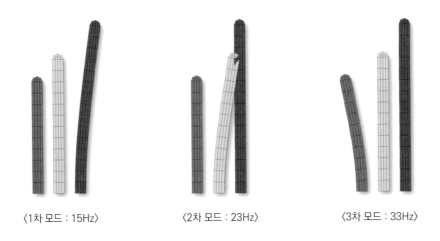

〈1차 모드 : 15Hz〉   〈2차 모드 : 23Hz〉   〈3차 모드 : 33Hz〉

12

공진 구조물 (2)
- 주파수 응답 해석

가진 주파수에 대한 응답의 크기를 알기 위해, 주파수 응답 해석을 진행해 보겠습니다. 앞의 〈함께하기 11〉에서 계속 진행합니다.

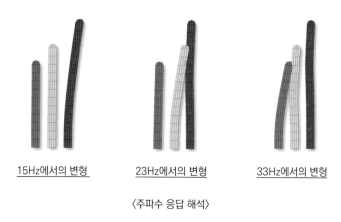

15Hz에서의 변형　　　　23Hz에서의 변형　　　　33Hz에서의 변형

〈주파수 응답 해석〉

❶ Abaqus/CAE 실행

❷ 모델 복사

〈함께하기 11〉에서 저장된 cae 파일을 불러 옵니다.

〈함께하기 11〉에서 만든 모델을 'SSD' 이름으로 복사합니다. (이후의 작업은 모델 트리의 'SSD' 아래에서 합니다.)

❸ Step 추가

모델 트리의 Steps를 더블 클릭하여 Step을 추가합니다.

Create Step 창에서, Steady-state dynamics, Direct를 선택하고 Continue 버튼을 누릅니다.

Edit Step 창에서, 해석 주파수 범위를 10Hz부터 40Hz 사이의 주파수 응답 해석을 하는데, 200개의 점을 결과로 출력합니다.

OK 버튼을 누릅니다.

주파수 영역에서 계산하는, 주파수 응답해석(Steady State Dynamics)으로써, 10Hz부터 40Hz 사이를 200단계로 나누어 가진 주파수 대비 응답의 크기를 해석합니다. 여기서의 응답은 변위, 속도, 가속도 및 응력 등이 될 수 있습니다. (이 예제에서는 History Output으로 변위를 출력합니다.)

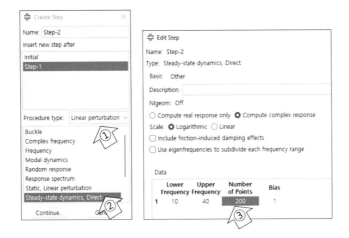

④ 경계 조건 설정

모델 트리의 BCs를 선택한 후, 마우스 오른쪽 버튼을 이용하여 Manager를 실행합니다.
Boundary Condition Manager 창에서 Step-2를 선택하고 Edit 버튼을 누릅니다.
Edit Boundary Condition 창이 열리면, U1 항목에 '1'을 입력합니다. 입력 형식이 복소수 형식임을 확인합니다. (U1을 '1'의 크기의 조화 함수로 가진합니다.)
OK 버튼을 누릅니다.

Boundary Condition Manager 창에서 Dismiss 버튼을 누릅니다.

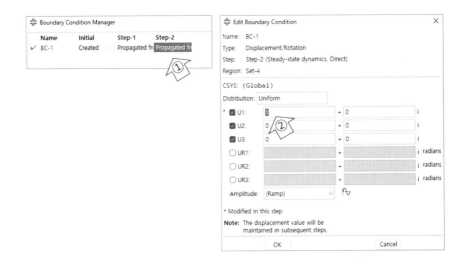

⑤ History Output 요청

모델 트리의 History Output Requests 아이콘을 더블 클릭합니다.

Create History 창이 열리면 Continue 버튼을 누릅니다.

Edit History Output Request 창에서 Domain은 Set으로 선택하고, 바로 우측의 Set 목록에서 'N1'을 선택합니다.

Output Variables로 'U1'을 선택하고 OK 버튼을 누릅니다.

비슷하게 N2와 N3에 대해서도 History Output을 요청합니다.

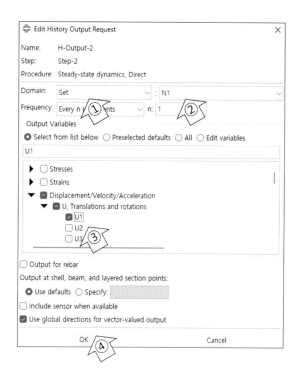

⑥ Field Output 요청

모델 트리의 Field Output Requests를 더블 클릭합니다.

Create Field 창이 뜨면 Continue 버튼을 누릅니다.

Output Variables 항목에 Displacement/Velocity/Acceleration 중 U, Translations and rotations를 체크하고 OK 버튼을 누릅니다.

⑦ Job 생성 및 Submit

'SSD' 이름으로 새로운 Job을 생성하고 Submit 합니다.

cae 파일을 저장합니다.

⑧ History Output 검토

결과 트리의 History Output 항목에서 N1에서의 U1에 대한 항목을 더블 클릭합니다.

입력에 대한 가진 주파수가 15Hz 근방에서 N1(높이가 가장 큰 파트)의 변위 응답이 커지고, 공진 점을 지나면서 반대의 변위가 생기는 것을 알 수 있습니다. (공진 점을 지나면 가진 방향과 반대의 방향의 변위가 생깁니다.)

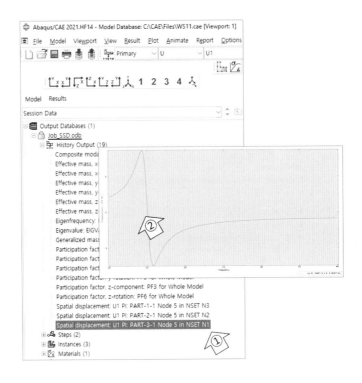

위의 결과는 Steady State Dynamics 해석이 주파수 영역에서 복소수로 계산되어 생기는 결과입니다. 어떤 경우는 위상을 생각하기 보다 절대적인 변형의 크기에 관심을 두는 경우가 있습니다. 이에 대한 결과를 얻기 위해서는 복소수의 결과를 절대값으로 출력하는 것이 필요합니다.

메인 메뉴의 Result-Options를 선택합니다.
Result Options 창의 Complex Form 탭에서 Magnitude를 선택하고 OK 버튼을 누릅니다.
다시 한번 결과 트리의 History Output 항목 중 N1의 U1에 대한 History output을 더블 클릭합니다.

15Hz 부근에서 최대 변위가 생기는 것을 알 수 있습니다.

N1, N2, N3의 History Output을 한 번에 그려봅니다.

N2의 경우 23Hz 부근에서 변위가 약 20 정도 수준임을 확인합니다.

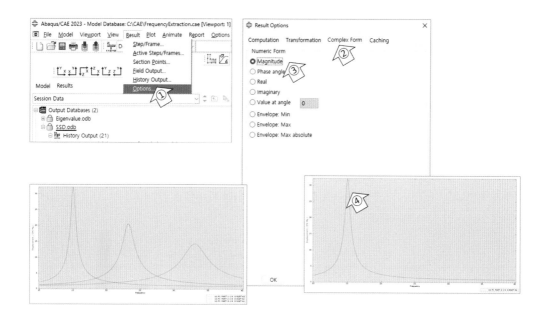

Plot Deformed Shape 아이콘을 클릭합니다.

메인 메뉴의 Result-Step/Frame을 선택하고 Step-2의 결과 중 15.08Hz의 결과(60번 프레임)
를 선택하고 APPLY를 누릅니다.

비슷하게 23.07Hz의 결과(121번 프레임)를 선택하고 APPLY를 누릅니다.

비슷하게 32.91Hz의 결과(172번 프레임)를 선택하고 APPLY를 누릅니다.

※ Common Options아이콘을 클릭하여 Deformation Scale Factor를 조절합니다.

Animate: Scale Factor 아이콘을 클릭하여, 각각의 가진 주파수에서의 변형 애니메이션을 확인
합니다.

〈15Hz에서의 변형〉　　〈23Hz에서의 변형〉　　〈33Hz에서의 변형〉

13 공진 구조물(3)
- 동적 과도 해석(Implicit vs Explicit)

이 예제에서는 앞에서 해석해 본 주파수 영역에서의 해석을 시간 영역에서의 동적 해석으로 재현해 보는 것입니다. 비선형은 고려하지 않은 과도 동적 해석을 진행해 본 후, 기하학적 비선형과 접촉 조건을 추가해 봅니다. Implicit과 Explicit 동적 해석을 수행하여 차이를 확인합니다.

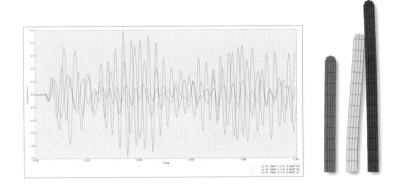

⟨동적 과도 해석⟩

❶ Abaqus/CAE 실행 및 해석 모델 불러오기

Abaqus/CAE를 실행하고, ⟨함께하기 12⟩에서 저장한 cae 파일을 불러옵니다.

❷ Model 복사

앞에서 만든 Steady State Dynamics 해석 모델을 복사하려고 합니다.

⟨함께하기 12⟩에서 만든 모델을 'LinDYN' 이름으로 복사합니다. (이후의 작업은 모델 트리의 'LinDYN' 아래에서 합니다.)

❸ Steps 생성

모델 트리의 Steps를 펼칩니다.

기존에 작성되었던 Step-1과 Step-2는 마우스 오른쪽 버튼을 이용하여 삭제합니다.

모델 트리의 Steps를 더블 클릭하여 새로운 Step을 생성합니다.

Create Step 창에서 Procedure type으로 General과 Dynamic, Implicit을 선택하고 Continue 버튼을 누릅니다.

Nlgeom 항목은 Off를 선택합니다.

Incrementation 창에서, Maximum number of increments 항목에 '10000'을 입력합니다.
Initial increment size에 1.E-3을 입력합니다.
OK 버튼을 누릅니다.

❹ Amplitude 생성

변위로 가진하는데, sine 파형의 신호로 입력하기 위하여 Amplitude 곡선을 작성하려고 합니다.
모델 트리의 Amplitude 아이콘을 더블 클릭합니다.
Create Amplitude 창에서 Type을 'Periodic'으로 선택하고 Continue 버튼을 누릅니다.

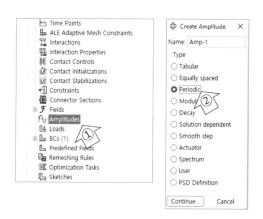

Abaqus에서 제공하는 Periodic 형태의 Amplitude 곡선은 아래와 같은 식을 쓰고 있습니다.

$$y = A_0 + \sum_{n=1}^{N} [A_n \cos n\omega(t - t_0) + B_n \sin n\omega(t - t_0)]$$

이 문제에서는 아래와 같은 sine 함수를 갖고 23Hz로 가진하려고 하므로 그림과 같이 입력해야 합니다.

$$y = \sin 2\pi f\, t \qquad f = 23\, Hz \qquad \therefore \omega = 145$$

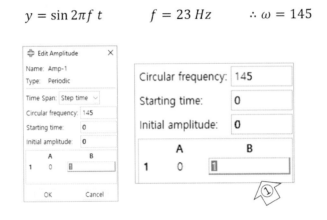

❺ 경계 조건 설정

이미 저장되어 있는 경계 조건인, 모델 트리의 BC-1을 더블 클릭합니다.

Edit Boundary Condition 창에서 U1, U2, U3를 선택합니다.

U1 항목에 1을 입력하고, Amplitude 항목에 앞에서 정의한 Amplitude 곡선을 연결합니다. (여기서 지정한 값과 Amplitude 곡선의 값을 곱하여 실제의 경계 조건이 적용됩니다.)

OK 버튼을 누릅니다.

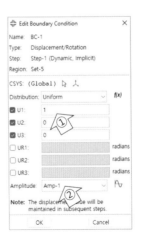

❻ History Output 요청

N1, N2, N3에 대해 U1을 시간 0.001 간격으로 요청합니다.

※ Output으로 요청한 시간 간격에서 반드시 해석 결과를 출력해야 하므로, 해석 증분 시간은 이 간격보다 커질 수 없습니다. 때로는 계산 시간과 결과 파일의 크기를 줄이기 위하여 출력 빈도를 최소화 하는 경우가 있습니다.

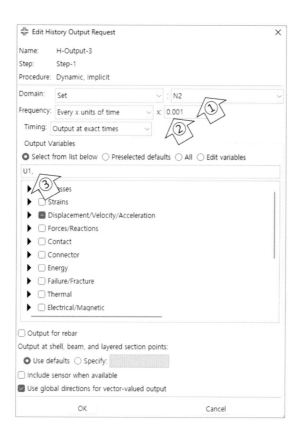

❼ Field Output 출력

전체 모델에 대해 시간 0.005 간격으로 변위(U)를 출력합니다.

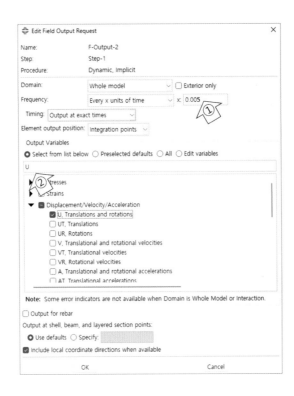

❽ Job 생성 및 Submit

❾ 결과 검토

Animate : Time History 아이콘을 클릭합니다.

가장 강성이 작은 파트의 진폭보다 중간 강성을 갖는 파트의 진폭이 더 큰 것을 알 수 있습니다.

(가진 주파수가 중간 강성을 갖는 파트의 고유 진동수에 근접하여 중간 강성을 갖는 파트의 응답이 공진으로 인해 커집니다.)

※ Common Options 아이콘을 클릭하여, 변형 Scale을 1.0으로 맞춥니다.

결과 트리의 History Output에서 N2의 U1 그래프를 더블 클릭합니다.

평균적인 응답 변위의 진폭(amplitude)이 약 20이 됨을 확인할 수 있습니다.

앞의 예제에서 구한 Steady State Dynamics 그래프의 결과와 비교하기 바랍니다.

처음 정지상태에서

과도(transient) 응답 구간을 지나

정상 상태(steady state) 진동이 얻어집니다.

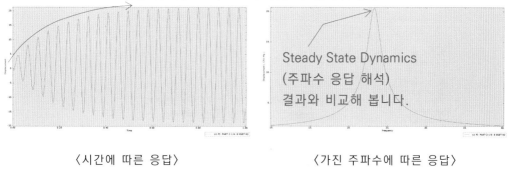

〈시간에 따른 응답〉　　　　　　　　　　〈가진 주파수에 따른 응답〉

⑩ 모델 복사

이번에는 기하학적 비선형을 고려하고, 경계 비선형을 반영하기 위해 접촉 조건을 추가하여 해석하려고 합니다.

모델을 'NonLinDYN' 이름으로 복사합니다. (이후의 작업은 모델 트리의 'NonLinDYN' 아래에서 합니다.)

⑪ Step 수정

모델 트리의 Step-1을 선택한 후 마우스 오른쪽 버튼을 이용하여 Edit 모드를 엽니다.

NIgeom 항목에 On을 선택하여 기하학적 비선형을 반영합니다.

OK 버튼을 누릅니다.

⑫ Interaction Properties 생성

Interaction Properties 아이콘을 더블 클릭합니다.

Create Interaction Property 창에서 Type 항목에 Contact을 선택하고 Continue 버튼을 누릅니다.

Edit Contact Property 창에서 Mechanical-Tangential Behavior를 선택하고 Friction formulation 항목은 Frictionless를 선택합니다. (마찰 계수가 '0'인 것과 동일합니다.)

OK 버튼을 누릅니다.

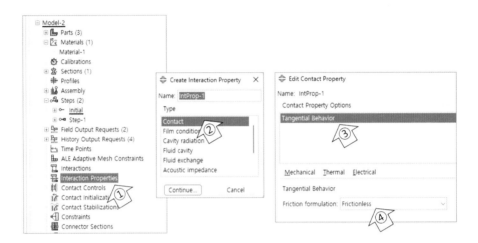

⑬ 접촉 조건 추가

Interactions 아이콘을 더블 클릭합니다.

Create Interaction 창에서 Step 항목에 Initial을 선택합니다.

Types for Selected Step 항목에 General Contact(Standard)를 선택하고 Continue 버튼을 누릅니다.

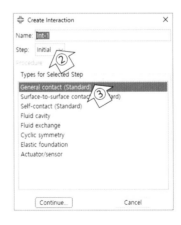

Edit Interaction 창에서, Global property assignments 항목에, 미리 정의한 property를 선택하고 OK 버튼을 누릅니다.

⑭ Job 생성 및 Submit

⑮ 결과 검토

History output 항목에서 N2의 U1을 더블 클릭하여 응답을 검토합니다.

평균적인 응답 변위의 진폭(amplitude)이 약 10이 됨을 확인할 수 있습니다. 앞에서의 예제와는 달리 완전한 정상 상태가 되지 않는 것도 확인할 수 있습니다.

이 결과는, Steady State Dynamics의 결과와는 다릅니다. Steady State Dynamics는 Perturbation 해석으로, 해석 단계 내에서의 어떠한 비선형도 고려하지 않습니다. 하지만 비선형 해석의 경우 해석 단계 내에서의 비선형(기하학적, 재료 및 경계 비선형)을 반영할 수 있습니다.

Animation으로 변형 형상을 검토합니다. 접촉이 고려되고 있는지 확인합니다.

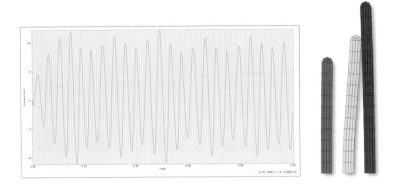

⑯ 하중 시그널 적용

이제 실제 작동 하중(RLD, Road Load Data)을 입력해 보려고 합니다.

모델 트리의 Amplitude를 더블 클릭합니다.

Name 항목을 'RLD'로 입력하고 Type은 Tabular를 선택합니다.

Continue 버튼을 누릅니다.

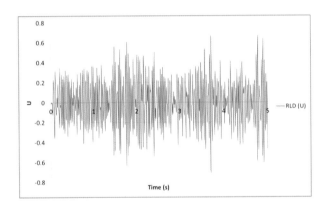

〈가진 신호〉

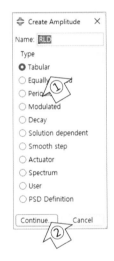

Edit Amplitude 창에서 첫 번째 셀(cell)을 선택한 후, 마우스 오른쪽 버튼을 클릭합니다.

Read from file을 선택하여 'Signal_5sec.txt'를 불러옵니다.

Read Data from ASCII File 창의 OK 버튼을 누릅니다.

Edit Amplitude 창의 OK 버튼을 누릅니다.

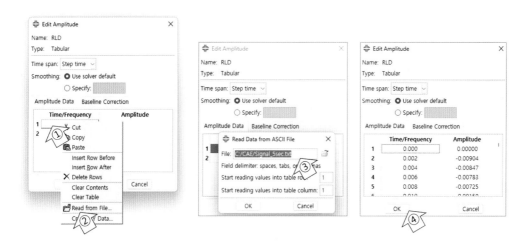

⑰ 경계 조건 수정

앞에서 정의한 BC-1의 Amplitude를 수정합니다. (모델 트리의 BCs의 Manager를 이용합니다.)

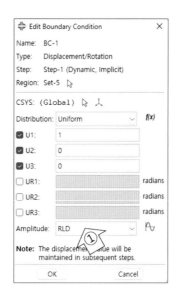

⑱ Job 생성 및 Submit

⑲ 결과 검토

History output 항목에서 N1, N2, N3를 동시에 선택하여 중첩된 그래프를 그립니다. 가장 강성이 큰 N3의 변형이 가장 큰 것을 알 수 있습니다.

이와 같이 가진 신호에 의해서도 시스템의 응답 성격이 바뀔 수 있음에 주의해야 합니다.

History output의 N3 항목을 선택하고, 마우스 오른쪽 버튼을 이용하여 저장합니다. (XYData로 저장됩니다.)

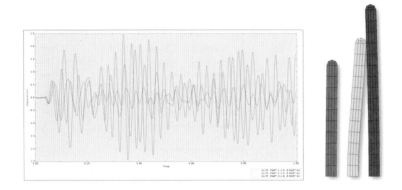

⑳ 모델 복사

Explicit 해석으로 진행해 보려고 합니다.
위에서 작업한 모델을 'XPL' 이름으로 복사합니다. (이후의 작업은 모델 트리의 'XPL' 아래에서 합니다.)

㉑ Step 설정

모델 트리에서, 이미 저장되어 있는 Step('Step-1')은 마우스 오른쪽 버튼을 이용하여 삭제합니다.
모델 트리에서, Step과 관련 있는 Interaction('Int-1')을 삭제합니다.

모델 트리의 Steps를 더블 클릭합니다.
Dynamic, Explicit을 선택하고 Continue 버튼을 누릅니다.
Edit Step 창의 OK 버튼을 누릅니다.
※ 이 예제는 계산 시간이 많이 소요될 수 있습니다. 계산 시간을 줄이기 위해, Edit Step 창의 Time Period 항목에 좀 더 짧은 스텝 시간(step time)을 입력하여 실습할 수 있습니다. (다음 그림은 0.1s 해석만 진행하는 경우입니다.)

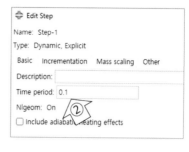

㉒ 경계 조건 설정

모델 트리의 BCs를 선택한 후, Manager 창을 띄웁니다.

Step-1을 선택하고 Edit 버튼을 누릅니다.

Edit Boundary Condition 창의 U1 항목에 '1'을 입력하고 Amplitude 항목에 'RLD'를 선택합니다.

Edit Boundary Condition 창의 OK를 누릅니다.

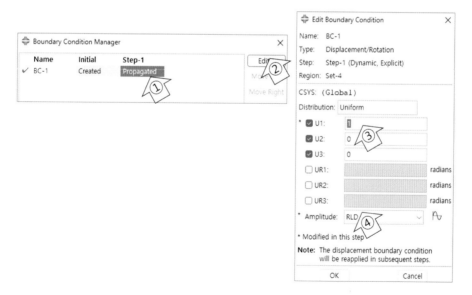

㉓ History Output 요청

N3에 대해 U1 성분을 시간 0.001 간격으로 출력합니다.

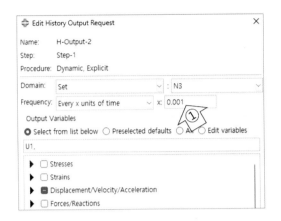

㉔ Field output 요청

전체 모델에 대해 U(변위)를 시간 0.005 간격으로 출력합니다.

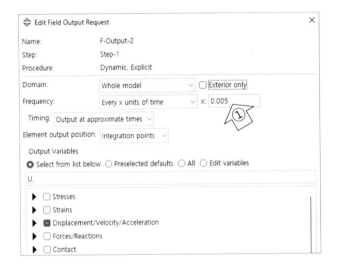

㉕ Interaction 설정

모델 트리의 Interaction을 더블 클릭합니다.

Create Interaction 창에서 General contact(Explicit)을 선택하고 Continue 버튼을 누릅니다.

Edit Interaction 창에서 Global property assignment 항목에 미리 정의된 'IntProp-1'을 연결합니다.

OK 버튼을 누릅니다.

㉖ Job 설정

Edit Job의 Parallelization 탭에서 멀티 코어를 선택합니다.

Precision 탭에서 Double을 선택합니다.

OK 버튼을 누릅니다.

㉗ Job Submit

이 문제의 경우 계산 시간이 많이 소요됩니다. Explicit 해석은 짧은 순간의 고 비선형 문제에 가장 효과적으로 적용할 수 있습니다.

㉘ 결과 검토

History output의 N3의 U1 항목에 대해 Abaqus/Implicit으로 해석한 결과와 비교해 봅니다.

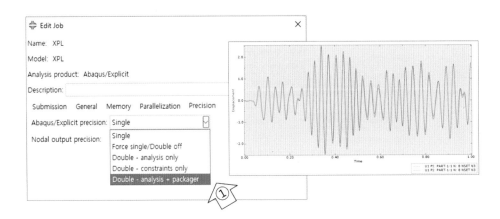

㉙ sta 파일 검토

Abaqus/Standard 해석과 Abaqus Explicit 해석의 solving 과정에서 생성되는 sta 파일을 검토합니다. (이 파일은 Job Monitor의 정보와 동일합니다.)

두 해석에서 시간 증분 값을 확인해 봅니다.

☑ Abaqus/Standard에서의 시간 증분은 입력 값에 영향을 받습니다. (Initial Increment and Minimum Increment size) 해석 수렴이 빠른 경우, 증분 시간은 커지고, 반대로 수렴이 안되거나 늦는 경우는 증분 시간이 줄어듭니다. 단, 출력 간격이 정의되어 있는 경우는, 출력 간격에 맞게 시간 증분이 결정됩니다.

☑ Abaqus/Explicit에서의 시간 증분은 프로그램에 의해 정해집니다. 이 시간 증분보다 더 큰 증분은 수치 에러를 증폭시킵니다. 시간 증분이 작으므로 solving 시 연산에 대한 정밀도를 높여야 합니다. (double precision을 쓰는 이유입니다.)

STEP	INC	ATT	SEVERE DISCON ITERS	EQUIL ITERS	TOTAL ITERS	TOTAL TIME/ FREQ	STEP TIME/LPF	INC OF TIME/LPF
1	1	1	0	2	2	0.00100	dt = 0.001	0.001000
1	2	1	0	2	2	0.00200	0.00200	0.001000
1	3	1	0	2	2	0.00300	0.00300	0.001000

〈Abaqus/Standard 해석〉

```
   STEP     TOTAL      WALL     STABLE   CRITICAL   KINETIC      TOTAL
INCREMENT    TIME      TIME      TIME    INCREMENT   ELEMENT     ENERGY      ENERGY
        0  0.000E+00 0.000E+00 00:00:00 2.202E-08   dt = 2.2E-8 .194E-05   9.194E-05
  2133523  4.699E-02 4.699E-02 00:06:24 2.202E-08            7.101E-02  -2.803E-03
  2270343  5.000E-02 5.000E-02 00:06:47 2.202E-08       131  7.622E-02  -3.531E-03
```

〈Abaqus/Explicit 해석〉

앞에서 Explicit 해석은 아래와 같은 시간 적분 알고리즘을 사용하는 것입니다. 1 자유도 문제를 예로 들어, Explicit 해석의 시간 증분을 크게 할 수 있는 방법을 생각해 보겠습니다.

> 외연적(explicit)
> 시간 적분

Solve $\quad m\,\ddot{x}^i + k^i\,x^i = f^i$

$$\ddot{x}^i = m^{-1}\left(f^i - k^i\,x^i\right)$$

$$x^{i+1} = x^i + \Delta t\,\dot{x}^{i-\frac{1}{2}} + \Delta t^2\,\ddot{x}^i$$

1 자유도 문제에서, $\qquad x^{i+1} = x^i + \Delta t\,\dot{x}^{i-\frac{1}{2}} + \Delta t^2\left(\dfrac{f^i}{m} - \dfrac{k^i}{m}x^i\right)$

만약 이전 단계에서 에러가 있다면, $\qquad x^{i*} = x^i + Error$

이전 단계의 에러는 다음 단계에서, $\qquad x^{i+1*} = \cdots + \Delta t^2\,\dfrac{k^i}{m}Error$

따라서 에러가 커지지 않기 위해서는, $\qquad \Delta t^2\,\dfrac{k^i}{m} < 1 \quad \therefore \quad \Delta t < \dfrac{1}{\omega}\ \ (\approx T)$

따라서, Explicit 해석에서의 증분 시간은 하나의 요소가 응력파를 전달하는 시간보다는 작아야 에러가 증폭되지 않습니다. 따라서, 증분 시간을 크게 하기 위해서는, 무엇보다도 요소의 길이를 크게 하는 것이 효과적입니다. 또는 질량을 증가시키거나 강성을 줄일 수도 있는데, 일반적으로는 요소의 길이가 상대적으로 작은 요소에 대해서만 밀도를 크게 하는 방법을 쓰고 있습니다. (자세한 내용은, mass scaling 방법을 참고하시기 바랍니다.)

MEMO

해석 재질 물성(탄소성 재질)

07

해석 재질 물성(탄소성 재질)

이 장에서는 구조 해석의 기본이 되는 탄소성 해석의 원리를 살펴보겠습니다. 철강 재료뿐만 아니라 비금속 및 엔지니어링 플라스틱 재질의 대 변형이나 파손을 다룰 때 적용할 수 있습니다.

❶ 단순 인장 시험

실제 제품의 거동을 실제와 유사하게 예측하기 위해서는 정확한 재질 물성을 아는 것이 필요합니다. 아래 그림과 같이 실제 제품에서의 재질 거동과 시편 상태에서의 재질 거동이 동일할 것이라는 가정하에 시편으로부터 재질 물성을 얻어내고 있습니다.

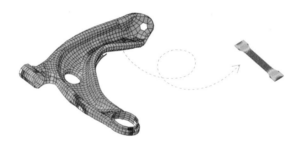

〈구조물과 시편의 상사 원리〉

다음 그림과 같이 실제 하중 이력이 적용된 부품에 있어서, 하중 사이클의 형태에 따라 파손 위치가 변하기도 합니다. 이때, 시편 시험으로부터 정확한 재질 거동(재질의 응력-변형률 선도)을 알고 있다면, 그림과 같이 하중 사이클에 따른 재료 거동을 정확하게 예측할 수 있고 파손이 생기는 원인을 파악할 수 있습니다.

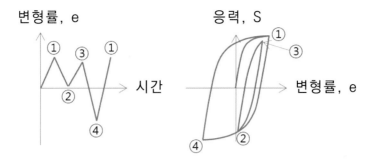

변형률, e 응력, S

시간 변형률, e

〈시간에 따른 변형률 이력과 대응되는 재질 거동〉

아래 그림은 단순 인장 시편의 해석 모델을 나타낸 것입니다. 단순 인장 시험은 재질 물성을 얻기 위한 가장 기본적인 시험이고, 때로는 해석 모델을 이용하여 해석 물성을 검증하는 것이 필요합니다. 시편은 다양한 형상이 있는데, 그림과 같은 판형이나 원통형 형상이 일반적입니다. 재질의 고유 특성을 뽑아내기 위해서는 시편의 크기나 형상에 무관한 응력-변형률 곡선이 얻어져야 합니다. 이런 형태의 시편은 대부분의 금속 및 비금속(엔지니어링 플라스틱 등) 재질에 적용할 수 있습니다.

〈단순 인장 시편〉

단순 인장 시험 장비는 아래 그림과 같습니다. 시편의 양단을 시험 장비의 지그(jig)에 물리고, 그 중 한쪽은 유압 장비에 의해 변위가 가해집니다. 시편의 변형은 균일한 변형이 측정되는 구간에서 변위 측정 장치를 이용하여 측정하고, 시편 변형에 대한 반력은 시험 장비의 로드셀(load cell)을 이용하여 측정할 수 있습니다.

균일한 변형이 측정되는 구간을 '표점 거리'라고 하고, 이 사이의 변형된 길이를 측정하여 공칭 변형률을 계산합니다. 로드셀에서 측정된 반력으로부터 공칭 응력을 계산할 수 있습니다.

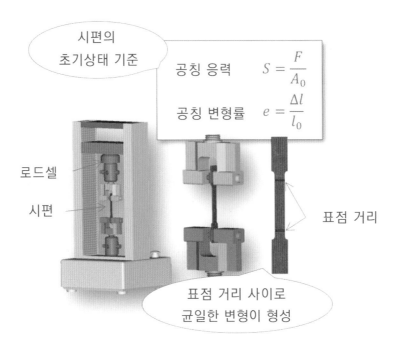

공칭 응력 $S = \dfrac{F}{A_0}$

공칭 변형률 $e = \dfrac{\Delta l}{l_0}$

〈단순 인장 시험기〉

단순 인장 시험으로부터 변형과 반력이 측정되고, 이것을 변형률과 응력으로 환산하여 그래프로 나타내면 아래 그림과 같습니다.

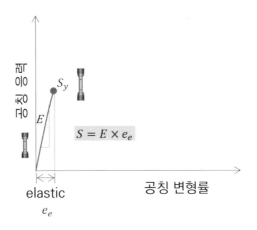

$S = E \times e_e$

〈공칭 응력–변형률〉

변형이 작은 구간에서는 하중 제거 시 처음 상태로 돌아 가는데, 이 구간을 탄성 구간으로 정의합니다. 탄성 구간에서의 응력-변형률의 선형 관계를 탄성 계수 또는 영의 계수로 정의합니다.

어느 정도 하중이 큰 경우의 하중 제거 시, 처음 상태로 돌아가지 못하고 영구 변형(소성)이 시작됩니다. 이 점을 항복 강도(yield stress)라고 말하고, 이 구간까지를 탄성 한도라고 합니다. 이 점을 정확히 찾기 위해서는 정밀한 반복 시험이 필요합니다.

조금 더 변형을 가했을 때의 응력-변형률 선도는 아래 그림과 같습니다. 항복 강도 이후에 하중을 제거하면 원점으로 돌아가지 못하고 영구적인 소성 변형이 남습니다. 하중 제거 시, 탄성 계수의 기울기를 따라서 응력이 감소하는데, 이것을 수식으로 표현하면 아래와 같이 나타낼 수 있습니다. 이때, 점 A의 총 변형률은 그림과 같이 탄성 부분과 소성 부분의 합으로 생각할 수 있습니다. 점 A의 응력은 점 A의 변형률 성분 중, 탄성 변형률로 정해지는 것을 주의해야 합니다.

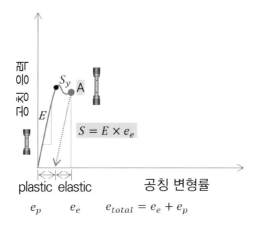

〈공칭 응력-변형률〉

정확한 항복점을 찾는 것이 어렵기 때문에, 산업 현장에서는 탄성 계수 선도를 평행 이동시켜(offset) 응력-변형률 선도와 만나는 점을 항복점으로 쓰는 경우가 많습니다. 주로 많이 쓰이는 0.2% 항복 강도는 공학적으로 0.2%의 영구 변형이 생기는 점(0.2% yield stress, $S_{0.2}$)을 의미하고, 이것은 공칭 변형률 축으로 탄성 계수 선도를 0.2% 이동시킨 후, 응력-변형률 선도와 만나는 점으로 정의할 수 있습니다.

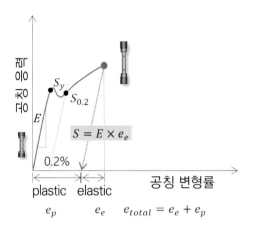

〈공칭 응력-변형률〉

시험기에서 변형이 좀 더 진행하면 최대 하중 점을 지나게 되는데, 이 점을 인장 강도(UTS-Ultimate Tensile Strength, S_u)라고 합니다. 공칭 응력이 가장 큰 점을 인장 강도라고 할 수 있습니다. 시편은 재질에 따라 인장 강도 시점에서 파단이 되는 경우가 있습니다. 때로는 인장 강도 시점을 지나면서 공칭 응력은 작아지고, 변형이 좀 더 진행된 후에 파단되기도 합니다. 파단 시의 공칭 변형률을 연신율(elongation)로 정의합니다.

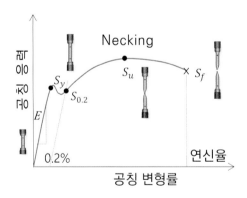

〈공칭 응력-변형률〉

일부 재질(예들 들어, 연강)의 경우, 표점 거리 사이가 균일하게 신장되다가, 인장 강도 시점에 한 점에서 변형이 집중되는 경우가 있습니다. 이때, 단면이 줄어들면서 하중 지지 능력은 감소하므로 공칭 응력도 감소하기 시작합니다. 이렇게 한 점에서 변형이 집중되는 현상을 네킹(necking)이라고 합니다. 위의 그림에서 시편의 네킹이 표현되어 있습니다.

네킹 이후는 표점 거리 사이가 균일하게 변형하지 않으므로, 공칭 응력–변형률 곡선의 사용은 주의가 필요합니다. 표점 거리 사이가 균일하게 변형하는, 네킹 전까지의 데이터를 갖고 해석 물성을 구하는 것이 일반적입니다.

연강 이외의 몇 가지 대표적인 재질에 대해 대략적인 응력–변형률 곡선의 형태를 그림에 나타냈습니다. 그림에서 회주철이나 알루미늄 합금은 네킹 없이 파단된 것을 의미하고, 엔지니어링 플라스틱은 인장 강도 이후에 발생하는 소성 변형이 큰 것을 알 수 있습니다. (엔지니어링 플라스틱은 네킹이 시작되는 점을 항복점으로 부르기도 합니다.)

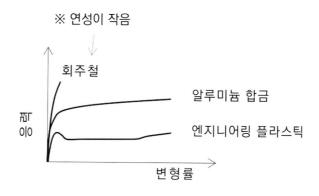

〈여러 재질별 대략적인 인장 곡선〉

❷ 진 응력(True Stress)과 진 변형률(True Strain)

어떤 변형 순간에서의 공칭 응력과 공칭 변형률은 다음 그림과 같이 시편의 처음 단면적과 처음 표점 거리를 갖고 계산합니다. 이때 일(에너지, work)의 증분도 그림과 같이 계산할 수 있습니다.

처음 단면적과 처음 표점 거리 사용

$$S = \frac{F}{A_0} \qquad de = \frac{dl}{l_0}$$

공칭 응력
공칭 변형률

$$dW = F \cdot dl$$

$$= SA_0 \cdot l_0 de$$

$$= S \cdot de \; V_0$$

〈공칭 응력-변형률〉

만약 변형 순간의 단면적과 순간의 표점 거리를 알 수 있다면 아래 그림과 같이 순간의 응력과 변형률의 증분을 계산할 수 있습니다. 예를 들어, 네킹이 생겼을 때, 순간의 반경을 측정하여 응력과 변형률을 계산할 수 있습니다. 이렇게 계산하는 것이 진 응력과 진 변형률입니다.

이때, 일의 증분도 그림과 같이 계산할 수 있습니다. 동일한 일의 증분이 공칭 응력-공칭 변형률의 쌍과 진 응력-진 변형률의 쌍으로 표현되는 것을 나타내고 있습니다.

순간의 단면적과 순간의 표점 거리 사용

$$\sigma = \frac{F}{A} \qquad d\varepsilon = \frac{dl}{l}$$

진 응력
진 변형률

$$dW = F \cdot dl$$

짝이 되는
응력-변형률 쌍

$$= \sigma A \cdot l \, d\varepsilon$$

$$= \sigma \cdot d\varepsilon \; V$$

〈진 응력-변형률〉

표점 거리 사이가 균일한 변형 구간에서, 공칭 응력–변형률과 진 응력–변형률의 관계를 알아 보겠습니다. 공칭 변형률의 정의로부터 현재 시점의 길이를 아래 그림과 같이 표현할 수 있습니다.

$$e = \frac{\Delta l}{l_0} \qquad l = l_0 + \Delta l$$

$$= l_0 + l_0 \cdot e$$

$$= l_0(1 + e)$$

이 과정에서의 변형이 비압축성으로 생각하여 부피가 변하지 않는다고 하면, 진 응력은 아래와 같이 나타낼 수 있습니다.

※ 많은 재질에서의 소성 과정은 비압축성으로 다루고 있습니다. 체적 변화를 일으키는 압력 성분을 제거한 Mises 응력이 소성 과정에 잘 부합하는 이유입니다.

$$A_0 l_0 = A\,l$$

$$\sigma = \frac{F}{A_0}\frac{A_0}{A}$$

$$= \frac{F}{A_0}\frac{l}{l_0}$$

$$= \frac{F}{A_0}(1 + e)$$

$$= S(1 + e)$$

이제 진 변형률(증분)을 적분하여 현재까지의 총 진 변형률을 계산할 수 있습니다.

이렇게 공칭 응력–변형률을 진 응력–변형률로 변환하는 것은, 표점 거리 사이가 균일한 변형 구간에서만 가능합니다.

$$\varepsilon = \int_{l_0}^{l_0 + \Delta l} \frac{dl}{l}$$

$$= ln(\frac{l_0 + \Delta l}{l_0})$$

$$= ln(1 + e)$$

☑ 항복점 부근

실제 재질의 인장 시험 곡선에서 항복점 부근을 확대하여 나타내면 아래 그림의 형태를 갖는 경우가 있습니다. 재질에 따라 상항복점, 항복점 연신, 그리고 하항복점 현상이 나타납니다. 상항복점은 항복이 시작한 후 항복점 부근의 최대 값을 말합니다. 상항복점을 지나면서 그림과 같이 항복점 연신 현상을 보여주는 재질이 있습니다. 이런 재질은 하항복점을 지난 후 경화(hardening)되면서 강성은 증가합니다.

이와 같은 항복점 현상을 반영하여 해석 물성을 만드는 경우, Abaqus는 주어진 물성 그대로를 따라가면서 해석을 진행하는데, 이것은 마치 좌굴과 같이 시스템을 불안정하게 만들어 수렴을 어렵게 하는 원인이 될 수 있습니다.

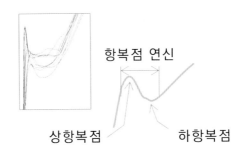

〈항복점 현상의 예〉

항복점 부근에서의 복잡한 거동이, 인장 시험 전체에서는 일부분이므로 아래 그림과 같이 이 부분을 수정하여 해석 수렴성을 높이는 방법이 있습니다.

※ 그림은 항복점 부근이 과장되어 표현된 것입니다.

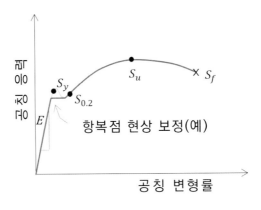

〈항복점 현상 보정〉

정확한 항복점을 찾기 어려우므로 0.2% 항복점을 쓰는 경우가 있습니다. 일반적으로 0.2% 항복점은 상항복점과 하항복점을 지나서 위치하는 경우가 많으므로, 0.2% 항복점을 해석 재질의 항복점으로 정의하면 아래 그림과 같은 재질 물성을 쓰는 것과 같습니다. 항복점 부근에서의 왜곡이 생길 수 있으므로 실제 시험과 비교하여 판단해야 합니다.

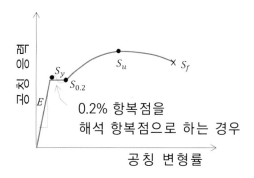

〈0.2% 항복점과 해석 재질 물성〉

☑ 네킹 전 구간에서의 진 응력-변형률의 변환

어떤 응력-변형률의 쌍을 쓸 것인지는, 재질 모델에서 쓰고 있는 구성 방정식에 달려있습니다. Abaqus의 경우, 고무 재질(hyperelasticity)의 경우는 공칭 응력-변형률을 쓰고, 탄소성 재질의 경우 진 응력-변형률을 쓰고 있습니다. Abaqus에서의 디폴트 응력-변형률의 쌍은 진 응력-변형률입니다. 따라서 탄소성 문제를 다룰 때는 단순 인장 시험으로부터 얻어지는 공칭 응력-변형률을 진 응력-변형률의 쌍으로 변환해야 합니다.

네킹 전까지는 앞에서의 변환 식에 의해 변환하는 것이 일반적인 방법입니다. 아래 그림에 변환된 선도를 나타냈습니다.

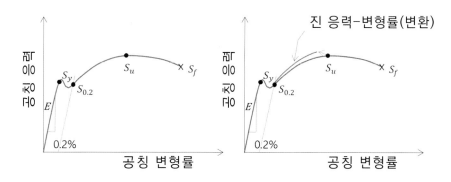

〈진 응력-변형률로의 변환(식에 의한 변환)〉

단순 인장 시편에서의 파단을 반영하기 위하여, 네킹 전이나 후에서 손상 물성을 추가하는 경우가 있습니다.

네킹 시작 점에서 파단 까지의 물성은 시편의 국부 변형을 측정함으로써 진 응력–변형률을 얻을 수 있습니다. 일반적으로는 시험 측정보다 데이터 매칭(data matching)을 사용하는 경우가 많습니다. 데이터 매칭은, 미리 가정한 물성으로 인장 시편을 해석하여 시험의 하중–변위 곡선(공칭 응력–변형률 곡선)과의 비교를 반복적으로 하는 것입니다. Isight와 같은 최적화 툴을 이용하면 쉽게 물성 추적을 할 수 있습니다. 아래 그림에 그 개념을 나타냈습니다.

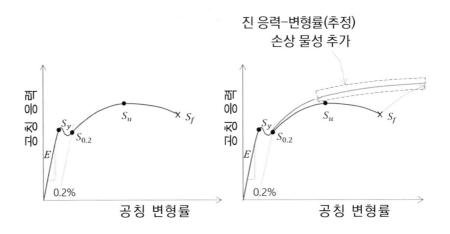

〈진 응력–변형률로의 변환(데이터 매칭)〉

☑ 주요 소성 모델

Abaqus에는 많은 소성 모델이 제공되고 있습니다. 앞에서 언급된 방법은 Mises 소성 이론으로, 일반적인 금속과 엔지니어링 플라스틱 재질의 소성에 적용할 수 있습니다. Mises 이론을 바탕으로 여러 목적에 따라 제안된, 대표적인 몇 가지 방법을 아래에 나타냈습니다.

✓ Johnson-Cook
• 경화와 변형률 속도 효과를 수식으로 표현
• 주로 고변형률 속도에 적용

✓ Gurson
• 다공(porous) 재질의 결함 반영
• 인장/압축 선도를 다르게 모사 가능

✓ Coulomb-Mohr
• 전단 응력(주 응력 차)을 갖고 소성 현상 설명
• 인장/압축 거동을 다르게 모사 가능

✓ Cast Iron
• 인장/압축 선도를 다르게 모사 가능

〈여러 가지 소성 모델〉

③ Mises 소성 모델

Mises 모델은 가장 기본적인 탄소성 모델입니다. 아래의 왼쪽 그림은 단순 인장 시험에서의 진 응력-변형률을 그린 것입니다. 단순 인장 시험은 1축 상태이므로 여기에는 하나의 응력 성분만 있습니다. 아래 그림의 소성 영역에서 응력과 변형률의 관계를 확인해 보기 바랍니다.

오른쪽 그림은 2축의 응력 성분이 있는 경우의 Mises 값을 표시한 것입니다. Mises 값은 응력이 0일 때, 원점으로부터 시작하여, 응력이 커짐에 따라, 2개의 성분 축에서 타원을 그리면서 커집니다. Mises 값이 Y0 상태가 되면 Mises 응력이 단순 인장 시험의 진 응력-변형률 곡선을 따라서 경화되기 시작합니다. Y1 상태에서 하중이 감소되어 Mises 값이 작아지는 경우는 탄성 구성 방정식을 따라서 탄성 거동을 합니다.

이 후에 응력이 다시 커지면 Mises 값이 Y1에 도달할 때까지는 탄성 변형을 하고, Y1에서 Y2로 값이 커질 때는 Mises 응력이 단순 인장 시험의 진 응력-변형률 곡선을 따라 경화됩니다.

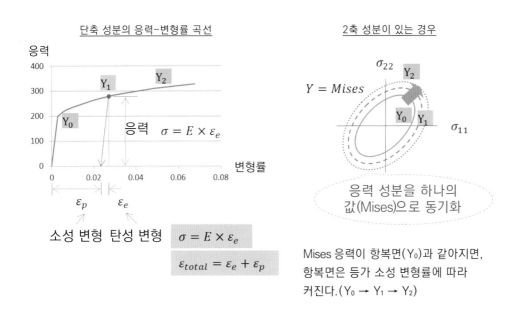

〈Mises 소성 모델의 항복 면〉

여러 개의 응력 성분이 Mises 응력으로 등가화되듯이 여러 개의 변형률 성분은 등가 소성 변형률(증분)로 등가화됩니다. 등가 소성 변형률(증분)은 현재 상태의 소성 변형률의 크기를 알려줍니다. 소성 변형률의 방향, 즉 각 성분은 Mises 면이 수직 방향으로 팽창하는 조건으로 구할 수 있습니다.

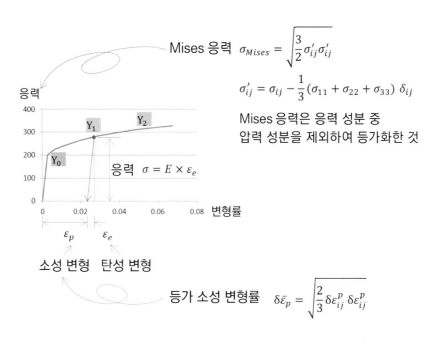

Mises 응력 $\sigma_{Mises} = \sqrt{\dfrac{3}{2}\sigma'_{ij}\sigma'_{ij}}$

$\sigma'_{ij} = \sigma_{ij} - \dfrac{1}{3}(\sigma_{11} + \sigma_{22} + \sigma_{33})\,\delta_{ij}$

Mises 응력은 응력 성분 중
압력 성분을 제외하여 등가화한 것

응력 $\sigma = E \times \varepsilon_e$

ε_p 소성 변형 ε_e 탄성 변형

등가 소성 변형률 $\delta\bar{\varepsilon}_p = \sqrt{\dfrac{2}{3}\delta\varepsilon^p_{ij}\,\delta\varepsilon^p_{ij}}$

〈Mises 응력과 등가 소성 변형률〉

〈함께하기 04〉를 통해 아래와 같은 표를 완성했습니다. 이제 비선형 해석 결과도 검토해 보겠습니다.

	Static 해석(NIgeom ON)		Static 해석(NIgeom OFF)	
	v=0	V=0.499	v=0	V=0.499
u_1	0.5	0.5	0.5	0.5
RF_1	4.05	2.71	5.0	5.0
NE_{11}	0.5	0.5		
E_{11} (LE_{11})	0.41	0.41	0.5	0.5
S_{11}	4.05	4.05	5.0	5.0

〈함께하기 04의 결과〉

$$e_{11} = 0.5$$

$$\varepsilon_{11} = ln(1 + e_{11}) = 0.405$$

$$\sigma_{11} = E\varepsilon_{11} \quad (\because \sigma_{22} = \sigma_{33} = 0)$$

$$= 10 \times 0.405 = 4.05$$

$$\varepsilon_{22} = -\nu\,\varepsilon_{11}$$

$$= 0 \;\; for \; \nu = 0 \qquad\qquad = -0.202 \;\; for \; \nu = 0.499$$

$$A = (1 + e_{22})(1 + e_{33})$$

$$= e^{\varepsilon_{22}}\, e^{\varepsilon_{33}}$$

$$= e^{0}\, e^{0} = 1 \;\; for \; \nu = 0 \qquad = e^{-0.202}\, e^{-0.202} = 0.668 \;\; for \; \nu = 0.499$$

$$S_{11} = \frac{RF_1}{A}$$

$$= 4.05 \;\; for \; \nu = 0 \qquad\qquad = 2.71 \;\; for \; \nu = 0.499$$

$$RF_1 = \sigma_{11}\, A$$

$$= 4.05 \;\; for \; \nu = 0 \qquad\qquad = 2.71 \;\; for \; \nu = 0.499$$

Abaqus의 S는 진 응력을 의미하는 것임을 주의해야 합니다.
Abaqus에서는 공칭 응력을 출력시키는 변수는 없습니다.

14 단순 인장 시험과 탄소성 재질 변환

〈함께하기 05〉에서 만들어진 단순 인장 시편 모델에 탄소성 재질 모델을 반영합니다. 이렇게 만들어진 시편 모델을 갖고 가상 인장 시험을 행합니다. 가상 인장 시험으로 나오는 하중과 변형을 공칭 응력-변형률로 변환하고, 이것을 다시 진 응력-변형률로 변환합니다. 이렇게 구한 해석 재질 물성을 다시 인장 시험 모델에 반영하여, 최초의 가상 시험과 비교합니다.

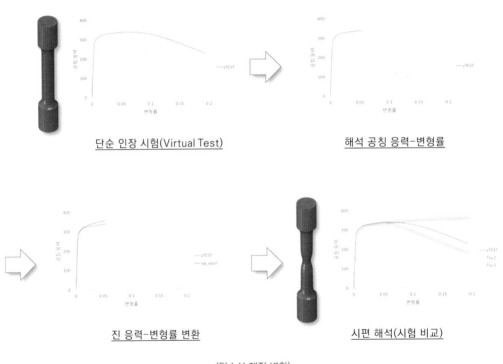

단순 인장 시험(Virtual Test)　　　　　해석 공칭 응력-변형률

진 응력-변형률 변환　　　　　시편 해석(시험 비교)

〈탄소성 재질 변환〉

전체적인 개념은 아래와 같습니다. 탄소성 해석 물성인 진 응력-변형률 곡선이 주어졌습니다. 이것으로 가상 인장 시험을 행합니다. 결과로서 나오는 공칭 응력-변형률을 진 응력-변형률로 변환합니다. 이때, 네킹 이후를 2가지 방법으로 가정합니다. 첫 번째는 네킹 점의 응력이 계속 유지되는 가정(Abaqus의 디폴트 옵션)이고, 두 번째는 네킹 점의 기울기가 연장되는 방법입니다. 두 해석 재질 물성을 구한 후 다시 시편 해석을 실시합니다. 결과로서 나오는 하중과 변위를 공칭 응력-변형률로 변환하여 최초의 가상 인장 시험과 비교합니다.

| 진 응력-변형률(목표 값) | 가상 인장 시험 |

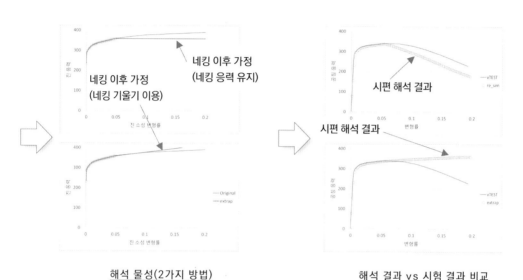

| 해석 물성(2가지 방법) | 해석 결과 vs 시험 결과 비교 |

〈해석 물성 변환〉

❶ Abaqus/CAE 실행

❷ cae 파일 불러오기

〈함께하기 05〉에서 저장한 'SPECIMEN.cae' 파일을 불러 옵니다.

❸ 모델 복사

모델 트리의 모델 중, Tensile을 선택하고 마우스 오른쪽 버튼을 이용하여 'PLASTIC' 이름으로 복사합니다.(이후의 작업은 모델 트리의 'PLASTIC' 아래에서 합니다.)

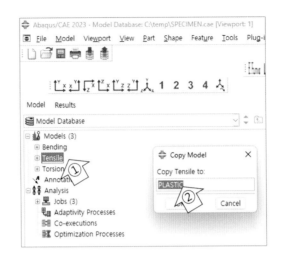

❹ Plastic 물성 추가

모델 트리에서 M_AL을 더블 클릭합니다.

Edit Material 창에서 Mechanical-Plasticity-Plastic을 선택합니다.

Data 항목에 그림의 데이터를 입력합니다.

OK 버튼을 누릅니다.

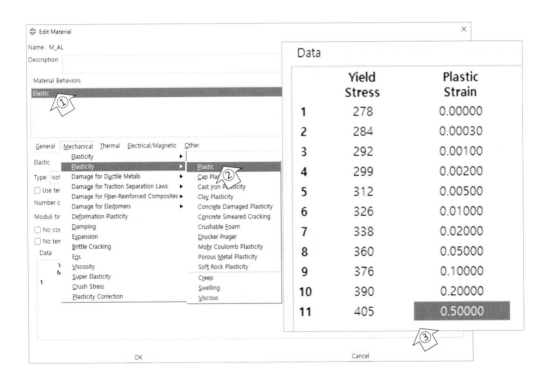

❺ History Output 요청

이미 만들어진 History Output의 출력 간격을 0.01로 변경하려고 합니다.

CONTROL 절점에서 RF2를, 시간 0.01 간격으로 요청합니다.

비슷하게 ELONG_LWR 절점에서 U2를, 시간 0.01 간격으로 요청합니다.

비슷하게 ELONG_UPR 절점에서 U2를, 시간 0.01 간격으로 요청합니다.

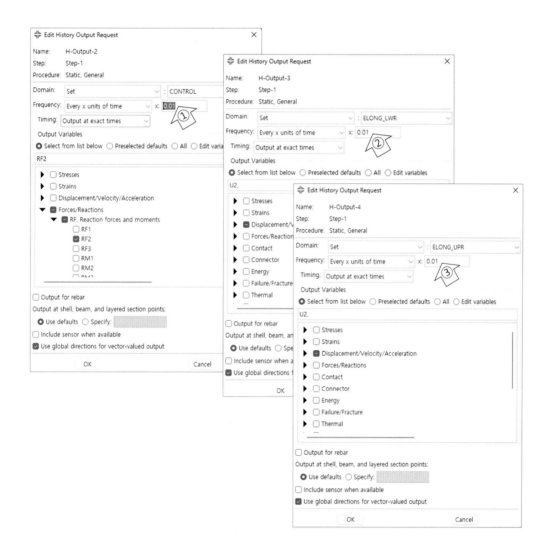

⑥ Job 생성 및 Submit

⑦ 결과 검토

실제 시험이라고
생각합니다.

⑧ History Output 데이터 복사

표점 거리인 두 점의 변위를 복사해오려고 합니다.

결과 트리의 History Output을 펼칩니다.

Spatial displacement: U2 in ELONG_LWR를 선택하고, 마우스 오른쪽 버튼을 누릅니다.

Save As를 선택하고, 이름을 'U2_LWR'로 입력합니다.

OK 버튼을 누릅니다.

Spatial displacement: U2 in ELONG_UPR를 선택하고, 마우스 오른쪽 버튼을 누릅니다.

Save As를 선택하고, 이름을 'U2_UPR'로 입력합니다.

OK 버튼을 누릅니다.

Reaction force: RF2 in CONTROL을 선택한 후, 마우스 오른쪽 버튼을 누릅니다.

Save As를 선택하고, 이름을 'RF2'로 입력합니다.

OK 버튼을 누릅니다.

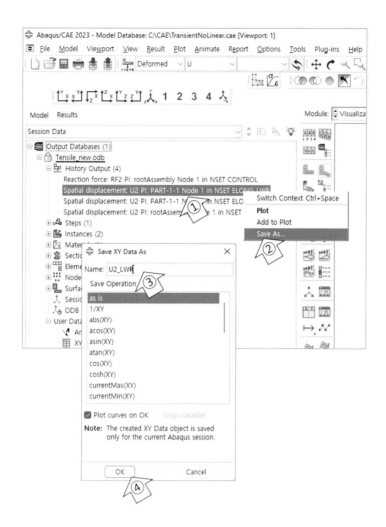

결과 트리의 XYData를 펼칩니다. U2_LWR를 선택하고, 마우스 오른쪽 버튼을 이용하여 Edit 창을 엽니다.

Edit XY Data 창이 뜹니다. X-열은 해석 시간(단계)이고, Y-열은 반력(RF) 값입니다. Y 제목 셀을 클릭하고 CTRL-C를 눌러 Y-열 전체를 복사합니다.

엑셀과 같은 스프레드 시트(spread sheet) 프로그램을 실행하고, 데이터를 붙여 넣습니다. (CTRL-V)

U2_UPR와 RF2에 대해서도 동일한 작업을 합니다.

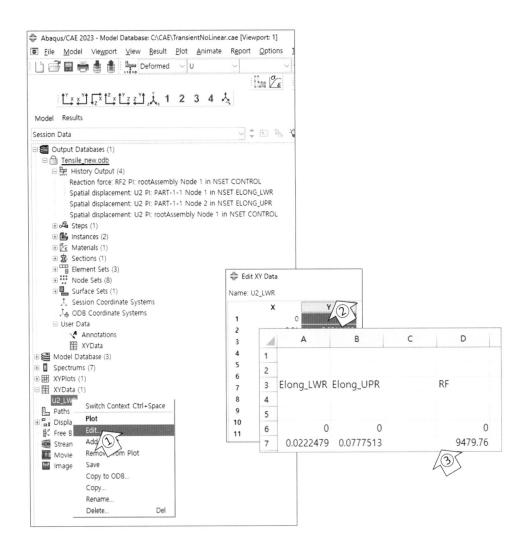

⑨ 공칭 응력-변형률 변환

표점 거리의 변위를 구하기 위해, 두 표점 변위의 차이를 구합니다. (U2_UPR−U2_LWR)

공칭 변형률을 구합니다. '변위/초기 길이'인데, 초기 길이는 50mm 입니다.

공칭 응력을 구합니다. '반력/반지름^2/pi()'인데, 반지름은 6.25mm 입니다.

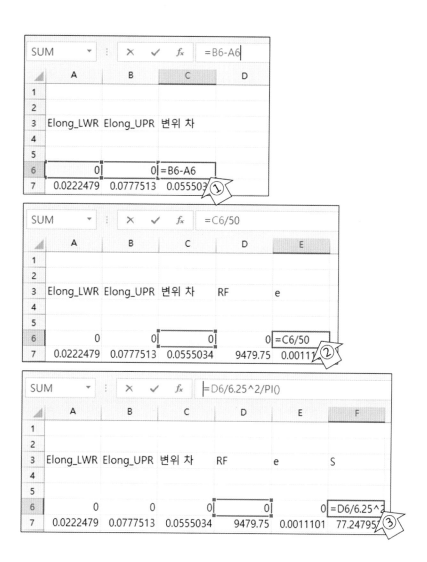

공칭 응력–변형률을 그려봅니다.

이 곡선은 시험(가상 시험)으로부터 나온 힘과 변형을 공칭 응력–변형률로 변환한 것입니다.

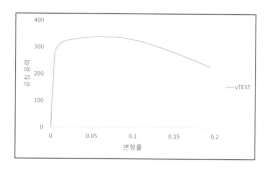

⑩ 진 응력–변형률 계산

진 변형률을 구하려고 합니다.

'ln(1+공칭 변형률)'로 계산합니다.

진 응력을 구합니다.

'공칭 응력*(1+공칭 변형률)'로 계산합니다.

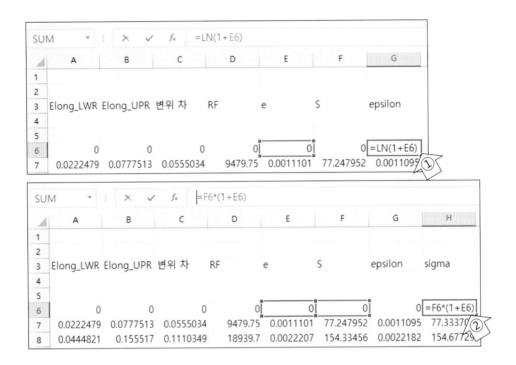

⑪ 진 소성 변형률 계산

진 탄성 변형률을 구하려고 합니다.

'진 응력/탄성 계수'로 계산합니다.

탄성 계수를 구하기 위해, 진 응력–변형률의 초기 몇 개 데이터의 그래프를 그려 추세선을 봅니다. 탄성 계수는 70,000MPa을 씁니다.

진 탄성 변형률을 구하려고 합니다. '진 응력/탄성 계수'로 계산합니다.

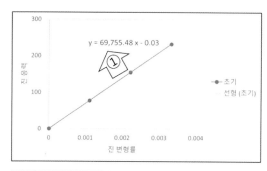

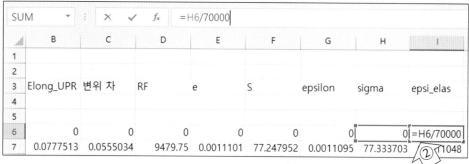

진 소성 변형률을 구하려고 합니다. '진 변형률−진 탄성 변형률'로 계산합니다.

	B	C	D	E	F	G	H	I	J
SUM					fx	=G6-I6			
3	Elong_UPR	변위 차	RF	e	S	epsilon	sigma	epsi_elas	epsi_plas
6	0	0	0	0	0	0	0	0	=G6-I6
7	0.0777513	0.0555034	9479.75	0.0011101	77.247952	0.0011095	77.333703	0.0011048	4.685

⑫ 데이터 정리

인장 강도까지의 데이터만 사용하려고 합니다. 공칭 응력이 최대인 점이 인장 강도 입니다.

네킹이 발생하는 인장 강도까지만, 공칭 응력−변형률을 진 응력−변형률로 변환할 수 있습니다.

인장 강도를 찾고, 이 후의 데이터는 삭제합니다.

인장 강도 시점에서의 공칭 변형률은 약 0.0558 입니다.

	A	B	C	D	E	F	G	H	I	J
3	Elong_LWR	Elong_UPR	변위 차	RF	e	S	epsilon	sigma	epsi_elas	epsi_plas
35	0.195081	2.70492	2.509839	41462.9	0.0501968	337.87011	0.0489776	354.8301	0.005069	0.0439086
36	0.199458	2.80054	2.601082	41539.2	0.0520216	338.49185	0.0507137	356.10075	0.0050872	0.0456265
37	0.203425	2.89657	2.693145	41590.7	0.0538629	338.91151	0.0524624	357.16627	0.0051024	0.04736
38	0.204544	2.99545	2.790906	41594.7	0.0558181	338.94411	0.0543159	357.86333	0.0051123	0.0492036
39	0.204728	3.09527	2.890542	41586.8	0.0578108	338.87973	0.0562015	358.47066	0.005121	0.0510805
40	0.204845	3.19515	2.990305	41577.2	0.0598061	338.80151	0.058086	359.0639	0.0051295	0.0529565

⑬ 해석 항복 응력

진 소성 변형률이 충분히 작은 구간이라고 판단되면, '0'으로 입력합니다.

이 예제에서는, 진 응력 232MPa에 도달해야 소성 변형이 시작하는 것으로 보려고 합니다.

즉, 소성 데이터는 232MPa부터 시작합니다.

R7

	A	B	C	D	E	F	G	H	I	J
3	Elong_LWR	Elong_UPR	변위 차	RF	e	S	epsilon	sigma	epsi_elas	epsi_plas
6	0	0	0	0	0	0	0	0	0	0
7	0.0222479	0.0777513	0.0555034	9479.75	0.0011101	77.247952	0.0011095	77.333703	0.0011048	4.685E-06
8	0.0444821	0.155517	0.1110349	18939.7	0.0022207	154.33456	0.0022182	154.67729	0.0022097	8.56E-06
9	0.0667025	0.233296	0.1665935	28379.8	0.0033319	231.25942	0.0033263	232.02994	0.0033147	1.162E-05
10	0.0834183	0.316577	0.2331587	34917.3	0.0046632	284.53176	0.0046523	285.85858	0.0040837	0.0005686
11	0.0904755	0.409515	0.3190395	36368.5	0.0063808	296.3572	0.0063605	298.24819	0.0042607	0.0020998

M13   =D13/PI()/6.25^2

	A	B	C	D	E	F	G	H	I	J
3	Elong_LWR	Elong_UPR	변위 차	RF	e	S	epsilon	sigma	epsi_elas	epsi_plas
6	0	0	0	0	0	0	0	0	0	0
7	0.0222479	0.0777513	0.0555034	9479.75	0.0011101	77.247952	0.0011095	77.333703	0.0011048	0
8	0.0444821	0.155517	0.1110349	18939.7	0.0022207	154.33456	0.0022182	154.67729	0.0022097	0
9	0.0667025	0.233296	0.1665935	28379.8	0.0033319	231.25942	0.0033263	232.02994	0.0033147	0
10	0.0834183	0.316577	0.2331587	34917.3	0.0046632	284.53176	0.0046523	285.85858	0.0040837	5686
11	0.0904755	0.409515	0.3190395	36368.5	0.0063808	296.3572	0.0063605	298.24819	0.0042607	0.0020998

⑭ 모델 복사

현재의 모델을 'PLASTIC_Simul' 이름으로 복사합니다. (이후의 작업은 모델 트리의 'PLASTIC_Simul' 아래에서 합니다.)

⑮ Plastic 물성 수정

Material 중 Plastic 데이터를 수정하려고 합니다.

데이터의 첫 열은 진 응력이고, 두 번째 열은 진 소성 변형률입니다. 첫 번째 원소는 진소성 변형률이 0이 되어야 합니다.

해석 항복점에서부터 인장 강도까지, 진 응력을 복사하여 Yield Stress 열에 붙여넣기합니다.

진 소성 변형률을 복사하여 Plastic Strain 열에 붙여넣기합니다. (첫 번째 데이터는 '0'이 되어야 합니다.)

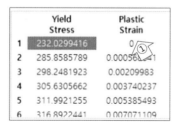

⑯ Job 생성 및 Submit

⑰ 결과 검토

하중(반력)과 변위로부터 공칭 응력–변형률 곡선을 구합니다.

재료의 공칭 응력-변형률과 비교해 봅니다.

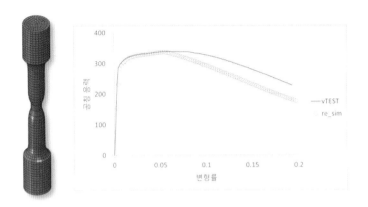

⑱ 해석 물성에서의 마지막 데이터 옵션

Abaqus는 해석 진행 중에, 소성 변형률의 마지막 데이터를 벗어나면 마지막 데이터의 진 응력 값이 그대로 유지됩니다. 즉, 입력 데이터의 끝 점의 응력 값이 연장되어 쓰입니다. 이런 이유 때문에, 해석 결과로써 나오는 변형률의 범위가 입력된 물성의 범위에 들어오는지 확인할 필요가 있습니다.

Abaqus는 다른 선택으로, 끝 점 데이터의 기울기로 물성값을 연장시킬 수 있습니다. 이 둘의 차이를 보겠습니다.

Edit Material 창에서 Extrapolation 항목의 Linear를 선택합니다. 해석 결과를 비교해 봅니다.

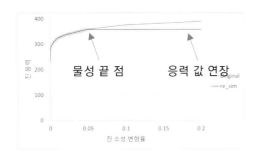

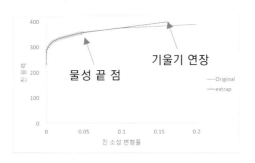

⑲ C-단면 빔의 탄소성 좌굴 해석

〈함께하기 02〉의 C-단면 빔 해석 모델에 소성 물성을 추가합니다.

Mises 응력과 등가 소성 변형률(PEEQ)을 그려 봅니다.

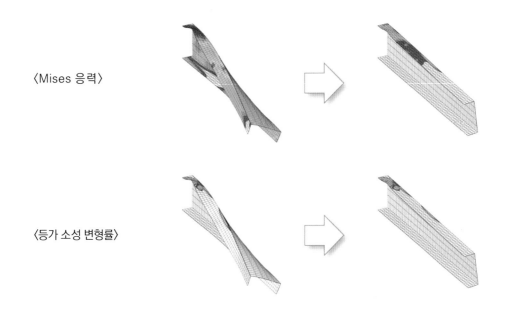

〈Mises 응력〉

〈등가 소성 변형률〉

등가 소성 변형률(PEEQ)는 현재까지 경험한 항복면의 크기를 알려주고 있습니다.

MEMO

PART

08

해석 재질 물성(고무 재질)

08

해석 재질 물성(고무 재질)

고무는 일상 생활에서 수없이 많이 쓰이는 재질 중의 하나입니다. 산업계에서는 타이어, 방진 고무, 그리고 각종 씰링에 쓰이고 있습니다. 고무가 쓰여지는 가장 큰 이유는 탄성 복원력(resilience)과 댐핑 특성에 있습니다. 고무는 변형이 커도 탄성을 유지하여 밀폐 능력이 우수하고, 반복 변형 상황에서 댐핑에 의한 방진 성능이 탁월한 재료입니다.

고무 재질 모델은 고무뿐만 아니라, 폼(foam), TPE(Thermoplastic elastomer), 생체조직 등 유사 재질에서도 사용되고 있습니다.

❶ 고무 재질의 특성

고무 재질의 응력–변형률 거동을 관찰하면 아래와 같은 특성을 볼 수 있습니다.

☑ 변형 모드에 따라 응력–변형률 선도가 상이함

일반적인 탄성 재질의 경우, 단순 인장 시험으로부터 얻어지는 탄성 계수는 Hooke's law에 의해 변형 모드에 관계없이 적용할 수 있습니다. 그러나 고무의 경우, 인장 모드와 압축 모드의 응력–변형률 선도가 다르고, 전단 모드인 경우는 또 달라집니다. 따라서 Hooke's law를 고무 재질에 적용하는 것은 한계가 있습니다. Axel Products(www.axelproducts.com)의 경우, 단순 인장 시험, 평면 인장 시험, 그리고 이축 인장 시험의 3가지 모드로 응력–변형를 시험을 진행하고 있습니다.

☑ 응력–변형률이 비선형 관계를 보이는 대변형 범위이나 탄성 거동을 보임

고무는 기본적으로 변형이 큽니다. 고무줄로 초기 길이의 2배(공칭 변형률 1.0) 또는 3배(공칭 변형률 2.0) 늘리는 것은 누구나 쉽게 경험해 보았을 것입니다. 이런 변형을 일으키는데 필요한 힘은 변형에 대해 선형 관계를 갖고 있지 않습니다. 즉, 응력과 변형률의 선형 근사가 가능한 범위를 넘어섭니다. 이렇게 변형이 커도, 가해준 힘을 제거하면 처음 상태로 되돌아오는 특성이 있습니다. 따라서 고무 재질은 기본적으로 탄성 재료 모델을 쓰고 있습니다.

| 단축 인장 | 평면 인장 | 이축 인장 |

〈여러 모드의 시험(Axel Products)〉

　Axel Products에서 고무 시편을 갖고 모드별로 인장 시험을 한다면, loading-unloading을 반복하는 반복 인장 시험을 합니다. 아래 그림에 전형적인 반복 인장 시험에서의 응력-변형률 선도를 나타냈습니다. 만약 하중을 단조 증가 형태로 가하면, 반복 응력-변형률 선도의 가장 외곽 곡선을 따라갑니다. 이와 같은 곡선을 모사하는 것이 초탄성(hyperelastic) 모델입니다.

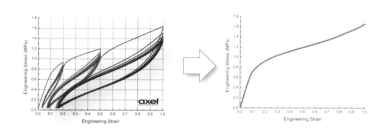

〈반복 인장 시험과 초탄성 모델〉

② 고무 재질의 응력-변형률 시험

☑ 단순 인장 시험
　이것은 앞 장의 철강 재료를 다룰 때 쓰는 단순 인장 시험과 같습니다.

　〈PART 02〉에서 고무 재질은 푸아송 비를 거의 0.5에 가까운 값으로 보는 비압축성 재질이라고 언급했습니다. 비압축성은 체적이 변하기 어려운 성질로, 늘어나는 방향에 수직한 방향으로는 줄어드는 현상을 보여줍니다. 고무줄을 늘이면, 길이가 늘어나는 만큼 단면은 줄어드는 것으로 쉽게 알 수 있습니다.

☑ 평면 인장 시험(순수 전단 시험)
　가로 세로 종횡비가 큰 시편을 만들어 인장 시험을 하는 것입니다. 다음 그림에서 가로 방향은 상대적으로 길기 때문에 이 방향으로의 변형은 일어나지 않는 것으로 볼 수 있다. 그림의 세로 방향으로 인장 변형이 생기고, 고무 재질의 비압축성으로 인해 늘어나는 길이만큼 줄어드는 방향이 생깁니다. 이 시험에서는 두께가 줄어 들게 되고, 두께에서의 변형 모드를 표시하면 아래쪽 그림과 같습니다. 이것은 〈PART 02〉에서 언급한 순수 전단 모드와 같습니다. 즉, 좌표축을 돌려 생각하면 순수 전단 변형이 가해지는 모드를 찾을 수 있습니다.

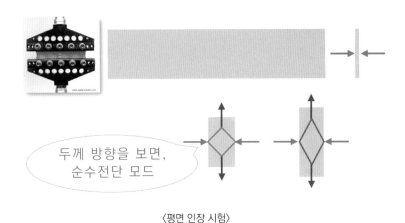

〈평면 인장 시험〉

☑ 이축 인장 시험(단순 압축 모드)

Axel Products에서는 이축 인장 시험을 위해 원형 시편을 사용합니다. 평면 상의 2축에 대해 인장 변형이 생깁니다. 이때 고무 재료의 비압축성의 성질로 2축으로 늘어나는 만큼 줄어드는 방향이 생기는데, 그림에서는 원형 시편의 두께 방향으로 줄어들게 됩니다. 이것은 한 방향으로 압축 변형이 생기면, 다른 2방향으로는 인장 모드가 생기는 것과 동일합니다. 따라서 이축 인장 시험은 단순 압축 시험과 동일한 모드의 시험입니다.

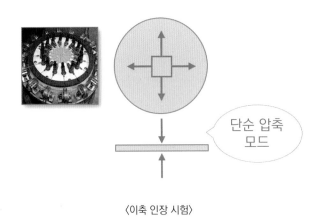

〈이축 인장 시험〉

산업 재료로써, 고무는 고무줄의 용도보다는 하중을 지지하여 압축 모드를 받는 역할을 하는 경우가 많습니다. 고무 재료의 특성상, 모드에 따라 응력-변형률 선도가 상이한데, 여러 모드 중 가장 중요한 모드는 압축 모드라고 할 수 있습니다. 그렇지만 단순 압축 시험은 선호되지 않습니다. 그 이유는 원기둥 시편을 만들어 단순 압축 시험을 하게 되면, 그림과 같이 시편이 균일하게 변형하지 못할 뿐만 아니라 파악하기 힘든 표면의 마찰이 시험 결과에 영향을 미치기 때문입니다.

〈단순 압축 시험〉

📖 읽을 거리

챌린저호 사고

1986년 1월, NASA에서 이륙한 우주 왕복선 챌린저호는 73초 만에 폭발하여 승무원 전원(7명)이 사망했습니다. 특히 이번 임무는 일반인이 승무원으로 탑승하여 더 많은 관심을 받았던 비행이었습니다.

폭발 이유는 오링 씰(o-ring seal)이 씰링의 역할을 하지 못했기 때문인데, 발사 당일의 기록적인 한파(저온)는 오링을 딱딱하게 만들었고, 탄성 회복 능력을 감소시켰습니다. 여기서 새어 나온 고온 가스가 추진제 탱크로 옮겨 가게 되었고, 결국 폭발한 것으로 추정되고 있습니다.

사고 조사를 통해, 저온에서의 씰링 성능에 대한 엔지니어들의 경고를 무시했다는 반성이 있었습니다.

〈챌린저호 사고(1986)〉

---

❸ 고무 재질 모델

단순 인장, 평면 인장, 이축 인장의 고무 시편에 단조 증가 형태의 하중을 가하면, 그림과 같은 응력-변형률 선도를 얻게 됩니다. 여기에서 다음의 두 가지를 관찰할 수 있습니다. 첫 번째는 응력-변형률 선도가 직선으로 표현되지 않는 비선형 곡선이라는 것과, 두 번째는 변형 모드에 따라 각기 다른 곡선의 형태를 보여 주고 있다는 것입니다.

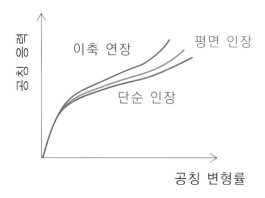

〈고무의 응력-변형률 곡선〉

따라서, 〈PART 02〉에서의 Hooke's law는 더 이상 적용할 수 없습니다. 많은 학자에 의해 위의 특성을 반영할 수 있는 모델이 제안되었습니다. 대부분의 방법은 변형률 에너지 밀도 함수(strain energy density function)를 정의하는 것입니다.

앞에서 공칭 응력-변형률에서의 에너지 증분을 아래와 같이 나타냈습니다.

$$dW = F \cdot dl$$

$$= S A_0 \cdot l_0 de$$

$$= S \cdot de \; V_0$$

여기서 부피를 배제하면 물체를 이루는 '단위 요소'의 특성만으로 표현할 수 있습니다. 따라서 아래와 같이 변형률 에너지 밀도 함수를 갖고 응력을 계산할 수 있습니다.

$$dU = S \cdot de$$

$$S = \frac{\partial U}{\partial e}$$

만약 변형률 에너지 밀도 함수가 변형률에 대해 적절한 비선형 항을 갖는다면, 비선형 응력–변형률 곡선을 얻을 수 있을 것입니다. 또한 변형률 에너지 밀도 함수를 변형 모드를 반영하여 정의할 수 있다면, 변형 모드에 따라 달라지는 응력 곡선을 얻을 수 있을 것입니다. 아래에 몇 가지 주로 쓰이는 초탄성 재료 모델에 대해 나타냈습니다.

Neo Hookean	$U = C_1(\bar{I}_1 - 3) + \dfrac{1}{D_1}(J-1)^2$
Mooney Rivlin	$U = C_{10}(\bar{I}_1 - 3) + C_{01}(\bar{I}_2 - 3) + \dfrac{1}{D_1}(J-1)^2$
Yeoh	$U = \displaystyle\sum_{i=1}^{3} C_{i0}(\bar{I}_1 - 3)^i + \sum_{i=1}^{3} \dfrac{1}{D_i}(J-1)^{2i}$
Ogden	$U = \displaystyle\sum_{i=1}^{N} \dfrac{2\mu_i}{\alpha_i^2}(\bar{\lambda}_1^{\alpha_i} + \bar{\lambda}_2^{\alpha_i} + \bar{\lambda}_3^{\alpha_i} - 3) + \sum_{i=1}^{N} \dfrac{1}{D_i}(J-1)^{2i}$

〈주요 초탄성 재료 모델〉

먼저, 〈함께하기 06〉에서 다루었던 Mooney-Rivlin 모델에 대해 살펴보겠습니다. 앞의 수식으로부터, Neo Hookean 모델은 Mooney-Rivlin의 단순화된 형태이고, Yeoh 모델은 Neo Hookean 모델을 3차로 확장시킨 것임을 쉽게 알 수 있습니다.

초탄성 재질을 다룰 때에는 변형률을 직접 쓰기 보다는, 변형률의 개념으로 스트레치(stretch)를 도입하는 것이 편리합니다. 스트레치는 변형률과 동일한 개념인데, '1' 만큼 차이가 있습니다. (변형 전이 '1' 입니다.)

$$\lambda = \frac{l}{l_o} = 1 + e \quad \leftarrow \lambda : Stretch$$

자코비안(Jacobian, J)은 체적 변화를 의미하는 것으로, 초기 체적 대비 변화된 체적을 말합니다. 이것은 주 변형률 축에서의 스트레치로 간단하게 나타낼 수 있습니다. 〈PART 02〉의 체적 변형률에 대한 다음 그림을 참고하시기 바랍니다. 초기 상태에서 이 값은 '1'이 됩니다.

$$J \equiv \frac{V}{V_0} = \frac{dx'dy'dz'}{dxdydz}$$

$$= \lambda_1 \, \lambda_2 \, \lambda_3$$

'변형률'의 개념인, 스트레치에서 체적 변형에 해당하는 부분을 자코비안을 이용하여 아래와 같이 제거할 수 있습니다. 이것은 체적 변형이 제거된 자코비안이 '1'이 됨으로써 증명할 수 있습니다.

$$\bar{\lambda} = J^{-\frac{1}{3}} \, \lambda \qquad \Leftarrow \qquad \bar{J} \equiv \bar{\lambda}_1 \bar{\lambda}_2 \bar{\lambda}_3 = \left(J^{-\frac{1}{3}} \lambda_1 \right) \left(J^{-\frac{1}{3}} \lambda_2 \right) \left(J^{-\frac{1}{3}} \lambda_3 \right)$$

$$= J^{-1} \lambda_1 \, \lambda_2 \, \lambda_3$$

$$= J^{-1} J$$

$$= 1$$

변형 모드를 반영하면서, 변형량의 크기를 나타내기 위해, 제1 불변량(first invariant)과 제2 불변량을 도입합니다. 불변량은 좌표계에 무관한 값이 나온다는 뜻이고, 주 변형률 축에서 아래와 같이 정의할 수 있습니다. 초기 상태에서 이 값은 3이 됩니다. Mooney-Rivlin 함수는 제1 불변량과 제2 불변량으로 수식화되어 있고, Neo Hookean 모델과 Yeoh 모델은 제1 불변량으로 수식화되어 있습니다. Ogden 모델은 불변량을 쓰지 않고, 직접 스트레치를 쓰고 있습니다.

$$I_1 = \lambda_1{}^2 + \lambda_2{}^2 + \lambda_3{}^2$$

$$I_2 = \lambda_1{}^2 \, \lambda_2{}^2 + \lambda_2{}^2 \, \lambda_3{}^2 + \lambda_3{}^2 \, \lambda_1{}^2$$

체적 변형을 제거한 제1 불변량과 제2 불변량은 아래와 같이 쓸 수 있습니다. 제1 불변량과 제2 불변량은 변형률(여기서는 스트레치)에 대해 비선형이고, 변형 모드와 관계 있으므로 결국 이것으로 에너지 밀도 함수를 만들면 변형 모드에 따라 다른 비선형의 응력-변형률 곡선을 얻을 수 있습니다.

$$\bar{I}_1 = \bar{\lambda}_1{}^2 + \bar{\lambda}_2{}^2 + \bar{\lambda}_3{}^2$$

$$\bar{I}_2 = \bar{\lambda}_1{}^2 \, \bar{\lambda}_2{}^2 + \bar{\lambda}_2{}^2 \bar{\lambda}_3{}^2 + \bar{\lambda}_3{}^2 \bar{\lambda}_1{}^2$$

Mooney Rivlin 모델은, 위의 변수를 이용하여 변형률 에너지 밀도 함수를 체적 변형이 제거된 부분과 체적 변형에 의한 항으로 나타낸 것입니다. 여기에서 체적 변형이 제거된 부분은 완전 비압축성이라고 생각하는 것입니다.

체적 변형에 의한 에너지 밀도 함수는 D_1 값으로 표현된 식으로 나타납니다. 고무 재료는 비선형으로 인해, 체적 탄성 계수를 직접 쓰지 않고, D_1 값으로 표현되는 함수를 쓰고 있습니다. Abaqus에서는 D_1 값을 입력하지 않으면, 완전 비압축성($D_1=0$, $J=1$)으로 가정합니다. 결국 이런 수학 모델(변형률 에너지 밀도 함수)을 통해서, 첫 번째로 비선형 곡선을 모사할 수 있고, 두 번째로 변형 모드에 따라 다른 곡선을 표현할 수 있습니다.

$$U = C_{10}(\bar{I}_1 - 3) + C_{01}(\bar{I}_2 - 3) + \frac{1}{D_1}(J-1)^2 \qquad C_{10},\ C_{01},\ D_1 \text{ 은 재질 상수}$$

체적 변형이 제거된 부분   체적 변형에 관계된 부분

Mooney Rivlin 모델의 구성 방정식 관계는 아래와 같이 정리할 수 있습니다. (※ 편의상 주 변형률 축에서 표현한 것입니다.)

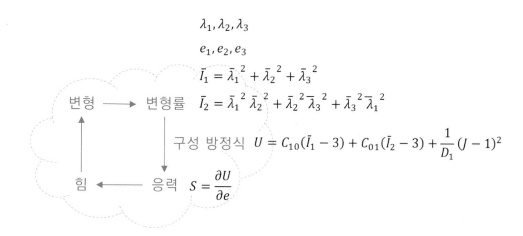

〈Mooney Rivlin 모델의 구성 방정식〉

❹ 재질 안정성(Material Stability)

초탄성 재질의 해석 재질 물성은, 재료 시험 데이터를 잘 모사할 수 있는 변형률 에너지 밀도 함수의 계수입니다. 재료 시험 데이터가 부족한 경우, 예를 들어 단순 인장 시험에 대한 데이터만 있다고 할 때, 해석 업무에서 경험하기 쉬운 문제가 하나 있습니다. 해석 재질 물성을 구하는 절차는 최소 자승법(least square minimization) 등으로, 주어진 시험 데이터를 피팅(fitting) 함으로써 얻어지는 경

우가 많습니다. 이 경우, 주어진 데이터는 잘 재현되지만, 주어지지 않은 변형 모드에 대해서는 어떠한 고려도 하지 않는 경우가 있습니다. 앞에서의 식들은 비선형성이 큰 식이므로, 특정 계수에 따라서는 그림과 같은 불안정한 재질 곡선을 표현할 수 있습니다. 이런 재질 상수를 해석 재질 데이터로 입력하면, Abaqus는 입력한 재질을 그대로 따라가면서 solving 작업을 진행합니다. 따라서 이런 경우의 해석 결과는 면밀한 검토가 필요합니다.

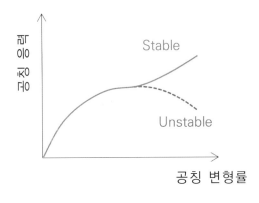

〈재질의 안정성〉

15 Abaqus/CAE Material Evaluation 기능

Abaqus/CAE에는 고무의 재질 시험 데이터를 입력으로 받아 해석 물성을 구해주는 기능이 있습니다. 〈함께하기 15〉에서는 단순 인장 시험과 이축 인장 시험 데이터가 있을 때, 이를 Abaqus/CAE로 불러들이고 내장된 최소 자승법(least square method) 알고리즘에 의해 해석 재료 모델의 계수를 산출하는 과정을 실습해 봅니다. Abaqus/CAE에서 해석 재료 물성의 공칭 응력-변형률 선도를 그리고 시험 데이터와 비교해 보겠습니다.

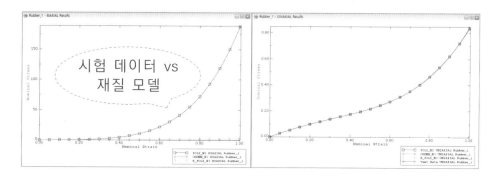

〈고무 물성 evaluation〉

❶ Abaqus/CAE 실행

❷ Material 입력

모델 트리의 Materials를 더블 클릭합니다.

재질 이름을 'Rubber'로 입력합니다.

Edit Material 창에서, Mechanical 항목을 펼친 후, Elasticity-Hyperelastic을 선택합니다.

Strain energy potential이 Unknown으로 되어 있고, Input source에 Test data가 체크되어 있는지 확인합니다.

즉, 재질 상수는 알지 못하고, 시험 데이터가 있다고 생각합니다.

③ Evaluate 기능

　오른쪽 Test Data 목록을 펼쳐, Uniaxial Test Data를 선택합니다.

　Nominal Stress 열의 첫번째 셀을 선택한 후, 마우스 오른쪽 버튼을 눌러 나오는 메뉴에서 Read from File을 선택합니다.

　Rubber_ST.txt를 선택합니다.

　OK 버튼을 누릅니다.

　Test Data Editor 창에서 OK 버튼을 누릅니다.

　Edit Material 창에서, Hyperelastic 아래에 Uniaxial Test Data가 올라온 것을 확인 후, OK 버튼을 누릅니다.

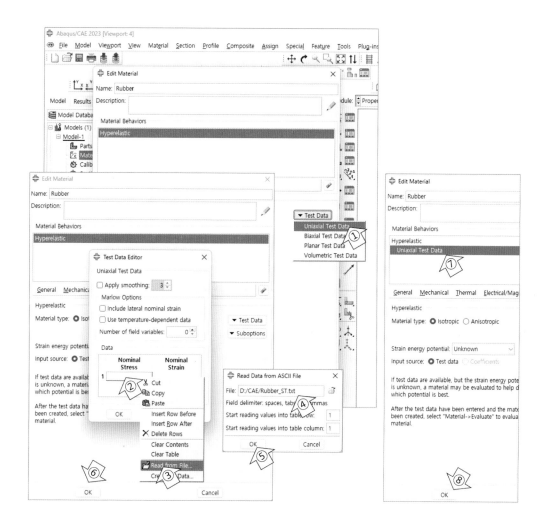

모델 트리의 Materials를 펼친 후, 지금 생성한 재질인 Rubber를 선택합니다.

마우스 오른쪽 버튼을 눌러서 나오는 메뉴에서, Evaluate을 선택합니다.

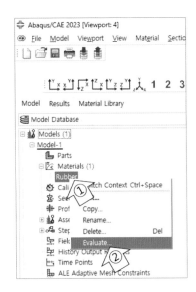

Available Input Data에서 Uniaxial을 체크합니다.

Stress-Strain Response Plots에 Uniaxial과 Biaxial을 체크하고, 각각의 변형률 범위를 0.0에서 1.0까지로 입력합니다.

Strain Energy Potential 탭에서, Polynomial(N=2), Ogden(N=3), Yeoh 모델을 체크합니다. (Yeoh 모델은, Reduced Polynomial을 펼쳐야 합니다.)

OK 버튼을 누릅니다.

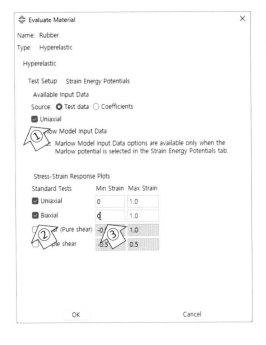

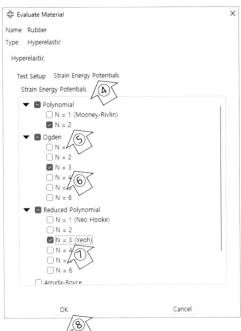

각 모델의 특성을 살펴봅니다.

Polynomial(N=2)의 경우, 이축 인장 모드에서 강성이 비현실적으로 과대 평가되고 있습니다. (입력으로 주어진 단순 인장 데이터만 갖고 계수를 찾은 결과입니다.)

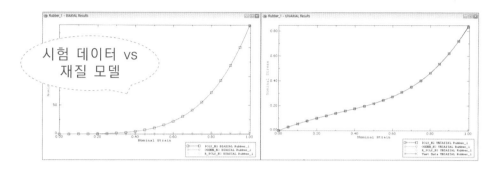

❹ **시험 데이터 추가**

다시 모델 트리의 Material로 와서, Rubber를 선택하고, 마우스 오른쪽 버튼을 눌러 나오는 메뉴에서 Edit를 선택합니다.

오른쪽 Test Data 버튼을 누른 후, Biaxial Test Data를 선택합니다.

Data 항목에서 'Rubber_EB.txt'를 불러옵니다.

Edit Material 창에서, Hyperelastic에 Uniaxial Test Data와 Biaxial Test Data가 입력된 것을 볼 수 있습니다.

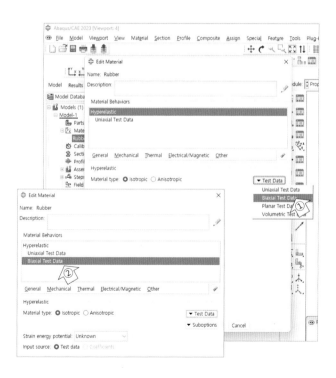

Edit Material 창을 닫고, 모델 트리의 Materials 아래에 있는 Rubber를 선택하고, Evaluate을 실행합니다.

Evaluate Material 창이 열리면, Available Input Data로써, Uniaxial과 Biaxial을 체크합니다. OK 버튼을 누릅니다.

각 모델의 특성을 살펴봅니다. 단축 인장 데이터만 사용한 경우, 일부 모델의 오차가 클 수 있음을 알 수 있습니다.

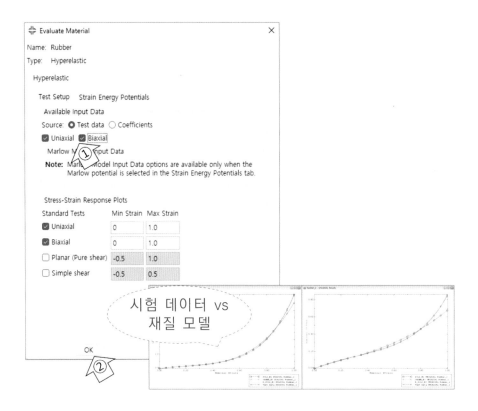

16

고무 부싱(bushing)의
동적 과도 해석

〈함께하기 08〉에서 진행한 비선형 해석을 수정하여 동적 과도 응답 해석을 진행해 봅니다.

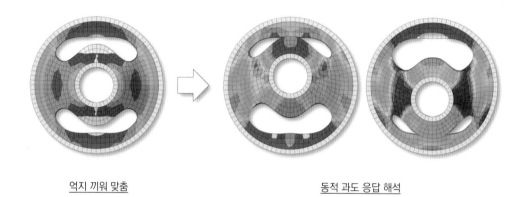

억지 끼워 맞춤   동적 과도 응답 해석

〈고무 부싱의 동적 과도 응답 해석〉

❶ Abaqus/CAE 실행

❷ 이전 모델 불러오기

'bushing.cae'를 불러옵니다.

모델 트리에 있는, 이전에 작업한 모델을, 'Bushing_RLD'의 이름으로 복사합니다. (이후의 작업은 'Bushing_RLD' 아래에서 합니다.)

❸ Interaction Property 생성

접촉 특성을 생성하려고 합니다.

모델 트리의 Interaction Properties를 더블 클릭합니다.

Create Interaction Property 창에서 Type 항목에 Contact을 선택하고 Continue 버튼을 누릅니다.

Edit Contact Property 창에서 Mechanical-Tangential Behavior를 선택합니다.

Edit Contact Property 창에서 OK 버튼을 누릅니다.

☑️ 마찰은 고려되지 않는 접촉 조건을 생성한 것입니다.

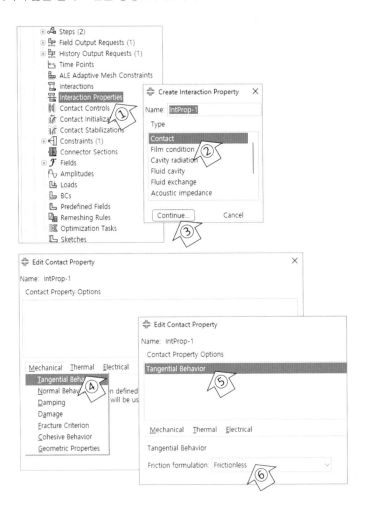

④ 접촉 조건 설정

모델 트리의 Interactions를 더블 클릭합니다.

Create Interaction 창에서, Step 항목에 Initial을 선택합니다.

Types for Selected Step 항목에 General Contact (Standard)를 선택하고 Continue 버튼을 누릅니다.

Edit Interaction 창에서 Global property assignment 항목에, 만들어진 Interaction Property를 선택합니다.

OK 버튼을 누릅니다.

❺ Amplitude 생성

하중 신호를 생성하려고 합니다.

모델 트리의 Amplitudes를 더블 클릭합니다.

Create Amplitude 창의 Continue 버튼을 누릅니다.

Edit Amplitude 창이 열리면, 첫 번째 셀을 선택하고 마우스 오른쪽 버튼을 누릅니다.

Read from File을 선택합니다.

'Signal_5sec.txt' 파일을 불러옵니다.

OK 버튼을 누릅니다.

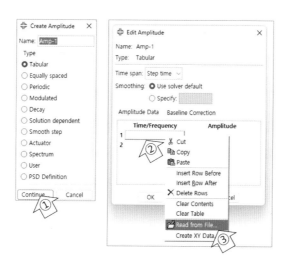

⑥ Step 수정

앞에서 만들어 놓은 Perturbation Step을 비활성화 하려고 합니다.

모델 트리의 Step-2를 선택한 후, 마우스 오른쪽 버튼을 눌러 나오는 메뉴에서 Suppress를 선택합니다.

⑦ 하중 조건 수정

앞에서 만들어 놓은 하중 조건을 비활성화 하려고 합니다.

모델 트리의 Load-2를 선택한 후, 마우스 오른쪽 버튼을 눌러 나오는 메뉴에서 Suppress를 선택합니다.

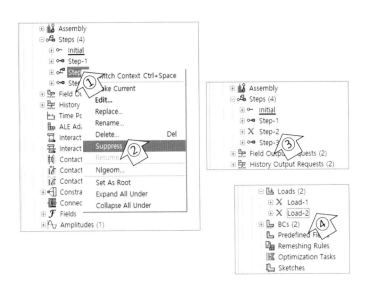

⑧ Step 생성

이미 2 단계의 비선형 해석이 정의되어 있습니다. 이 경로에 추가하여 동적 해석을 진행하려고 합니다.

모델 트리의 Steps를 더블 클릭합니다.

Create Step 창에서 Procedure type으로 Dynamic, Implicit을 선택하고 Continue 버튼을 누릅니다.

Edit Step 창의 Incrementation 탭에서, Maximum number of increments 항목에 10000을 입력하고, Initial Increment size로 0.001을 입력합니다.

OK 버튼을 누릅니다.

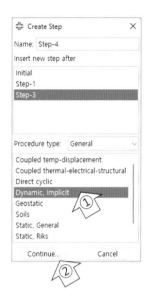 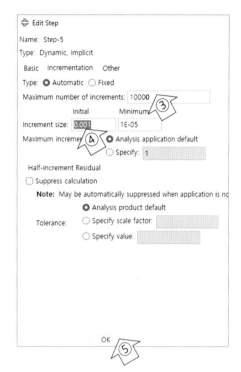

⑨ 경계 조건 설정

내측 파이프에 z 방향으로 변위, 20을 부여합니다. 이 때 amplitude 곡선을 연결합니다.

모델 트리의 BCs를 더블 클릭합니다.

Create Boundary Condition 창에서 Types for Selected Step 항목으로 Displacement/Rotation을 선택하고 Continue 버튼을 누릅니다.

N_INR 포인트에 U3 항목으로 20을 부여하는데, Edit Boundary Condition 창 하단의 Amplitude 곡선을 선택합니다.

OK 버튼을 누릅니다.

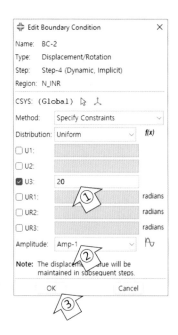

❿ History Output 요청

N_INR 포인트에서 시간 간격 0.01로 U3와 RF3를 요청합니다.

⓫ Field Output 요청

전체 모델에 대하여 U(변위), NE(공칭 변형률) 그리고 S(응력)을, 시간 간격 0.01로 요청합니다.

⓬ 파일 저장, Job 생성, Submit 및 결과 검토

⓭ Step-4에 대해 정적 해석으로 변경하여 해석을 수행하고 결과를 비교해 봅니다.

맺음말

컴퓨터 응용 해석(CAE)은 인류의 지식을 바탕으로, 과학 이론의 계산을 통한 사실적인 예측을 가능하게 합니다. 산업 현장에서 마주치는 문제를 정확하게 정의하고, 이를 적절한 해석 모델로 구현할 수 있으면 문제에 대한 근본적인 해결과 혁신적인 설계를 구현할 수 있을 것입니다.

이를 위해 어렵고 복잡한 이론에 대해 쉽게 개념을 쌓고, 좀 더 효과적으로 해석 툴을 이용할 수 있도록 이 책을 준비하게 되었습니다. 이 책의 내용, 예제, 그리고 부족한 면은, 여러분의 연구와 검증을 반드시 필요로 합니다.

㈜브이이엔지는, 산업 현장에서 더 없이 소중한 가치를 만들어 내는 여러분을 진심으로 응원합니다. 여러분의 성장과 자부심에 정성과 따뜻한 마음을 보냅니다.

함께 하신 분

구탁회, 김나영, 김진성, 김창훈, 김택현, 김현식, 명성식, 박나정, 박노환
박성훈, 박　준, 백승훈, 오덕균, 오재철, 유경훈, 유성휘, 이원재, 이재섭
임인혁, 장현수, 조다솜, 최정구, 한종훈, 한창훈, 허　원

Contact Us

㈜브이이엔지

Value for Engineering, Vision for Engineers

📞 Tel. 070-7770-5590
Fax. 031-718-8503

📍 (13558) 경기도 성남시 성남대로 331번길 3-10
쥬빌딩 5층

✉️ 영 업 팀 sales@veng.co.kr
영업지원팀 admin@veng.co.kr
기술지원팀 support@veng.co.kr

🏠 www.veng.co.kr